高等学校机电工程类系列教材

机械动力学

Mechanical Dynamics

王洪昌　蒋　莲　编著

西安电子科技大学出版社

内 容 简 介

本书包括结构动力学、转子动力学和转子系统支承装置三部分内容。结构动力学部分讲述了单自由度、两自由度、多自由度以及连续体系统的动力学特性及工程应用。转子动力学部分包括转子动力学的基本概念、临界转速、转子不平衡响应及瞬态响应的计算等内容。转子系统支承装置部分包括挤压油膜阻尼器、动压螺旋槽轴承和永磁轴承的动力学特性及有限元分析。本书中编入了部分科研活动中最新的动力学知识，在重视理论推导的同时，加强了对理论知识的分析与解释，并增加了大量的工程实例，以便加深学生对知识的理解与掌握。

本书可作为应用型高校机械工程类本科生或研究生的专业课程教材，也可供从事教学、科研和工程设计的人员参考使用。

图书在版编目(CIP)数据

机械动力学 / 王洪昌，蒋莲编著. —西安：西安电子科技大学出版社，2022.9
(2023.11 重印)
ISBN 978-7-5606-6602-0

Ⅰ. ①机…　Ⅱ. ①王… ②蒋…　Ⅲ. ①机械动力学　Ⅳ. ①TH113

中国版本图书馆 CIP 数据核字(2022)第 160201 号

策　　划　高　樱
责任编辑　高　樱
出版发行　西安电子科技大学出版社(西安市太白南路 2 号)
电　　话　(029)88202421　88201467　　邮　　编　710071
网　　址　www.xduph.com　　电子邮箱　xdupfxb001@163.com
经　　销　新华书店
印刷单位　陕西天意印务有限责任公司
版　　次　2022 年 9 月第 1 版　2023 年 11 月第 2 次印刷
开　　本　787 毫米×960 毫米　1/16　印张　13
字　　数　257 千字
印　　数　1001～2000 册
定　　价　36.00 元
ISBN 978-7-5606-6602-0 / TH

XDUP 6904001-2

* * * 如有印装问题可调换 * * *

前　　言

随着机械装备向高速化、大型化、精密化方向发展，以及人们对工程质量、产品精度及可靠性要求的提高，机械动力学知识已经成为工程技术人员正确进行产品设计、结构优化以及开发新产品时必备的基础知识，相关课程也逐渐被越来越多的国内高校机械工程类专业选作专业基础课。

本书是针对现有教材呈两极化的现状，即面对本科生的教材内容过于浅显，而面对研究生的教材内容又过于抽象、深奥晦涩的情况而编写的。本书可作为应用型高校机械工程类本科生和研究生的专业课程教材，同时也可供教学、科研和工程设计人员参考使用。

本书包括结构动力学、转子动力学和转子系统支承装置三部分内容。第1章介绍了机械动力学的基础知识；第2、3、4章分别介绍了单自由度、两自由度和多自由度系统的动力学特性及工程应用；第5章主要介绍了等直杆连续体的扭转、横向和轴向振动；第6章介绍了转子动力学的基本概念、临界转速、转子不平衡响应及瞬态响应的分析与计算；第7章介绍了转子系统中常用的几种支承装置——挤压油膜阻尼器、动压螺旋槽轴承和永磁轴承的动力学特性及设计方法。

本书的主要特色如下：

• 为了适应应用型高等院校教学要求，在重视理论推导的同时，加强对理论知识的分析与解释，并增加了大量的工程实例，以加深学生对知识的理解与掌握。

• 将结构动力学与转子动力学合并到一本书中，从理论与应用方面介绍它们之间的联系与区别，加深学生对知识的掌握。

• 将科研中最新的动力学知识编入本书，如含挤压油膜阻尼器的传递矩阵、转子瞬态响应的分析、有限元法求解油膜动力特性系数、动压螺旋槽轴承与永磁轴承动力学特性的计算等。

本书主要由江苏理工学院机械工程学院的王洪昌编写，蒋莲参与了部分章节的编写工作。另外，本书的出版得到了江苏理工学院陈菊芳教授及西安电子科技大学出版社高樱老师的大力支持，在此一并表示感谢。

由于编者水平有限，书中可能还存在一些疏漏，敬请广大读者批评指正！

编　者

2022年6月

目　　录

第 1 章　机械动力学概述

1.1　机械动力学的研究对象

在自然界以及人们的生产实践或社会生活中普遍存在着振动现象，如水面的波浪起伏、花的日开夜闭、树枝的摇曳、钟表的摆动、心脏的跳动、股票市场的振荡等。多数情况下，振动是有害的。例如，内燃机、汽轮机、蒸汽发动机、机床和活塞泵等在工作时，承受振动的结构或机械零件会受到振动产生的交变应力，从而导致零件疲劳断裂。此外，振动还会加剧零件磨损，产生有害健康的噪声，降低加工零件的尺寸精度及表面加工质量。但事情总有两面性，在另外一些场合下，振动却是有益的。例如，离心脱水机、离心机、储能飞轮、筋膜枪、振动运输机、振动破碎机等的工作都不同程度上利用了振动。

早期人们把振动定义为物体相对于其平衡位置作往复运动。这对于非旋转的物体如钟摆、琴弦等的振动是适合的，而对于旋转机械，如转子的振动，其轴心轨迹常常是圆、椭圆或其他形状的闭合曲线，此时，轴心并不相对于其平衡位置作往复运动。因此，目前常用的有关振动的定义是，振动是一种在平衡位置附近微小的或有限的振荡。尽管振动现象的形式多种多样，但有着共同的客观规律和统一的数学表达式。一般机械系统的振动方程均可表示为

$$m(\dot{x},x)\ddot{x}+c(\dot{x},x)\dot{x}+k(\dot{x},x)x=f(t) \tag{1-1}$$

式中：m 为参振质量；c 为阻尼系数；k 为支承刚度系数；x 及其 1 阶、2 阶导数分别表示位移、速度、加速度；$f(t)$为干扰力或称作激励力；t 为时间。

方程(1-1)等号左边的质量、支承刚度系数和阻尼系数表示的是振动系统本身的物理特性，位移、速度和加速度表示的是系统的输出特性；等号右边表示的是振动系统的输入特性，即振动系统所受干扰力或激励力的特性。

这种通过建立统一的理论来对机械振动现象加以研究的科学就称为机械动力学。

1.2 机械动力学的基础知识

1.2.1 机械振动的分类

为了便于研究与交流，人们根据振动的不同特性对机械振动进行了分类，其中最为常见的分类方法如下：

(1) 按振动输入特性分类。

① 自由振动：系统受到的初始干扰或原有激励力取消后产生的振动。此时方程(1-1)等号右边 $f(t)=0$，自由振动系统的振动特性仅取决于系统本身的物理特性，即系统的质量 m、支承刚度系数 k 与阻尼系数 c。

② 强迫振动：又称受迫振动，是指系统受到外界持续的激励作用而"被迫地"振动。此时方程(1-1)中 $f(t)$是时间的函数，系统振动特性除取决于系统本身的特性外，还取决于激励力的特性。

③ 自激振动：有的系统在没有外力作用的情况下，由于系统本身具有的非振荡性能源或反馈特性而由系统内部激发产生的一种稳定持续的周期振动。以高速旋转的转子为例，在其发生自激振动时，会出现非同步进动现象，即转子的自转与公转角速度不相等。此时转轴就会受到交替变化的拉、压力作用，很快就会因疲劳而断裂。因此，要尽量避免自激振动的发生。遗憾的是，对于自激振动，至今在工程中仍无统一的计算模型和完善的计算方法。常见的引发自激振动的原因有转轴材料的内阻、转子零件间的摩擦、静压轴承的油膜力等。

(2) 按振动系统结构参数的特性分类。

① 线性振动：系统的弹性恢复力、阻尼力和惯性力分别与振动位移、速度、加速度成线性关系的一类振动，即方程(1-1)中的质量 m、支承刚度系数 k、阻尼系数 c 均为常数，此时方程(1-1)在数学上被称为线性常微分方程。

② 非线性振动：系统的弹性恢复力、阻尼力或惯性力中至少有一个与振动位移、速度、加速度不成线性关系的一类振动，此时方程(1-1)中出现非线性项，在数学上被称为非线性微分方程。

从严格意义来说，工程实际中绝大多数系统都是非线性系统，在系统振幅不大的情况下，为了简化分析，常将系统视为线性系统，即系统的支承刚度系数 k、阻尼系数 c 近似为一个常数。当系统振幅变大时，系统的支承刚度系数 k、阻尼系数 c 将不再与振动位移、速度保持线性关系，此时就应该将系统按非线性系统进行分析与研究。

(3) 按系统自由度数分类。

① 单自由度振动：只需一个独立坐标就能确定系统的振动。

② 多自由度振动：需要两个以上独立坐标才能确定系统的振动。

③ 连续体振动：将振动系统视为一个弹性体，则描述该系统的振动就需要无限多个自由度，才能确定其在振动过程中任一瞬时的振动形态。此时，方程(1－1)已不再适合描述其振动形态，需要使用二阶偏微分方程进行描述。

(4) 按系统的输出特性分类。

① 简谐振动：可以用正弦或余弦函数描述的一类振动。显然，简谐振动一定是周期振动。

② 周期振动：振动量可以用时间的周期函数来描述的一类振动。

③ 瞬态振动：振动量为时间的非周期函数的一类振动，它只在一定的时间内存在。

④ 随机振动：振动量为时间的非确定性函数的一类振动，只能用概率统计的方法进行研究。

(5) 按振动的位移特征分类。

① 轴向振动：也称纵向振动，振动体上的质点沿轴向方向作往复移动的振动，如图1－1(a)所示。

② 横向振动：振动体上的质点沿垂直于轴线方向作往复移动的振动，如图1－1(b)所示。

③ 扭转振动：振动体上的质点绕轴线方向作往复转动(也称角位移)的振动，如图1－1(c)所示。

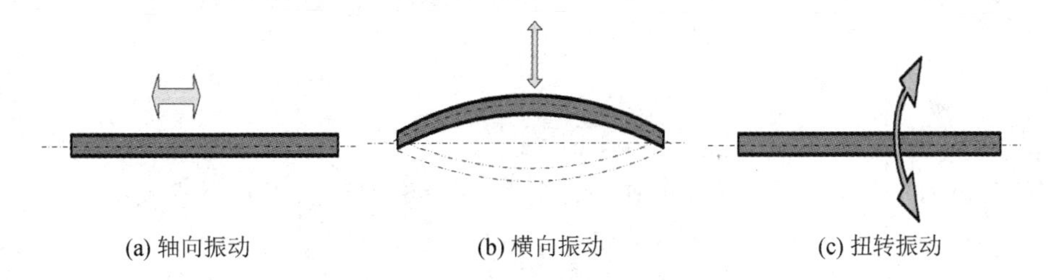

图 1－1　轴类零件按振动位移特性分类

1.2.2　机械振动的基本特性

1. 机械振动系统三要素

如图1－2所示为弹簧-质量振动系统，质量块在其平衡位置附近作往复运动，是一个典型的机械振动。从能量的角度来看，振动是动能与弹性势能不断转换的过程。图1－2中点画线表示系统的静平衡位置，质量块处于图中A、C、E三个位置时，动能最大，弹性势能最小，为零；B、D位置分别表示质量块在往复运动中的最低、最高点，此时质量块的动能为零，弹性势能最大。正是由于动能与势能之间的不断转换，才导致了质量块在平衡位置上、下振动。此时如果系统没有外界能量的输入，由于阻尼(风阻及弹簧内摩擦，振动力学中将它们统称为阻尼)的存在，振动现象将逐渐消失。因此，人们把惯性、弹性和阻尼称为机械振动系统的三要素。

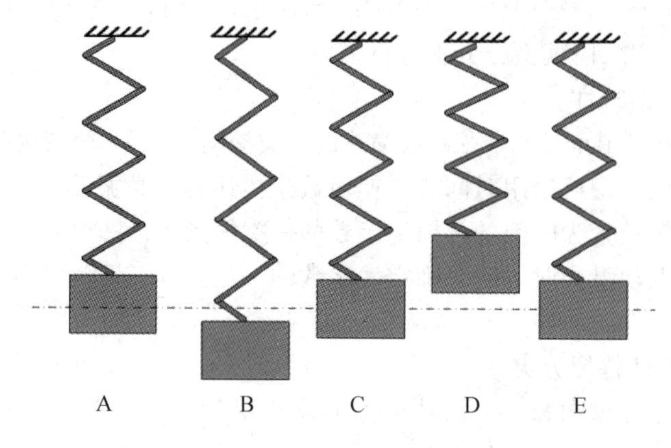

图 1-2 弹簧-质量振动系统

1）惯性元件

振动系统的惯性是由惯性元件来表征的，在往复振动中用质量 m 表示，单位为 kg；在扭转振动中用转子的极转动惯量 J_p 表示，单位为 $kg \cdot m^2$。

在往复振动中，惯性元件 m 所受的惯性力 F 及具有的动能 T 可分别表示为

$$\begin{cases} F = m\ddot{x} \\ T = \dfrac{1}{2}m\dot{x}^2 \end{cases} \tag{1-2}$$

在扭转振动中，惯性元件所受的惯性力矩 M 及具有的动能 T 可分别表示为

$$\begin{cases} M = J_p\ddot{\theta} \\ T = \dfrac{1}{2}J_p\dot{\theta}^2 \end{cases} \tag{1-3}$$

2）弹性元件

振动系统的弹性是由弹性元件来表征的，在往复振动中采用弹簧刚度系数 k 表示，单位为 N/m；在扭转振动中采用弹簧角刚度系数 k_θ 表示，单位为 $N \cdot m/rad$。

弹性元件在外力或外力矩作用下会发生一定的位移或角位移，亦即弹性元件所受外力或外力矩是位移或角位移的函数。一般情况下，它们之间是一个非线性关系。但在实际工程结构中，当位移或角位移很小时，为简化计算与分析，常将非线性的弹性元件线性化。

下面列举几个计算弹性元件刚度系数的实例。如图 1-3 所示，图 1-3(a)为一悬臂梁，在其右端受到一个集中力 F 的作用，造成右端向下发生大小为 δ 的变形；图 1-3(b)为一

等截面拉杆，轴向受到一对力 F 的作用，伸长了 δ；图 1-3(c)为杆-盘扭转结构，左端固定，右端圆盘上受到力矩 M 作用，发生角位移 θ。假设三个结构在力或力矩作用下发生的变形都是微小的弹性变形，此时可以认为，力或力矩与位移或角位移之间具有线性关系，因此都可以按照线性弹性元件来处理。

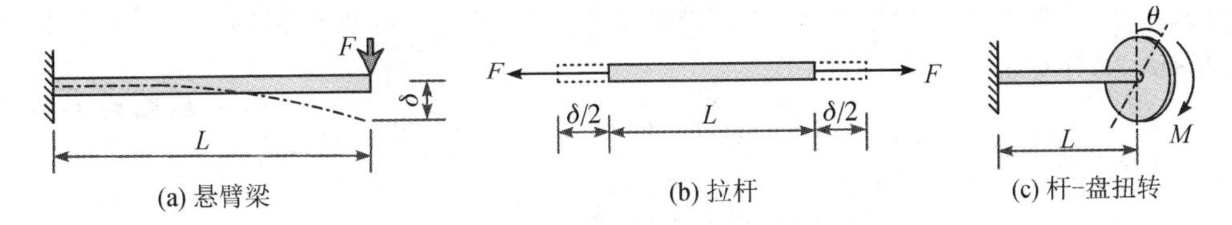

图 1-3　工程实际中刚度系数计算实例

设三个例子中的力与力矩均为单位力和力矩，则在它们的作用下，由材料力学知识就能容易地查出它们的变形值 $\delta(\theta)$，而变形值的倒数就是该机构的线性刚度系数值。三个实例的刚度系数值分别为

$$\begin{cases} k=\dfrac{3EI}{L^3} \\ k=\dfrac{EA}{L} \\ k_\theta=\dfrac{GI}{L} \end{cases} \tag{1-4}$$

式中：E 为材料的弹性模量；I 为截面对中性轴的惯性矩；G 为材料的剪切模量；A 为杆的截面面积；L 为杆(梁)的轴向长度。

3）阻尼元件

阻尼是在运动过程中耗散系统能量的因素。阻尼力为速度的函数，当阻尼力与速度成正比时，称为线性阻尼(或称为黏性阻尼)，否则称为非线性阻尼(或称为非黏性阻尼)。工程实际中遇到的摩擦、风阻、结构内摩擦在振动力学中都称为阻尼。

在振动力学中，振动系统的阻尼是由阻尼元件来表征的，用字母 c 表示其阻尼系数，在往复振动中的单位为 N·s/m，在扭转振动中的单位为 N·m·s/rad。

2. 振动周期与频率

如图 1-2 所示，质量块从平衡位置 A 开始，向下运动到最低点 B，再向上运动，经过平衡位置 C 后继续向上达到最高点 D，再次向下运动到平衡位置 E，则称其完成一次振动，并把完成一次振动所用的时间称为周期。周期用 T 表示，单位为 s(秒)。

把单位时间内完成的振动次数称为频率。频率用 f 表示，单位为 Hz 或 1/s。它与周期 T 互为倒数，即

$$f=\frac{1}{T} \tag{1-5}$$

3. 广义坐标

在振动力学中，把描述运动方程所采用的独立坐标称为广义坐标。如图 1-4 所示为双摆机构的广义坐标，如采用质点 m_1 的坐标(x_1，y_1)和质点 m_2 的坐标(x_2，y_2)作为振动系统的坐标，则存在如下约束条件：

$$\begin{cases}\sqrt{x_1^2+y_1^2}=l_1\\ \sqrt{(x_2-x_1)^2+(y_2-y_1)^2}=l_2\end{cases} \tag{1-6}$$

x_1、y_1、x_2、y_2 四个坐标不能取任意值，必须满足方程(1-6)描述的约束条件。换句话说，四个坐标彼此之间不相互独立，因而不是广义坐标。但如果采用角位移 θ_1、θ_2 来分别描述两个杆件运动，则 θ_1、θ_2 相互独立，可以分别取任意值。振动力学中把相互独立的坐标称为广义坐标。为了避免运动方程中出现约束条件，研究振动问题时应尽量采用广义坐标。

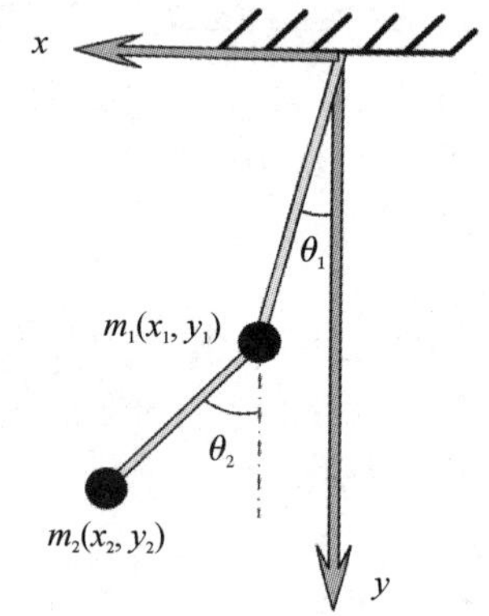

图 1-4　双摆机构的广义坐标

4. 自由度

1) 单、多自由度系统

一个振动系统的自由度数是指完全描述该系统运动状态(位移、速度、加速度)所需的广义坐标的数目。如图 1-5 所示的弹簧-质量振动系统，如果质量块 m 只能在水平 x 方向运动，则只需一个坐标 x 就可以表示其在任何时刻的运动状态(位移、速度、加速度响应)，故称其为单自由度系统。又如图 1-4 所示的双摆振动系统，采用两个广义坐标就可以完全描述其运动状态，故称其为两自由度系统。振动力学上把自由度数等于 1 的系统称为单自由度系统，把自由度数大于等于 2 的振动系统统称为多自由度系统。

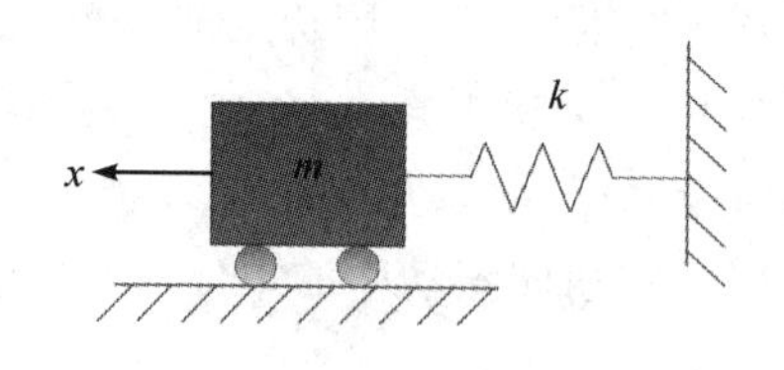

图 1-5　单自由度系统

2) 连续体(无穷多自由度)系统

实际工程中机械结构的物理参数一般都是连续分布的，保持这种特点抽象出来的动力学模型称为连续体系统。连续体系统的自由度是无穷多的。如图 1-6 所示，分析该等直杆的扭转振动时，取垂直向下为坐标 z 正向，顶端为坐标原点。设等直杆的材料是均匀连续分布的，在振动过程中，各点应力都在比例极限以内，完全服从虎克定律，且分析只考虑微幅振动的情形。

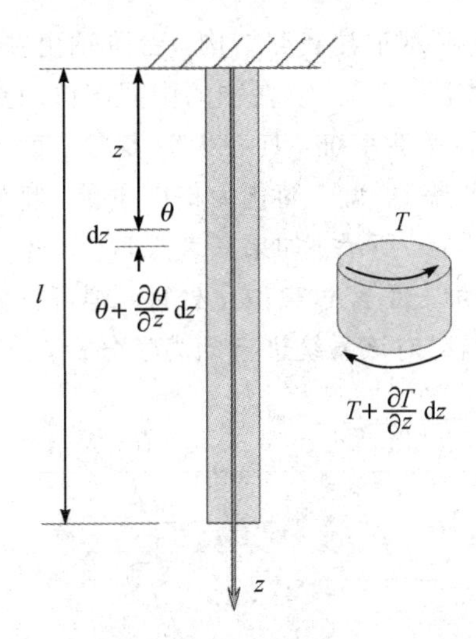

图1-6　等直杆扭转振动的动力学模型

在 z 处取微段 $\mathrm{d}z$，设其上端面扭矩为 T，转角为 θ，下端面扭矩为 $T+(\partial T/\partial z)\mathrm{d}z$，转角也相应变为 $\theta+(\partial\theta/\partial z)\mathrm{d}z$。设该等直杆材料的剪切模量为 G，材料密度为 ρ。设杆微段极转动惯量为 J_{p}，杆截面的极惯性矩为 I。根据刚体绕定轴转动的微分方程，可以写出该系统的运动方程：

$$J_{\mathrm{p}}\frac{\partial^2\theta}{\partial t^2}=T+\frac{\partial T}{\partial z}\mathrm{d}z-T \tag{1-7}$$

由材料力学知识可知

$$\frac{\partial\theta}{\partial z}=\frac{T}{GI}$$

又由微段转动惯量的定义：

$$J_{\mathrm{p}}=\rho I\,\mathrm{d}z$$

将以上关系代入方程(1-7)中，整理后得到如下方程：

$$\frac{\partial^2\theta}{\partial t^2}=\frac{G}{\rho}\frac{\partial^2\theta}{\partial z^2} \tag{1-8}$$

方程(1-8)是一个2阶偏微分方程，也称为波动方程。虽说它更符合实际工况，计算精度也更高，但该方程的求解是非常困难的。实际上，对许多偏微分方程来讲，并不存在解析解。与之相反，多自由度系统的振动分析只需求解常微分方程组，与偏微分方程相比要容易得多，因此在绝大多数场合，为了便于分析，往往采用适当的准则将连续体简化为有限个自由度的离散系统。

3）离散（有限多自由度）系统

如图 1－7(a)所示为一个典型轴类装配结构，台阶轴由左、右两个滚动轴承进行支承，轴左端固定一个盘 1，右端固定一个盘 2，在轴的中间部位固定了一个齿轮。虽然该轴类装配结构是一个质量连续分布的弹性系统，具有无穷多自由度，但为了简化分析，可将台阶轴简化为三个等截面轴段，将盘 1、盘 2 简化为集中质量，将齿轮简化为等截面圆盘，将轴承假设为固定支承，如图 1－7(b)所示。如果只考虑盘 1、盘 2 及齿轮在横向的两个平移自由度(x, y)，忽略其轴向振动(z)，经过离散化处理，则可将原有的无穷多自由度系统转化为具有 6 个自由度的离散系统，对该系统进行动力学分析，计算量将大大降低。

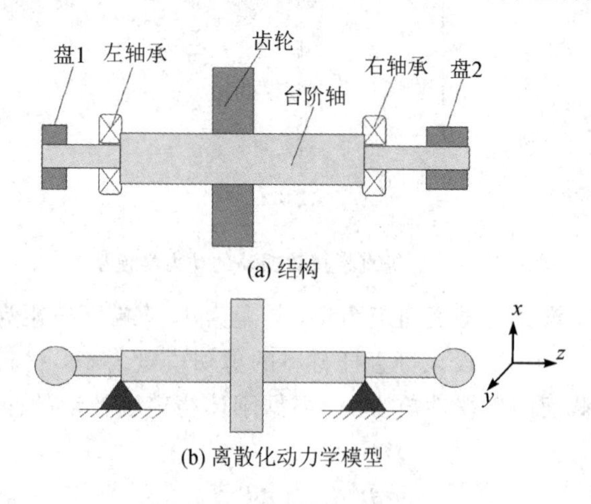

图 1－7　轴类装配结构

应当指出，在进行离散化处理的时候，首先应该保证计算精度，在此基础上，再选择尽量少的、有代表意义的广义坐标。

1.3　系统动力学模型的建立

机械系统的振动特性主要取决于系统本身的惯性、弹性和阻尼。但在实际机械结构中，这些性质一般都很复杂，为了便于使用数学工具对它们进行动力学分析与研究，需要将实际系统作一定程度的简化，建立既能反映实际系统的动力学特性，又能保证分析计算精度的动力学模型。

如图 1－8(a)所示为一台安装在混凝土地基上的电动机。当电动机工作时，机器与地基一起产生振动。因为电动机与地基的振幅与土壤的振幅相比要大得多，所以可以把电动机与地基看成一个刚性质量块。若将土壤看作无质量的弹簧与阻尼，则该电动机系统就可以简化为如图 1－8(b)所示的动力学模型，该模型只有垂直上、下的一个自由度。

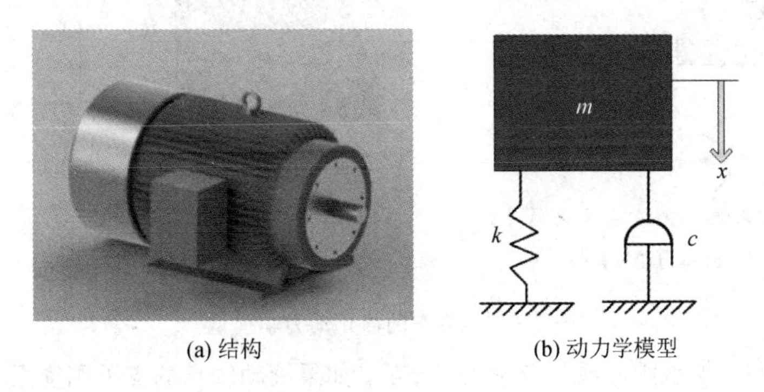

(a) 结构　　(b) 动力学模型

图 1－8　电动机

如图 1－9(a)所示为一梁式起重机。在图示位置时，重物沿垂直方向产生振动。在振动过程中，悬臂梁和钢丝绳都可看作无质量弹性体，而绞车和重物则可看作刚性质量块，则其简化的动力学模型如图 1－9(b)所示。图中 k_1 为悬臂梁的支承刚度系数，k_2 为钢丝绳的支承刚度系数。该系统是一个典型的两自由度系统，其广义坐标为 x_1、x_2。

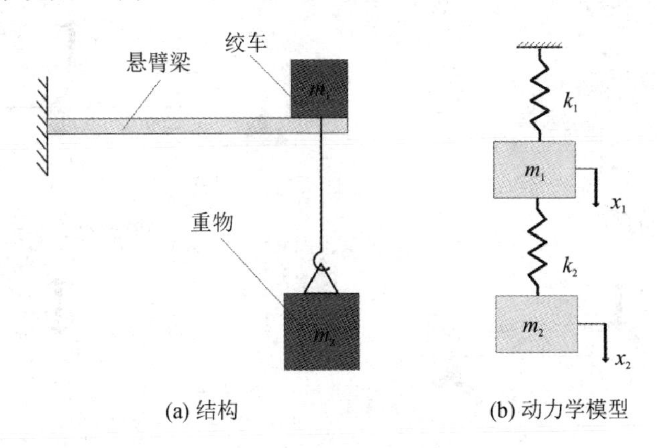

(a) 结构　　(b) 动力学模型

图 1－9　梁式起重机

需要指出，即便是针对同一个研究对象，也会由于研究内容与分析精度的不同，采用不同的自由度进行分析。

例如，在研究汽车的振动时，可以把汽车四个轮胎看作四个弹簧，将车身看作无弹性的质量块，当只研究汽车垂直方向(x 方向)的振动时，可以简化成如图 1－10(a)所示的单自由度系统；当不仅要研究汽车沿 x、y、z 方向的往复振动，还要研究绕这三个轴的转动时，系统就要简化成如图 1－10(b)所示的 6 自由度系统。

图 1－11(a)所示为滚动轴承支承的单盘转子系统结构，质量为 m 的圆盘在其静平衡位置附近作横向微幅振动，台阶轴左、右两端由两个滚动轴承支承，把细轴、粗轴均视为无质量弹

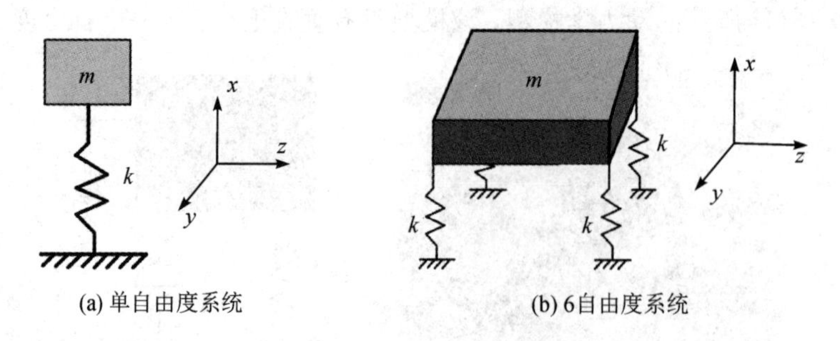

(a) 单自由度系统　　(b) 6自由度系统

图 1-10　汽车的简化动力学模型

簧处理，并设它们的支承刚度系数分别为 k_1、k_2。如果滚动轴承的支承刚度系数 k 足够大，对圆盘横向振动影响较小，且只分析圆盘横向振动时，可以采用如图 1-11(b)所示的动力学模型 1；如果还需要分析细轴与粗轴结合处的横向振动，则需要采用如图 1-11(c)所示的动力学模型 2，其中 m_1 与 m_2 为轴段向两端集总后的质量；如果滚动轴承的支承刚度系数 k 不大，对圆盘横向振动的影响不能忽略不计，则应采用如图 1-11(d)所示的动力学模型 3。

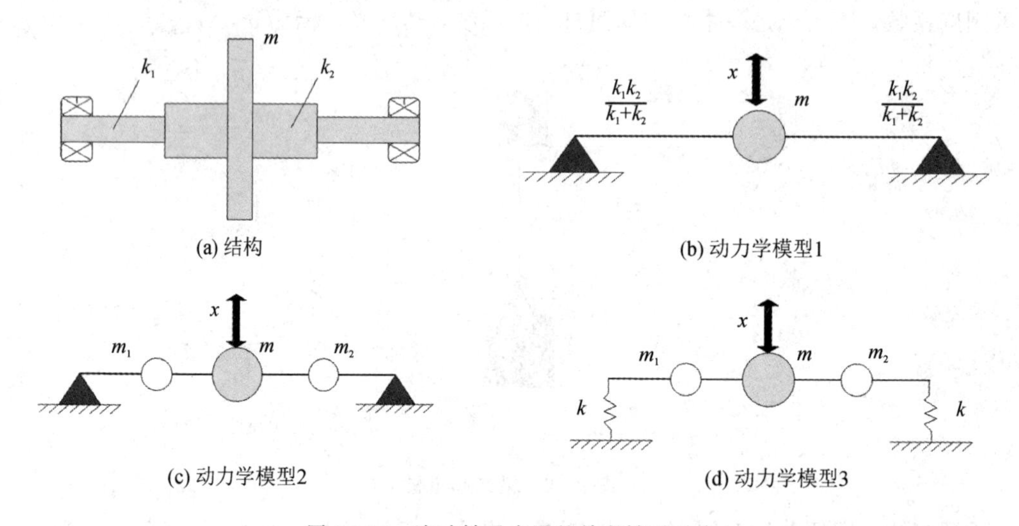

(a) 结构　　(b) 动力学模型1

(c) 动力学模型2　　(d) 动力学模型3

图 1-11　滚动轴承支承的单盘转子系统

1.4 简谐振动

1.4.1 简谐振动的表示方法

简谐振动是指振动量为时间的正弦或余弦函数的一类周期振动。它是一种最简单的周期振动，也是最基本的振动形式，是研究其他形式振动的基础。其表示方法主要有以下三种。

1. 正弦、余弦函数表示法

由简谐振动的定义可知，它的位移可以表示为

$$x = A\cos(\omega t + \varphi) \quad 或 \quad x = A\sin(\omega t + \varphi) \tag{1-9}$$

式中：A 为振幅最大值；ω 为振动角频率，单位为 rad/s；ωt 为相位角；φ 为初始相位角。

一般常用频率 f 或周期 T 来表示振动的快慢，表达式如下：

$$\begin{cases} \omega = 2\pi f \\ T = \dfrac{2\pi}{\omega} \end{cases} \tag{1-10}$$

2. 矢量表示法

简谐振动可用旋转矢量在坐标轴上的投影来表示。如图 1-12 所示，模为 A 的一个矢量，以角速度 ω 绕坐标系原点逆时针旋转，起始位置与横坐标夹角为 φ，则在任意瞬时 t，该旋转矢量在横坐标轴上的投影可以表示为

$$x' = A\cos(\omega t + \varphi) \tag{1-11}$$

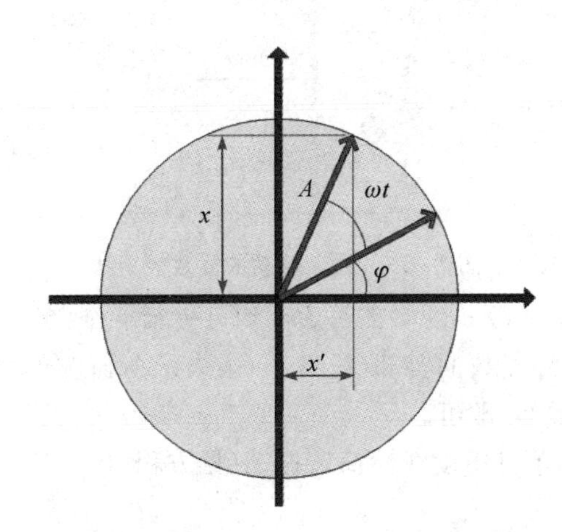

图 1-12　简谐振动的旋转矢量表示法

该矢量在纵坐标轴上的投影可表示为

$$x = A\sin(\omega t + \varphi) \tag{1-12}$$

矢量在 x 轴与 y 轴上的投影，分别描述了两个相位角相差 90°的简谐振动。求方程(1-11)(或方程(1-12))对时间 t 的 1 阶和 2 阶导数，即可得到简谐振动的速度与加速度表达式：

$$\dot{x}' = -\omega A\sin(\omega t + \varphi) = \omega A\sin\left(\omega t + \varphi + \frac{\pi}{2}\right) \tag{1-13}$$

$$\ddot{x}' = -\omega^2 A\cos(\omega t + \varphi) = \omega^2 A\cos(\omega t + \varphi + \pi) \tag{1-14}$$

在分析激励力、惯性力、阻尼力和弹性力在空间形成的力系时，矢量表示法有着无法替代的优势。

3. 复数表示法

简谐振动应用最广的表示方法是复数表示法。如图 1-13 所示，长度为 A 的复数矢量 $\boldsymbol{z}$ 在实轴与虚轴上的投影分别为 $A\cos\omega t$ 及 $A\sin\omega t$。复数 $\boldsymbol{z}$ 可以表示为

$$\boldsymbol{z} = A\cos\omega t + \mathrm{i}A\sin\omega t = A\mathrm{e}^{\mathrm{i}\omega t} \tag{1-15}$$

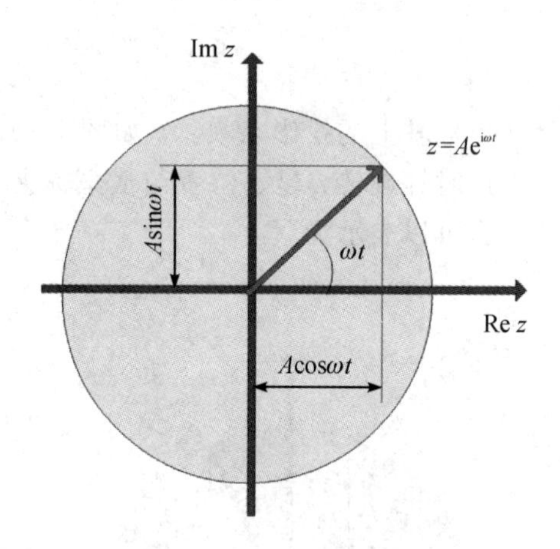

图 1-13　简谐振动的复数表示法

由方程(1-15)可知，复数 $\boldsymbol{z}$ 的实部与虚部均可表示一个简谐振动。在实际应用中，为了便于运算，可事先约定用复数的实部(或虚部)来表示所研究的简谐振动，计算出结果之后，再取结果的实部(或虚部)即可。

下面以一个最简单的单自由度线性简谐振动(见方程(1-16))为例，说明复数表示法在振动分析计算中的优点。

$$m\ddot{x} + c\dot{x} + kx = F_0\cos\omega t = \mathrm{Re}(F_0\mathrm{e}^{\mathrm{i}\omega t}) \tag{1-16}$$

设方程的特解为 $x = A\cos\omega t$，求其 1 阶和 2 阶导数后代入方程(1-16)，得到

$$-mA\omega^2\cos\omega t - cA\omega\sin\omega t + kA\cos\omega t = F_0\cos\omega t$$

上式因为同时含有正弦、余弦函数而无法消元，给计算带来不便。但如果设方程的解为下式的实部：

$$x = A\mathrm{e}^{\mathrm{i}\omega t} \tag{1-17}$$

求方程(1-17)的 1 阶和 2 阶导数，可得

$$\begin{cases} \dot{x} = \mathrm{i}\omega A \mathrm{e}^{\mathrm{i}\omega t} \\ \ddot{x} = -\omega^2 A \mathrm{e}^{\mathrm{i}\omega t} \end{cases} \tag{1-18}$$

将方程(1－17)、方程(1－18)代入方程(1－16)，可得

$$(-m\omega^2 + \mathrm{i}\omega c + k)A = F_0 \tag{1-19}$$

求出 A 后，代入方程(1－17)，对求得的 x 取实部就可以得到所要计算的结果。从该实例可以看出，采用复数表示法对简谐振动进行分析计算，可以避免复杂的三角函数计算，因此复数表示法的应用最为广泛。

观察方程(1－17)及方程(1－18)，可知，在复平面内，简谐振动速度和加速度矢量分别比位移矢量超前 π/2 和 π，它们在空间的相互位置关系如图 1－14 所示。图 1－14 形象地说明了一个物体应先具有加速度，然后才会形成可见的速度，最后移动产生位移的物理现象。

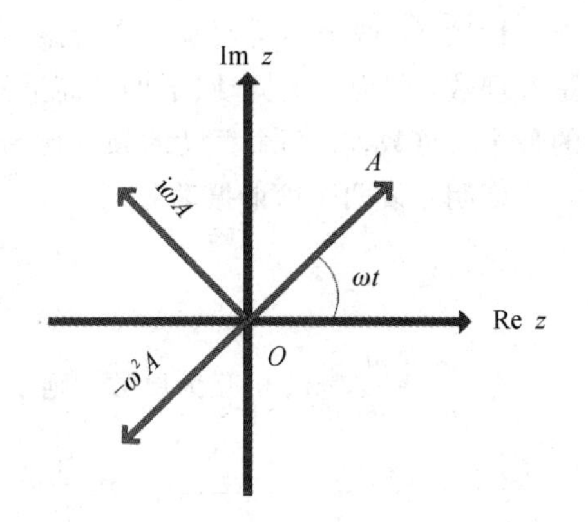

图 1－14　复平面上位移、速度、加速度之间的相互关系

1.4.2　简谐振动的基本特性

1. 振动方向相同的简谐振动的合成

振动方向相同的简谐振动具有以下三个性质：

性质 1　两个同方向且同频率的简谐振动的合成仍为简谐振动，且频率不变。

证明　设两个简谐振动分别为

$$x_1 = A_1\cos(\omega t + \varphi_1)$$

$$x_2 = A_2\cos(\omega t + \varphi_2)$$

将它们相加，则有

$$\begin{aligned} x_1 + x_2 &= A_1\cos(\omega t + \varphi_1) + A_2\cos(\omega t + \varphi_2) \\ &= \mathrm{Re}[\mathrm{e}^{\mathrm{i}\omega t}(A_1\mathrm{e}^{\mathrm{i}\varphi_1} + A_2\mathrm{e}^{\mathrm{i}\varphi_2})] \\ &= \mathrm{Re}[\mathrm{e}^{\mathrm{i}\omega t}(A_1\cos\varphi_1 + A_2\cos\varphi_2) + \mathrm{i}(A_1\sin\varphi_1 + A_2\sin\varphi_2)] \\ &= \mathrm{Re}[\mathrm{e}^{\mathrm{i}\omega t}A\mathrm{e}^{\mathrm{i}\varphi}] = A\cos(\omega t + \varphi) \end{aligned}$$

式中：

$$A = [(A_1\cos\varphi_1 + A_2\cos\varphi_2)^2 + (A_1\sin\varphi_1 + A_2\sin\varphi_2)^2]^{\frac{1}{2}}$$

$$\varphi = \arctan\frac{A_1\sin\varphi_1 + A_2\sin\varphi_2}{A_1\cos\varphi_1 + A_2\cos\varphi_2}$$

以上过程证明，两个同方向且同频率的简谐振动的合成结果依然是简谐振动，合成振动的振幅与初始相位角有变化，但频率不变。

性质 2　两个不同频率的简谐振动的合成，可分两种情况讨论：若两个振动的频率比是有理数，则为周期振动(不再是简谐振动)，且合成振动的振动周期是两个简谐振动周期的最小公倍数；若两个振动的频率比为无理数，则合成振动为非周期振动。

证明　设两个简谐振动分别为

$$x_1 = A_1\cos(\omega_1 t + \varphi_1)$$
$$x_2 = A_2\cos(\omega_2 t + \varphi_2)$$

令 $\dfrac{\omega_1}{\omega_2}=\dfrac{m}{n}$，$m$、$n$ 互为质数，则

$$m\,\frac{2\pi}{\omega_1}=mT_1=n\,\frac{2\pi}{\omega_2}=nT_2=T$$

记 $x(t)=x_1(t)+x_2(t)$，则有

$$x(t+T)=x_1(t+T)+x_2(t+T)=x_1(t+mT_1)+x_2(t+nT_2)=x_1(t)+x_2(t)$$

例 1-1　判断下列振动是否为周期振动。若是，则求其周期。

(1) $x(t)=\cos 5t+9\sin 8t$；

(2) $x(t)=\cos 5t+7\sin^2 2.5t$。

解　(1) 由性质 2 可知，$\omega_1/\omega_2=5/8$ 为有理数，则该合成振动为周期振动，其振动周期为 $T=2\pi$。

(2) 由于 $\sin^2 2.5t=(1-\cos 5t)/2$，根据性质 1，该合成振动为简谐振动，其振动周期 $T=0.4\pi$。

性质 3　两个频率十分接近的简谐振动合成后会产生周期性的拍振。

当两个频率相近的简谐振动合成时，合成之后的振动称为拍振。可以从理论上来分析这种现象。设有两个简谐振动，它们分别为

$$x_1(t) = X\cos\omega t$$
$$x_2(t) = X\cos(\omega + \delta)t$$

并设 δ 是一个小量，则由三角函数的性质可知

$$x = x_1(t) + x_2(t) = X\left[\cos\omega t + \cos(\omega + \delta)t\right]$$

$$x = 2X\cos\frac{\delta t}{2}\cos\left(\omega + \frac{\delta}{2}\right)t$$

该方程的图形如图 1-15 所示。从该图可以看出，合成的振动 $x(t)$ 可描述为一个角频率为 $(\omega+\delta/2)$ 的余弦波，其振幅随时间按 $2X\cos(\delta t/2)$ 变化。当振幅达到某一最大值时称为拍。振幅在 0 和 $2X$ 之间增加和减弱时的角频率 δ 为拍频，$T=2\pi/\delta$ 为拍振周期。在机械结构中，当激振力频率和系统固有频率接近时就会出现拍振现象。

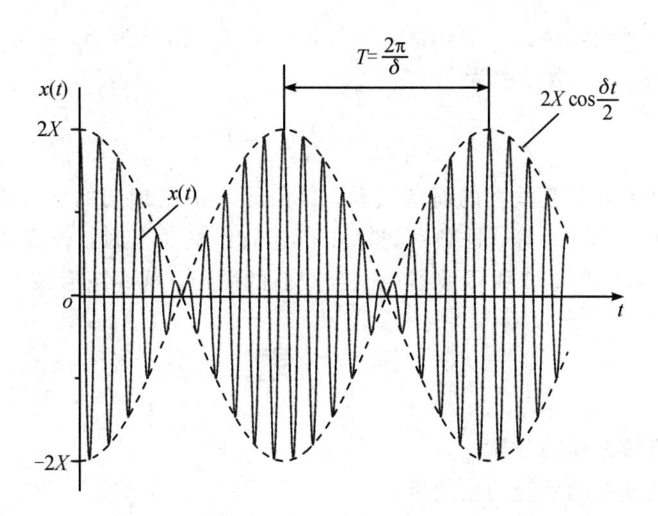

图 1-15　两个频率十分接近的简谐振动合成的拍振

2. 振动方向相互垂直的简谐振动的合成

首先分析在同一平面内沿相互垂直方向的两个同频率简谐振动合成后的运动轨迹。如图 1-16 所示的圆锥摆在以角速度 ω 摆动时，质量 m 在 x 轴和 y 轴上的投影分别为两个简谐振动：

$$\begin{cases} x = A\cos(\omega t + \varphi) \\ y = B\sin(\omega t + \varphi) \end{cases} \tag{1-20}$$

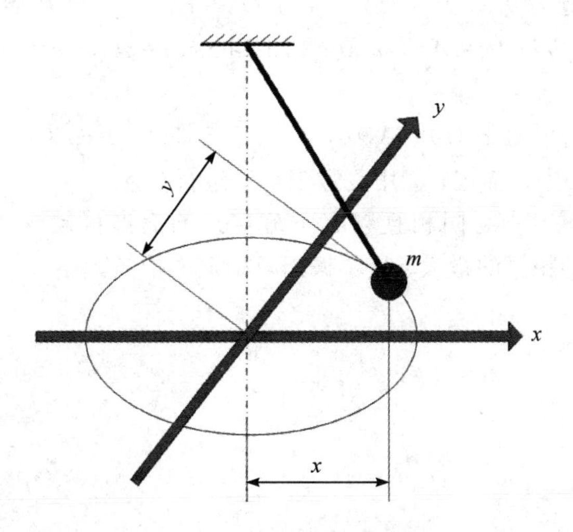

图 1-16　圆锥摆运动轨迹

在此情况下，质量块 m 的实际运动轨迹，即同一平面内沿相互垂直方向的两个同频率简谐振动合成后的运动轨迹为一般椭圆，且其长轴为 A，短轴为 B。将方程(1-20)消去时间变量 t 后，可得椭圆参数方程为

$$\left(\frac{x}{A}\right)^2+\left(\frac{y}{B}\right)^2=1 \tag{1-21}$$

最常见的振动方向相互垂直的简谐振动，其角频率都是相同的。当两个相互垂直方向上的简谐振动的角频率不相等，且频率间存在一定的比例关系时，合成的运动轨迹是稳定的有规律的图像，可以借助双线示波器观察合成后的图形，这些图形被称为李萨如图。

习　题

1-1　简述机械振动的分类。

1-2　简述机械振动系统的三要素。

1-3　判断下列振动是否为周期振动。若是，则求其周期。

(1) $x(t)=\cos 5t+8\sin 7t$；

(2) $x(t)=\sin 10t+3\cos^2 2t$；

(3) $x(t)=\sqrt{3}\sin\sqrt{5}t+\cos\sqrt{3}t$。

1-4　简述简谐振动复数表示法的优点。

1-5　证明矢量 $e^{i\omega t}$ 乘以 i 之后，相当于将其转动 90°之后得到的矢量。

1-6　用指数($Ae^{i\theta}$)形式表示两复数 $5+2i$ 和 $-4+4i$。

1-7　一设备的运动方程为 $x(t)=A\cos(50t+\varphi)$，已知初始条件 $x(0)=5$ mm，$\dot{x}(0)=2$ m/s。求运动方程中的 A 及 φ 值；如果用 $x(t)=A_1\cos 50t+A_2\sin 50t$ 来表示该运动，确定常数 A_1、A_2。

1-8　求两个简谐振动 $x_1(t)=A\cos(5t+2)$、$x_2(t)=A\cos(5t+6)$之和，并分别①用正弦、余弦函数表示法进行描述；②用复数表示法进行描述。

1-9　求两个振幅相等、同相且频率十分接近的简谐振动 $x_1(t)=2\cos t$、$x_2(t)=2\cos 0.9t$ 之和所形成的拍振的最大、最小振幅及拍振的拍频。

第 2 章　单自由度系统的振动

只需一个广义坐标就可以完全描述系统质量的振动的系统称为单自由度系统。由于单自由度系统只能产生一个坐标方向的振动，因此它是最简单的振动系统，也是学习更复杂振动系统的基础。

2.1　线性单自由度系统

如图 2-1 所示是一个典型的单自由度系统动力学模型，若设该系统支承刚度系数 k、阻尼系数 c 均为常数，并以水平方向 x 坐标作为系统的广义坐标，则根据牛顿定律可建立如下方程：

$$m\ddot{x}+c\dot{x}+kx=F \tag{2-1}$$

方程(2-1)就是单自由度系统的运动微分方程。从数学上讲，这是一个 2 阶非齐次常微分方程。方程左端由系统参数质量 m、支承刚度系数 k、阻尼系数 c 决定，反映了振动系统本身的固有特性。方程右端是外加驱动力，反映了振动系统的输入特性。机械动力学根据 F 取值的不同，对单自由度系统作了进一步的分类。

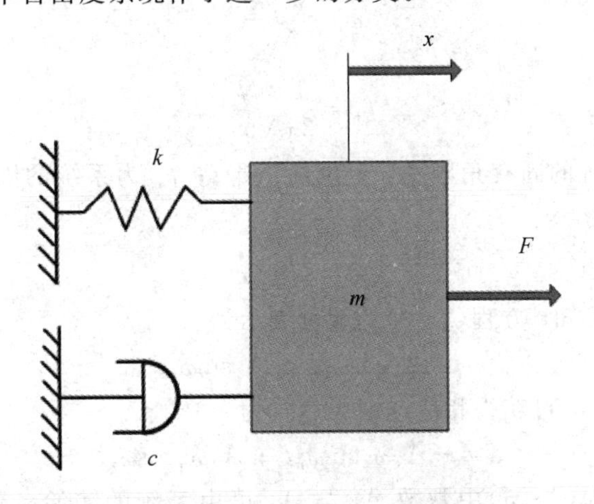

图 2-1　单自由度系统动力学模型

1. 单自由度系统的自由振动

当单自由度系统的运动微分方程(2-1)中的 $F=0$ 时，表示外界对系统没有持续的激励作用，但此时系统仍可在初速度或初位移的作用下发生振动，这种振动称为自由振动；另外，当方程(2-1)同时满足 $c=0$ 和 $F=0$ 时，则称其为无阻尼单自由度系统的自由振动。

2. 单自由度系统的强迫振动

当单自由度系统的运动微分方程(2-1)中的 $F\neq 0$ 时，表示外界对系统有持续的激励作用，此时系统将发生强迫振动；尤其是当系统受到简谐激励力，即 F 可用 $F_0\cos(\omega t+\varphi)$ 来描述时，系统将发生简谐振动，这是本书研究的重点之一。

2.2 无阻尼单自由度系统的自由振动

2.2.1 无阻尼系统的自由振动

1. 直线往复振动

对于如图 2-1 所示的单自由度系统，如果不考虑阻尼的影响，即令 $c=0$，则其振动微分方程可表示为

$$m\ddot{x}+kx=0 \tag{2-2}$$

定义两个概念：

$$\omega_{\mathrm{n}}=\sqrt{\frac{k}{m}}$$

$$f_{\mathrm{n}}=\frac{1}{2\pi}\sqrt{\frac{k}{m}}$$

式中：ω_{n} 为无阻尼系统的固有角频率，单位为 rad/s；f_{n} 为系统的固有频率，单位为 Hz。则方程(2-2)可改写为

$$\ddot{x}=-\omega_{\mathrm{n}}^2 x \tag{2-3}$$

由高等数学知识可知，方程(2-3)的解可表示为

$$x=A_1\cos\omega_{\mathrm{n}}t+A_2\sin\omega_{\mathrm{n}}t \tag{2-4}$$

对方程(2-4)求导，可获得相应速度表达式为

$$\dot{x}=-A_1\omega_{\mathrm{n}}\sin\omega_{\mathrm{n}}t+A_2\omega_{\mathrm{n}}\cos\omega_{\mathrm{n}}t \tag{2-5}$$

方程(2-4)与方程(2-5)中常数 A_1 与 A_2 可由系统的初始条件确定。设 $t=0$ 时，$x(0)=x_0$，$\dot{x}(0)=\dot{x}_0$，将它们代入方程(2-4)与方程(2-5)中，求出 A_1 与 A_2 后，方程(2-4)可以改写为

$$x = x_0 \cos\omega_n t + \frac{\dot{x}_0}{\omega_n}\sin\omega_n t \tag{2-6}$$

方程(2－6)表明，自由振动 x 由两部分组成，初始位移 x_0 决定了振动的余弦部分；初始速度 $\dot{x}_0$ 决定了振动的正弦部分。由数学知识可知，方程(2－6)也可写成如下形式：

$$x = A\cos(\omega_n t - \varphi) \tag{2-7}$$

式中：

$$A = \sqrt{x_0^2 + \left(\frac{\dot{x}_0}{\omega_n}\right)^2}$$

$$\varphi = \arctan\left(\frac{\dot{x}_0}{\omega_n x_0}\right)$$

A 和 φ 的关系，以及初始位移 x_0 及初始速度 $\dot{x}_0$ 对自由振动 x 的影响，可借助图 2－2 加以理解。

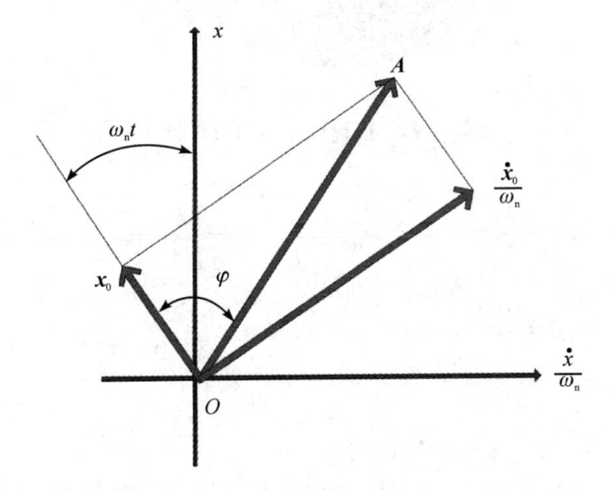

图 2－2　单自由度系统振动合成关系

由图 2－2 可知，初始位移矢量 $\boldsymbol{x}_0$ 与初始速度矢量 $\dot{\boldsymbol{x}}_0$ 相位相差 90°，它们均以固有角频率 ω_n 绕原点 O 逆时针转动，位移矢量 $\boldsymbol{x}_0$ 与速度矢量 $\dot{\boldsymbol{x}}_0/\omega_n$ 之和为矢量 $\boldsymbol{A}$，它与初始位移矢量 $\boldsymbol{x}_0$ 之间的夹角为 φ。矢量 $\boldsymbol{A}$ 的长度代表合成运动的最大振幅。矢量 $\boldsymbol{A}$ 仍以固有角频率 ω_n 绕原点 O 逆时针转动，其在 x 轴上的投影即为方程(2－2)的解，描述的是一个简谐振动。

2．扭转振动

扭转振动系统的自由振动与直线往复振动相似，如图 2－3 所示，可根据力矩平衡条件建立该扭转振动的动力学方程：

$$J_{p}\ddot{\theta}+\frac{GI}{L}\theta=0$$

式中：J_p 为圆盘的极转动惯量；I 为截面对中性轴的惯性矩；G 为材料的剪切模量。

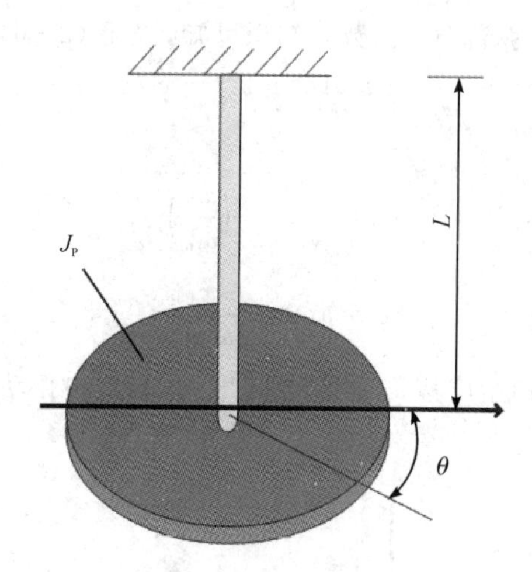

图 2-3　扭转振动的动力学模型

令

$$\omega_{n}^{2}=\frac{GI}{J_{p}L}$$

由方程(2-6)可知，该方程的解可表示为

$$x=\theta_{0}\cos\omega_{n}t+\frac{\dot{\theta}_{0}}{\omega_{n}}\sin\omega_{n}t$$

式中：θ_0 为初始角位移；$\dot{\theta}_0$ 为初始角速度。

当然，我们也可以把扭转振动方程的解用余弦函数表示法来描述，从而得到类似方程(2-7)形式的解，此处不再赘述。

2.2.2　系统响应及固有频率的计算方法

对无阻尼自由振动系统的研究，主要集中在对系统的固有角频率计算与响应求解上。计算方法很多，且各有优缺点与适用场合，本小节将以例题的形式介绍几种常用的计算方法。

1. 求初始位移及初始速度法

由方程(2-6)可知，如果已知一无阻尼自由振动系统的初始位移与初始速度，就可以快速写出系统的位移响应。

例 2-1　如图 2-4 所示，在弹簧振子上突加恒力 F，求其位移响应 $x(t)$。

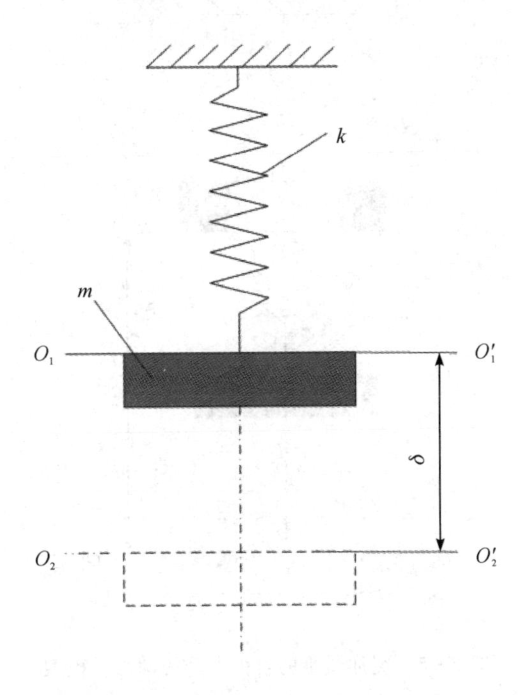

图 2-4　突加恒力的自由振动的动力学模型

解　设 F 加上之后，质量块 m 的静平衡位置下移距离 δ 至 O_2，系统质量块 m 将围绕 $O_2O'_2$ 振动。

设已知条件为

$$x_0=-\delta=-\frac{F}{k}$$

$$\dot{x}_0=0$$

把它们代入方程(2-6)，即可得到该系统的位移响应：

$$x(t)=-\frac{F}{k}\cos\omega_n t$$

例 2-2　如图 2-5 所示，质量块 m_1 固定于垂直放置的弹簧下端，在质量块 m_1 的上方距离为 h 处，自由落下质量块 m_2，并与 m_1 黏合在一起振动，求其位移响应 $x(t)$。

解　质量块 m_2 以自由落体运动了 h 距离后，到达图示 $O_1O'_1$ 处，此时 m_1 与 m_2 黏合在一起，设黏合后它们的共同速度为 $\dot{x}_0$，按照动量守恒定理可求得

$$\dot{x}_0=\frac{m_2\sqrt{2gh}}{m_1+m_2}$$

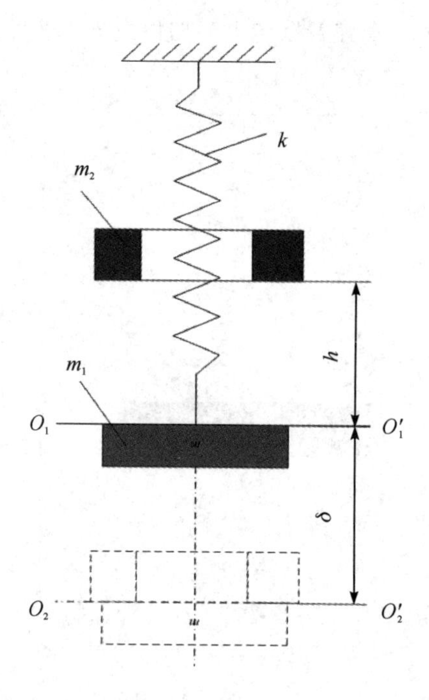

图 2－5　突加质量的自由振动的动力学模型

假设黏合后，原系统的静平衡位置由 O_1 下移至 O_2，下移量可由下式求得

$$x_0=-\delta=-\frac{m_2 g}{k}$$

振动将以 O_2O_2' 为平衡位置，以初始位移为 $x_0=-\delta$ 进行无阻尼系统的自由振动。根据方程(2－6)可以方便地写出位移响应为

$$x(t)=-\frac{m_2 g}{k}\cos\omega_n t+\frac{m_2\sqrt{2gh}}{\omega_n(m_1+m_2)}\sin\omega_n t$$

2．能量法

前文讲过，在一个无阻尼系统中，振动过程是一个动能 T 与势能 U 相互交换的过程，且总能量保持不变，即

$$T+U=\text{const}\quad 且\quad T_{\max}=U_{\max} \tag{2-8}$$

另由简谐振动的性质：

$$x=A\cos(\omega_n t+\varphi)$$

$$\dot{x}=-\omega_n A\sin(\omega_n t+\varphi)$$

可知

$$\begin{cases} T_{\max}=\frac{1}{2}m\omega_{n}^{2}A^{2} \\ U_{\max}=\frac{1}{2}kA^{2} \end{cases} \tag{2-9}$$

能量法就是使用方程(2-9)所描述的性质来求解系统的固有角频率。

例 2-3　如图 2-6 所示，一个半圆柱环，质量为 m，设其绕过 B 点接触线的极转动惯量为 J_{p}，O 为圆环的圆心，C 为圆柱环的质心，B 为其与地面纯滚动时的接触点，设圆柱环作微幅振动，试求其固有角频率。

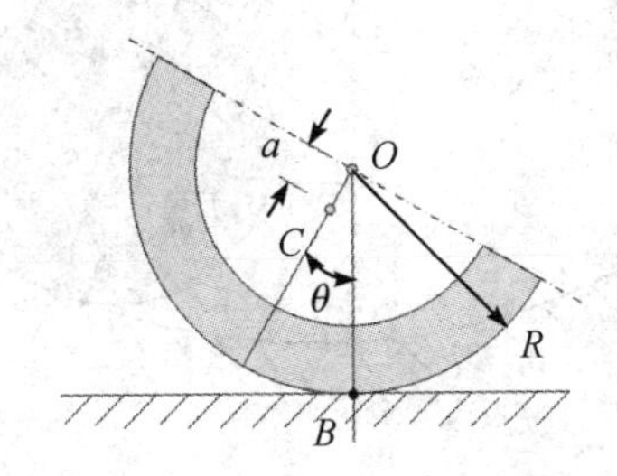

图 2-6　半圆柱环的微幅自由振动的动力学模型

解　设质心 C 位于最低点，即当 OC 连线垂直于水平面时，势能为 0，则其最大势能为

$$U_{\max}=mga(1-\cos\theta)\approx\frac{a}{2}mg\theta^{2}$$

最大动能为

$$T_{\max}=\frac{m}{2}[\dot{\theta}(R-a)]^{2}+\frac{J_{p}}{2}\dot{\theta}^{2}$$

对于简谐振动来说：

$$\dot{\theta}=\omega_{n}\theta$$

故有

$$T_{\max}=[m(R-a)^{2}+J_{p}]\frac{\theta^{2}\omega_{n}^{2}}{2}$$

再由半圆环的性质 $J_{p}=mR^{2}-ma^{2}$，$a=2R/\pi$，可得

$$\omega_{n}^{2}=\frac{g}{R(\pi-2)}$$

3. 动静法

根据达朗伯原理，在质点运动的任一瞬时，作用于质点上的主动力、约束反力以及假想的惯性力在形式上构成平衡力系，利用这个性质，可求解得到系统固有角频率，这种方法被称为动静法。

例 2-4　质量为 m、半径为 R_1 的圆柱，在半径为 R_2 的内圆柱面上作纯滚动，如图 2-7 所示，假设该振动是微幅振动，试求其固有角频率。

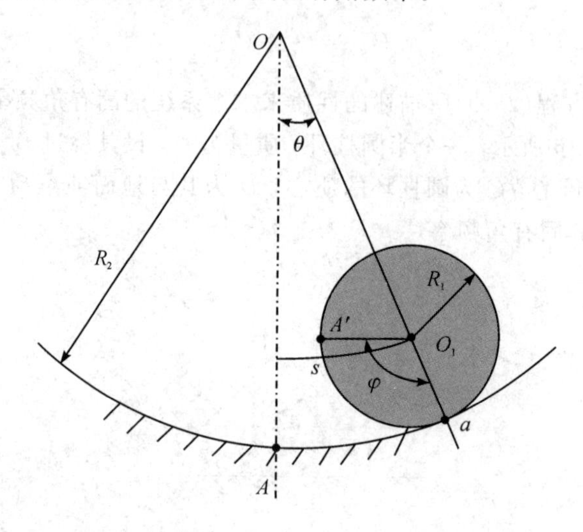

图 2-7　圆柱微幅摆动

圆柱绕 OA 垂线左、右微幅摆动，在图 2-7 所示位置时其所受的绕 a 点的主动力矩为 $mgR_1\theta$。圆柱绕 a 点转动的惯性力矩可表示为

$$M=J_{\mathrm{p}}\frac{(R_2-R_1)\ddot{\theta}}{R_1}$$

仍利用简谐振动的特性：

$$\ddot{\theta}=\omega_{\mathrm{n}}^2\theta$$

得到

$$M=J_{\mathrm{p}}(\varphi-\theta)\omega_{\mathrm{n}}^2$$

由达朗伯原理可知

$$J_{\mathrm{p}}(\varphi-\theta)\omega_{\mathrm{n}}^2-mgR_1\theta=0$$

由于圆柱体作纯滚动，所以有 $\theta R_2=\varphi R_1$，另有

$$J_{\mathrm{p}}=1.5mR_1^2$$

代入上式可得

$$\omega_{\mathrm{n}}^2=\frac{2g}{3(R_2-R_1)}$$

4. 等效质量、等效刚度、等效阻尼法

1) 等效质量法

一个振动系统由多个质量构件组成，为了简化计算，有时可以把不同位置的质量转化

到同一位置上，并使用一个等效质量 m_{eq} 来表示整个系统的质量构件。它的转换原则是，等效前后系统的动能相等。

例 2-5　如图 2-8 所示为滑轮-弹簧-质量系统，当以 x 为系统的广义坐标时，试求其等效质量。

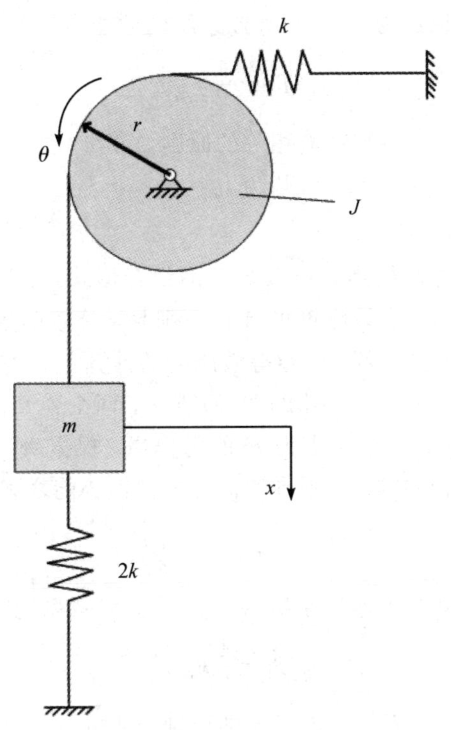

图 2-8　滑轮-弹簧-质量系统的动力学模型

解　当以 x 为广义坐标时，该系统的动能可表示为

$$T_1=\frac{1}{2}m\dot{x}^2+\frac{1}{2}J\left(\frac{\dot{x}}{r}\right)^2=\frac{1}{2}\left(m+\frac{J}{r^2}\right)\dot{x}^2$$

设该系统的等效质量为 m_{eq}，则等效系统的动能可表示为

$$T_2=\frac{1}{2}m_{eq}\dot{x}^2$$

依据等效质量变换前、后系统动能相等的原则，可知

$$T_1=T_2\Rightarrow m_{eq}=m+\frac{J}{r^2}$$

需要指出的是，即便针对同一个研究对象，由于选择的广义坐标不同，得到的等效质量也不同。为了说明这个问题，仍以图 2-8 所示系统为分析对象，求当以 θ 为系统的广义

坐标时，系统的等效质量。

解　当以 θ 为广义坐标时，该系统的动能可表示为

$$T_1=\frac{1}{2}m(r\dot{\theta})^2+\frac{1}{2}J\dot{\theta}^2=\frac{1}{2}(mr^2+J)\dot{\theta}^2$$

设该系统的等效转动惯量为 J_{eq}，则等效系统的动能为

$$T_2=\frac{1}{2}J_{eq}\dot{\theta}^2$$

依据等效质量变换前、后系统动能相等的原则，可知

$$T_1=T_2\Rightarrow J_{eq}=mr^2+J$$

2）等效刚度法

机械结构中的弹性元件往往具有比较复杂的组合形式，这时可用等效刚度系数 k_{eq} 来替代整个弹簧组以简化分析。等效刚度的计算原则是，等效前后系统的弹性势能相等。下面以最简单的并联、串联弹簧为例，介绍等效刚度的计算。

(1) 以并联弹簧为分析对象。如图 2-9(a)所示，两个弹簧的刚度系数分别为 k_1、k_2，并联连接，左、右两端均受到一个大小为 F 的力作用，根据变形协调条件，两个弹簧在力作用下，弹性变形量 x 是相同的。两个弹簧储存的弹性势能之和为

$$U_1=\frac{1}{2}k_1x^2+\frac{1}{2}k_2x^2$$

设两个并联弹簧的等效弹簧刚度系数为 k_{eq}，则其等效系统的弹性势能可表示为

$$U_2=\frac{1}{2}k_{eq}x^2$$

依据等效刚度变换前、后系统势能不变的原则，可知

$$U_1=U_2\Rightarrow k_{eq}=k_1+k_2$$

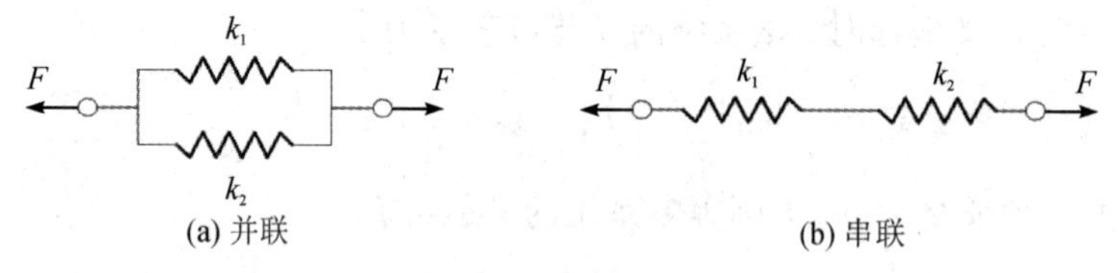

图 2-9　并联与串联弹簧的动力学模型

(2) 以串联弹簧为分析对象。如图 2-9(b)所示，两个弹簧的刚度系数分别为 k_1、k_2，串联连接，左、右两端均受到一个大小为 F 的力作用，根据力平衡条件，两个弹簧在力作用下，弹性变形量不再相同，但两个弹簧所受的弹性力相同。

两个弹簧储存的弹性势能之和可表示为

$$U_1=\frac{1}{2}k_1\left(\frac{F}{k_1}\right)^2+\frac{1}{2}k_2\left(\frac{F}{k_2}\right)^2$$

设两个串联弹簧的等效刚度系数为 k_{eq}，则其等效系统的弹性势能可表示为

$$U_2=\frac{1}{2}k_{eq}\left(\frac{F}{k_{eq}}\right)^2$$

依据等效刚度变换前、后系统势能不变的原则，可得

$$U_1=U_2\Rightarrow\frac{1}{k_{eq}}=\frac{1}{k_1}+\frac{1}{k_2}$$

使用上述方法，可以求出更一般情况下，并联弹簧的等效刚度系数的计算公式为

$$k_{eq}=\sum_{i=1}^{n}k_i \tag{2-10}$$

串联弹簧的等效刚度系数的计算公式为

$$\frac{1}{k_{eq}}=\sum_{i=1}^{n}\frac{1}{k_i} \tag{2-11}$$

例 2-6　以图 2-8 所示滑轮-弹簧-质量系统为分析对象，当以 x 为广义坐标时，试求其等效刚度。

解　当以 x 为广义坐标时，该系统的弹性势能为

$$U_1=\frac{1}{2}2kx^2+\frac{1}{2}kx^2=\frac{1}{2}(3k)x^2$$

设该系统的等效刚度系数为 k_{eq}，则系统等效后的弹性势能可表示为

$$U_2=\frac{1}{2}k_{eq}x^2$$

依据等效刚度变换前、后系统弹性势能相等的原则，可知

$$U_1=U_2\Rightarrow k_{eq}=3k$$

等效刚度的求解有着与等效质量相似的性质，即针对同一个研究对象，由于选择的广义坐标不同，得到的等效刚度也不同。下面仍以图 2-8 所示系统为分析对象，求当以 θ 为广义坐标时，系统的等效刚度。

解　当以 θ 为广义坐标时，该系统的弹性势能为

$$U_1=\frac{1}{2}2k(r\theta)^2+\frac{1}{2}k(r\theta)^2=\frac{1}{2}(3kr^2)\theta^2$$

设该系统的等效角刚度系数为 k_{eq}，则系统等效后的弹性势能可表示为

$$U_2=\frac{1}{2}k_{eq}\theta^2$$

依据等效刚度变换前、后系统弹性势能相等的原则，可知

$$U_1=U_2\Rightarrow k_{eq}=3kr^2$$

综上所述，对于同一个研究对象，取不同的广义坐标会得到不同的等效刚度、等效质量，那么使用它们计算出的固有角频率是否相同呢？

由上面计算结果可知，图 2 - 8 所示系统在分别以 x、θ 为广义坐标时，使用计算获得的等效刚度与等效质量(转动惯量)计算其固有角频率值，分别为

$$\omega_{\mathrm{n}}^{(x)}=\sqrt{\frac{3k}{m+\frac{J}{r^2}}}$$

$$\omega_{\mathrm{n}}^{(\theta)}=\sqrt{\frac{3kr^2}{mr^2+J}}$$

可知，取不同广义坐标得到的等效系统的固有角频率是相等的。

3）等效阻尼法

线性阻尼会使振动分析大大简化，但工程实际中却大量存在着非线性阻尼，处理该问题的方法就是将非线性阻尼换算为等效线性阻尼 c_{eq}。等效阻尼换算原则是将一个振动周期内由非线性阻尼所消耗的能量等于线性阻尼所消耗的能量。

首先分析线性阻尼(或称为黏性阻尼)在一个简谐振动周期内消耗的能量。

设系统的位移响应为

$$x=A\sin(\omega t+\varphi)$$

则其受到的阻尼力应为

$$-c\dot{x}=-c\omega A\cos(\omega t+\varphi)$$

则阻尼力在一个运动周期内消耗的能量为

$$W=\int_0^{\frac{2\pi}{\omega}}-c\dot{x}^2\,\mathrm{d}t=\int_0^{\frac{2\pi}{\omega}}rA^2\omega^2\cos^2(\omega t+\varphi)\,\mathrm{d}t=\pi c\omega A^2 \tag{2-12}$$

依据等效阻尼的换算原则，将一个振动周期内由非线性阻尼所消耗的能量等于线性阻尼所消耗的能量。如设非线性阻尼在一个周期内所做的功为 W_1，则可推导出等效线性阻尼系数计算公式为

$$W=W_1\Rightarrow c_{\mathrm{eq}}=\frac{W_1}{\pi\omega A^2} \tag{2-13}$$

下面利用方程(2 - 13)将三个常见的非线性阻尼换算为等效线性阻尼。

(1) 干摩擦阻尼。干摩擦阻尼振动系统的动力学模型如图 2 - 10 所示，一质量为 m 的物体在水平面左、右振动，其响应为 $x(t)=A\cos(\omega t+\varphi)$，如果物体与水平面之间的摩擦系数为 μ，则两者之间的摩擦力可以表示为 $F=\mu mg$，在一个振动周期中摩擦力所作的功可表示为

$$W_1=4\mu mgA$$

将其代入方程(2 - 13)中，可得到干摩擦等效线性阻尼系数为

$$c_{\mathrm{eq}}=\frac{4\mu mg}{\pi\omega A} \tag{2-14}$$

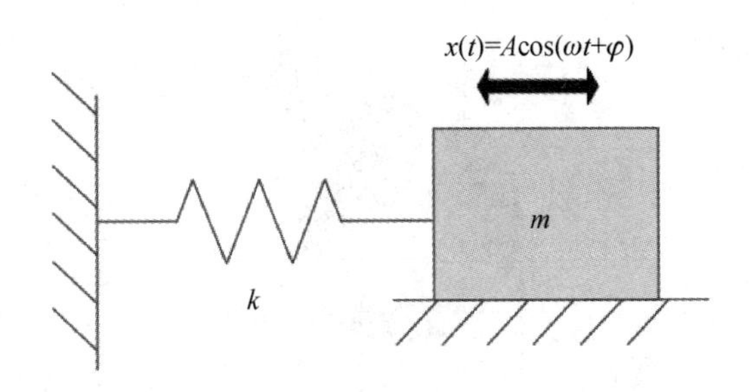

图 2-10　干摩擦阻尼振动系统的动力学模型

(2) 流体阻尼。当物体以较大的速度在黏性较小的流体(如空气、润滑油、水)中运动时，会受到一个与速度方向相反、大小与速度平方成正比的阻力 F 作用，其大小为

$$F=-\gamma\dot{x}^2\operatorname{sgn}(\dot{x})$$

式中：γ 为经验常数。

那么，在一个振动周期中，流体阻力所作的功为

$$W_1=4\int_0^{\frac{T}{4}}\gamma\dot{x}^3\mathrm{d}t=\frac{8\gamma\omega^2A^3}{3}$$

将 W_1 代入方程(2-13)中，可得到流体等效线性阻尼系数为

$$c_{\mathrm{eq}}=\frac{8\gamma\omega A}{3\pi}\tag{2-15}$$

(3) 结构阻尼。由材料内摩擦引起的阻尼称为结构阻尼。结构材料实际上不是完全弹性的，在振动过程中由于内摩擦作用，会以发热的形式耗散系统的能量。大量实验数据表明，对于大多数金属而言，在一个周期中耗散的能量 W_1 与振幅的平方成正比，即

$$W_1=\gamma A^2$$

式中：γ 为经验常数。

将 W_1 代入方程(2-13)，可得到结构等效线性阻尼系数为

$$c_{\mathrm{eq}}=\frac{\gamma}{\pi\omega}\tag{2-16}$$

在对振动系统进行分析时，可通过等效质量、等效刚度、等效阻尼，把一个由多个构件、多个弹性元件、多个阻尼元件组成的系统简化为一个单自由度系统进行分析计算。

例 2-7　写出如图 2-11 所示系统的运动微分方程，并求其固有角频率。

① 等效质量的求解。

当以 x_1 为广义坐标时，系统动能为

$$T_1=\frac{1}{2}m_1\dot{x}_1^2+\frac{1}{2}m_2\left(\frac{\dot{x}_1}{r_2}r_1\right)^2+\frac{1}{2}J_{\mathrm{p}}\left(\frac{\dot{x}_1}{r_2}\right)^2$$

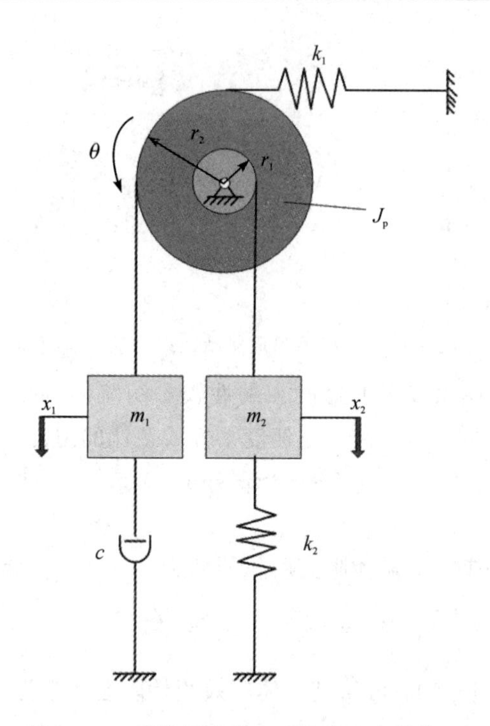

图 2-11　等效单自由度系统的动力学模型

假设系统的等效质量为 m_{eq}，则使用等效质量表示的系统的动能为

$$T_2=\frac{1}{2}m_{eq}\dot{x}_1^2$$

依据等效质量变换前、后系统动能相等的原则，可知

$$T_1=T_2\Rightarrow m_{eq}=m_1+m_2\left(\frac{r_1}{r_2}\right)^2+J_p\left(\frac{1}{r_2}\right)^2$$

② 等效刚度的求解。

当以 x_1 为广义坐标时，等效前系统的势能为

$$U_1=\frac{1}{2}k_1x_1^2+\frac{1}{2}k_2\left(\frac{x_1}{r_2}r_1\right)^2$$

假设系统的等效刚度为 k_{eq}，则使用等效刚度表示的系统的势能为

$$U_2=\frac{1}{2}k_{eq}x_1^2$$

则依据等效刚度变换前、后系统势能相等的原则，可得

$$U_1=U_2\Rightarrow k_{eq}=k_1+k_2\left(\frac{r_1}{r_2}\right)^2$$

③ 等效阻尼的求解。

当以 x_1 为广义坐标时，系统耗散能量为

$$E_1=\frac{1}{2}c\dot{x}_1^2$$

假设系统的等效线性阻尼为 c_{eq}，则使用等效线性阻尼表示的系统耗散能量为

$$E_2=\frac{1}{2}c_{eq}\dot{x}_1^2$$

根据等效阻尼变换前、后，系统耗散能量相等原则，可知

$$E_1=E_2\Rightarrow c_{eq}=c$$

则等效系统的动力学模型如图 2-12 所示，等效系统的运动微分方程为

$$m_{eq}\ddot{x}_1+c_{eq}\dot{x}_1+k_{eq}x_1=0$$

或

$$\left(m_1+m_2\left(\frac{r_1}{r_2}\right)^2+J_p\left(\frac{1}{r_2}\right)^2\right)\ddot{x}_1+c\dot{x}_1+\left(k_1+k_2\left(\frac{r_1}{r_2}\right)^2\right)x_1=0$$

则系统的固有角频率为

$$\omega_n=\sqrt{\frac{k_{eq}}{m_{eq}}}$$

或

$$\omega_n=\sqrt{\frac{k_1+k_2\left(\frac{r_1}{r_2}\right)^2}{m_1+m_2\left(\frac{r_1}{r_2}\right)^2+J_p\left(\frac{1}{r_2}\right)^2}}$$

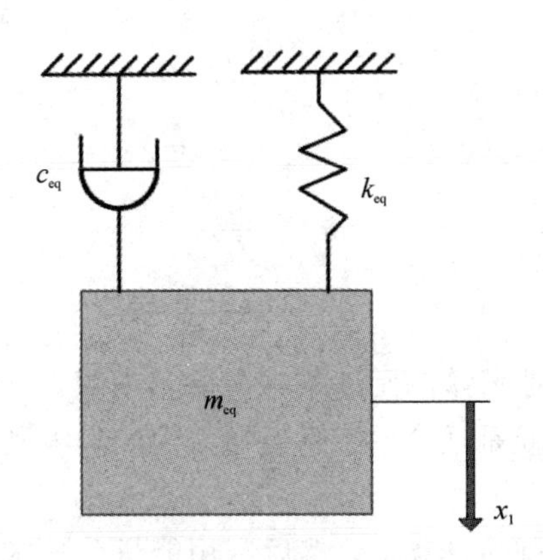

图 2-12　等效系统的动力学模型

例 2-8　杠杆-弹簧系统的动力学模型如图 2-13 所示，均质杆长度为 l，质量为 m，

杆中点 b 到 a 点支承处的距离为 $l/4$，弹簧支承刚度系数为 k，为了简化分析，试以 x 为系统的广义坐标，求该杠杆-弹簧系统的等效质量。

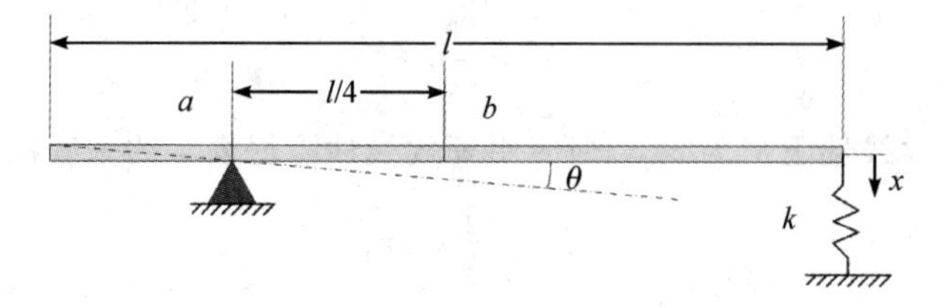

图 2-13　杠杆-弹簧系统的动力学模型

解　因弹簧刚度保持不变，只需用等效质量 m_{eq} 来代替杠杆的分散质量 m 即可。

当以 θ 为广义坐标时，系统变换前的动能可表示为

$$T_1=\frac{1}{2}J_a\dot{\theta}^2$$

式中 J_a 为杠杆绕过 a 点垂直于杠杆的轴线的转动惯量，由理论力学可知其大小为

$$J_a=J_b+m\left(\frac{l}{4}\right)^2=\frac{1}{12}ml^2+m\left(\frac{l}{4}\right)^2=\frac{7}{48}ml^2$$

假设系统的等效质量为 m_{eq}，则以 x 表示的等效系统的动能为

$$T_2=\frac{1}{2}m_{eq}\dot{x}^2$$

则依据等效前、后系统的动能相等的原则，可得

$$\frac{1}{2}m_{eq}\dot{x}^2=\frac{1}{2}J_a\dot{\theta}^2$$

又因为

$$\dot{x}=\frac{3}{4}l\dot{\theta}$$

于是可得

$$m_{eq}=\frac{7}{27}m$$

5. 瑞利法

本小节前面的例子中，对于弹性元件常常忽略其质量，只考虑其刚度。这在弹簧质量与运动质量块相差巨大的时候是适合的。但当弹簧的质量大到不能忽略的时候，为了提高计算精度，常使用瑞利法。

瑞利法的原理是先计算弹簧体动能，然后利用能量公式求解弹性体的等效质量，再将等效质量加到集中质量块上，得到修正后的等效系统质量。下面举例说明。

例 2-9　如图 2-14 所示的弹簧-质量系统，假设弹簧质量 m_b 足够大，已经不能忽略

不计，并假设弹簧质量均匀分布，弹簧下端固定一个质量块 m，O_1-O_1' 为系统静平衡位置，试用瑞利法求解该系统的等效质量。

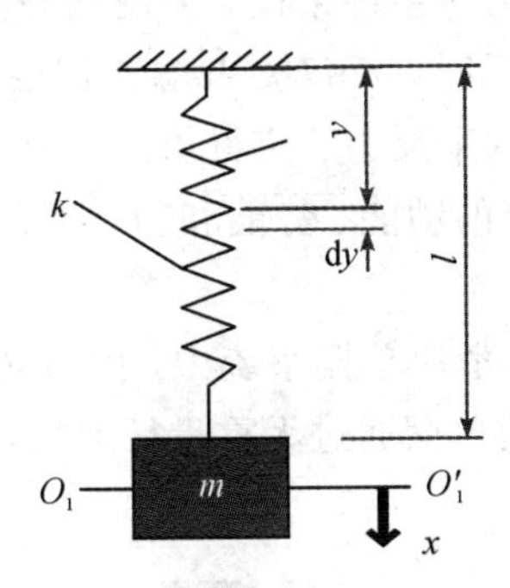

图 2-14　考虑弹簧质量的动力学模型

解　设质量块 m 的速度为 $\dot{x}$，则弹簧上端速度为零，下端与质量块接触处速度为 $\dot{x}$，现假设弹簧速度从上到下作线性增长，则位于 y 坐标处的速度可表示为 $\dot{x}y/l$，弹簧的动能可以表示为

$$T_1=\frac{1}{2}\int_0^l\left(\dot{x}\ \frac{y}{l}\right)^2\frac{m_b}{l}\mathrm{d}y=\frac{m_b}{6}\dot{x}^2$$

弹簧等效质量产生的动能为

$$T_2=\frac{1}{2}m_{eq}\dot{x}^2$$

令 $T_1=T_2$，即可求出弹簧的等效质量为

$$m_{eq}=m_b/3$$

将 m_{eq} 加到质量块 m 上，则整个系统的运动质量变为 $M_{eq}=m+m_{eq}$。而等效系统的动力学模型如图 2-15 所示。

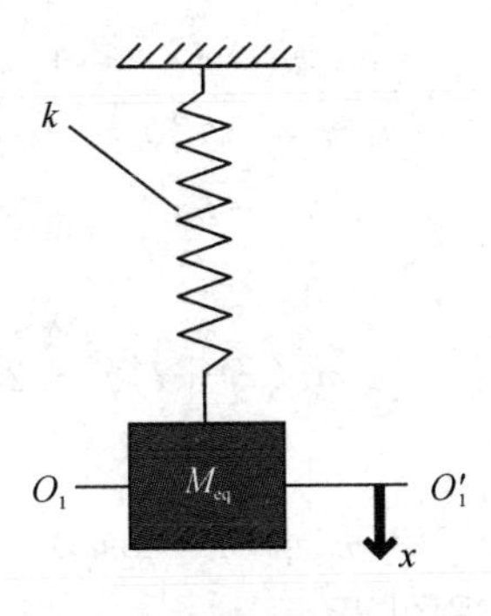

图 2-15　等效系统的动力学模型

6. 拉格朗日法

对于自由度较多且复杂的动力学系统来说，采用动静法或牛顿运动定律来建立力或力矩同速度及加速度之间的矢量关系时，不仅要考虑它们的大小，还要确定正确的方向，加之推导过程中还要引入很多未知约束反力，使得求解更加烦琐。此时我们可以采用拉格朗日法，从能量观点出发，建立系统的动能、势能和功之间的关系，以标量代替矢量关系，从而推导出系统的运动微分方程。

例 2－10 在如图 2－16 所示滑块单摆系统中，可沿光滑水平面移动的质量块 m_1 与可在垂直平面内摆动的质量为 m_2 的单摆通过无重量杆连接，杆长为 l。求单摆系统摆动的固有角频率。

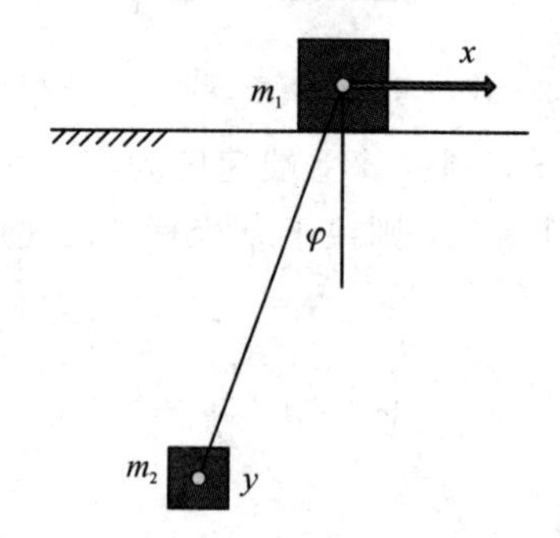

图 2－16 滑块单摆系统的动力学模型

解 选择 x 与 φ 组成系统的两个自由度，设滑块 m_1 与单摆 m_2 的动能之和为

$$T=\frac{1}{2}m_1v_1^2+\frac{1}{2}m_2v_2^2$$

其中，v_1 为滑块 m_1 的速度，v_2 为单摆 m_2 的速度，v_2 等于牵连速度 v_1 与相对速度 v_e 的矢量和。

$$v_1=\dot{x}$$
$$v_2^2=v_1^2+v_e^2+2v_1v_e\cos\varphi$$
$$v_e=l\dot{\varphi}$$

则系统的动能可以表示为

$$T=\frac{1}{2}m_1\dot{x}^2+\frac{1}{2}m_2(\dot{x}^2+l^2\dot{\varphi}^2+2l\dot{x}\dot{\varphi}\cos\varphi)$$

系统的重力势能可表示为

$$U=m_2gl(1-\cos\varphi)$$

将动能、势能代入拉格朗日方程可得

$$\frac{\mathrm{d}}{\mathrm{d}t}\left(\frac{\partial T}{\partial \dot{q}_j}\right)-\frac{\partial T}{\partial q_j}+\frac{\partial U}{\partial q_j}+\frac{\partial E}{\partial \dot{q}_j}=F_j(t)\quad j=1,\ 2 \tag{2-17}$$

式中：T、U、E、$F_j(t)$、q_j 分别表示系统的动能、势能、耗散能、广义激振力、广义坐标。

考虑 φ 为微幅小量，可近似认为 $\sin\varphi=\varphi$，$\cos\varphi=1$，并略去角速度的二次方项，即可得到如下微分方程组：

$$\begin{cases}(m_1+m_2)\ddot{x}+m_2 l\ddot{\varphi}=0\\ \ddot{x}+l\ddot{\varphi}+g\varphi=0\end{cases}$$

整理方程组后，得到

$$\ddot{\varphi}+\frac{m_1+m_2}{m_1}\frac{g}{l}\varphi=0$$

由上式可以得到该系统的固有角频率为

$$\omega_{\mathrm{n}}=\sqrt{\frac{m_1+m_2}{m_1}\frac{g}{l}}$$

2.3　黏性阻尼系统的自由振动

2.3.1　黏性阻尼系统

对于如图 2-1 所示单自由度系统，如果考虑阻尼影响，则该系统的运动微分方程可表示为

$$m\ddot{x}+c\dot{x}+kx=0 \tag{2-18}$$

设该方程的解为 $x=\mathrm{e}^{st}$，代入方程(2-18)，计算后得到该系统的特征值为

$$s_{1,2}=-\frac{c}{2m}\pm\sqrt{\left(\frac{c}{2m}\right)^2-\frac{k}{m}}$$

定义临界阻尼系数为 c_{cr}，阻尼比为 ξ，则有

$$c_{\mathrm{cr}}=2m\omega_{\mathrm{n}}$$

$$\xi=\frac{c}{c_{\mathrm{cr}}}=\frac{c}{2m\omega_{\mathrm{n}}}$$

则特征值可改写为

$$s_{1,2}=-\xi\omega_{\mathrm{n}}\pm\omega_{\mathrm{n}}\sqrt{\xi^2-1} \tag{2-19}$$

于是方程(2-18)的通解可以表示为

$$x=A_1\mathrm{e}^{s_1 t}+A_2\mathrm{e}^{s_2 t} \tag{2-20}$$

下面根据 s_1、s_2 的不同取值，分三种情况进行分析讨论。

1）临界阻尼($\xi=1$)

由方程(2-19)可知，当 $\xi=1$ 时，方程的特性值为重根，即

$$s_{1,2}=-\xi\omega_n$$

由数学知识可知，此时系统位移响应可表示为

$$x(t)=e^{-\xi\omega_n t}(C_1+C_2 t)$$

从上式可知，此时系统响应已非周期函数，因而不会发生振动。若设 $t=0$ 时，$x=x_0$，$\dot{x}=\dot{x}_0$，代入上式计算出 C_1、C_2 的值后，可得系统的位移响应为

$$x(t)=e^{-\xi\omega_n t}[x_0+(\dot{x}_0+\omega_n x_0)t]$$

为了形象地表示出初始速度 $\dot{x}_0$ 对位移 x 响应的影响，将初始速度大于、等于及小于 0 时，位移 x 与时间 t 的关系绘制于图 2-17 中。从图中可以看出，三种情况下，系统均未发生上、下振动，不同的是，初始速度大于 0 时，在阻尼作用下，位移响应先增加，在达到最大时，又缓慢降低直至趋于 0；初始速度等于 0 时，位移响应缓慢降低直至趋于 0；初始速度小于 0 时，在阻尼作用下，位移响应先快速下降直至为 0，然后再往相反的方向运动，位移将经历先缓慢增加再缓慢降低直至为 0 的一个过程。

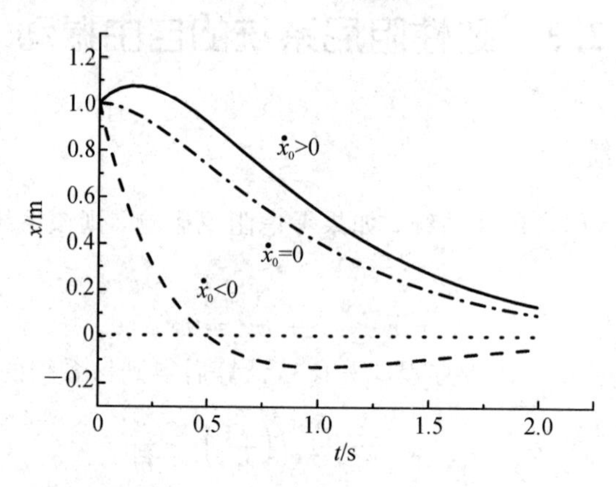

图 2-17　不同初始速度下的系统响应

2）过阻尼($\xi>1$)

由方程(2-19)可知，当 $\xi>1$ 时，方程的两个特征值可表示为

$$s_{1,2}=-\xi\omega_n\pm\omega_n\sqrt{\xi^2-1}$$

此时 $s_{1,2}$ 是两个实数，系统位移响应可表示为

$$x(t)=e^{-\xi\omega_n t}\left(C_1 e^{\omega_n t\sqrt{\xi^2-1}}+C_2 e^{-\omega_n t\sqrt{\xi^2-1}}\right)$$

由上式可知，此时系统响应是一个非周期函数，故不会发生振动。为了说明 ξ 对响应的影响，选择初始条件为 $x_0=0$，$\dot{x}=0.5$ m/s，$\omega_n=5$ rad/s，计算在不同阻尼比情况下，系统的响应随时间的变化规律，并绘制于图 2-18 中。

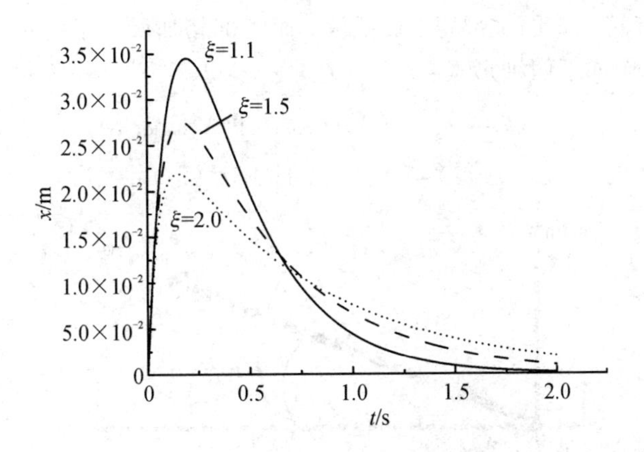

图 2-18　不同阻尼比下系统的响应

从图 2-18 可以看出，随着阻尼比的增大，质点 m 的位移最大值不断减小，且出现的时间不断提前。另外，随着阻尼比的增大，系统趋于平衡位置所需要的时间愈来愈长。

3）小阻尼($\xi<1$)

由方程(2-19)可知，当 $\xi<1$ 时，方程的两个特征值可以表示为

$$s_{1,2}=-\xi\omega_n\pm i\omega_n\sqrt{1-\xi^2}$$

此时 $s_{1,2}$ 是两个复数，则系统位移响应可表示为

$$x(t)=e^{-\xi\omega_n t}(C_1e^{i\omega_d t}+C_2e^{-i\omega_d t}) \tag{2-21}$$

式中：

$$\omega_d=\omega_n\sqrt{1-\xi^2} \tag{2-22}$$

ω_d 为有阻尼系统的固有角频率，它总是比无阻尼系统的固有角频率小，这在物理概念上很好理解，即阻尼降低了系统惯性质量的运动速度，使得运动周期增大而角频率降低。但对于一般的小阻尼情形，ξ 常在 0.1～0.4 范围内取值，此时可以认为 $\omega_d\approx\omega_n$，故工程上常常用无阻尼状态下的固有角频率 ω_n 来替代有阻尼条件下的固有角频率 ω_d。

令

$$C_1=\frac{X}{2}e^{i\varphi},\ C_2=\frac{X}{2}e^{-i\varphi}$$

则方程(2-21)可改写为

$$x(t)=\frac{X}{2}e^{-\xi\omega_n t}(e^{i(\omega_d t+\varphi)}+e^{-i(\omega_d t+\varphi)}) \tag{2-23}$$

方程(2-23)可由图 2-19 帮助理解，图中有两个矢量$\frac{X}{2}e^{-\xi\omega_n t}$分别位于第一、第四象限，分别以角速度 ω_d 逆时针、顺时针绕坐标原点旋转，且随着时间 t 增加，矢量长度减小，

在任一瞬时，两个旋转矢量的虚部正、负抵消，而实部相加所表示的正是位移响应函数。方程(2-21)还可以写作如下两种形式：

$$x(t)=e^{-\xi\omega_n t}(A_1\cos\omega_d t+A_2\sin\omega_d t) \tag{2-24}$$

$$x(t)=Ae^{-\xi\omega_n t}\cos(\omega_d t+\varphi) \tag{2-25}$$

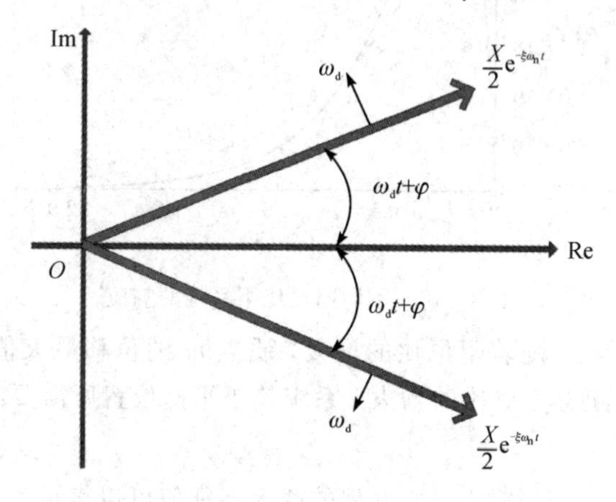

图 2-19　小阻尼情形下的运动矢量图

如设 $t=0$ 时刻，$x=x_0$，$\dot{x}=\dot{x}_0$，代入方程(2-24)中，求出 A_1、A_2 之后，系统的位移响应可写为

$$x(t)=e^{-\xi\omega_n t}\left(x_0\cos\omega_d t+\frac{\dot{x}_0+\xi\omega_n x_0}{\omega_d}\sin\omega_d t\right) \tag{2-26}$$

如将初始条件代入方程(2-25)中，求出 A、φ 之后，系统的位移响应亦可表示为

$$x(t)=e^{-\xi\omega_n t}A\cos(\omega_d t+\varphi) \tag{2-27}$$

式中：

$$A=\sqrt{x_0^2+\frac{(\dot{x}_0+\xi\omega_n x_0)^2}{\omega_d^2}}$$

$$\varphi=-\arctan\frac{\dot{x}_0+\xi\omega_n x_0}{\omega_d x_0}$$

为了说明 ξ 对响应的影响，选择 $x_0=5$ m，$\dot{x}=3$ m/s，$\omega_n=5$ rad/s，$\xi=0.1$ 的系统为研究对象，绘制响应 x 与时间 t 的关系曲线，如图 2-20 所示。从图中可知，系统的位移在平衡位置附近上、下振动，但由于阻尼的作用，振动的振幅按指数函数衰减，直至为零。

总结：当 $\xi=0$ 时，表示无阻尼系统的自由振动，振动形式为等幅简谐振动，振动角频率为 ω_n；当 $0<\xi<1$ 时，振动形式是一种振幅按指数规律逐渐衰减的简谐振动，振动角频率为 ω_d；当 $\xi\geqslant1$ 时，位移响应是按指数规律逐渐衰减的非周期蠕动，已非振动。

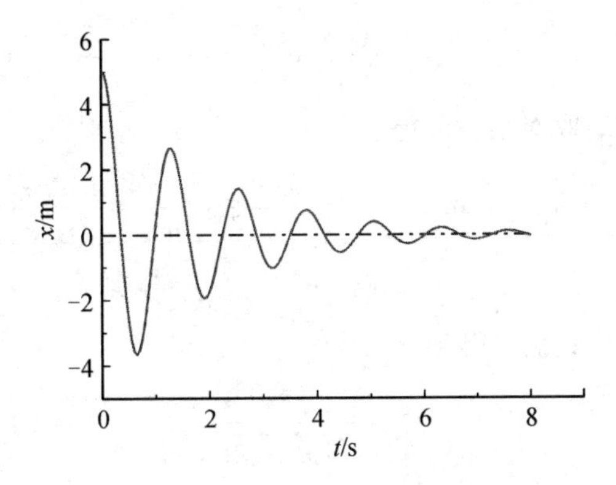

图 2-20　小阻尼情形下位移与时间关系

2.3.2　对数衰减率

由式(2-26)及图 2-20 可知，小阻尼单自由度系统的响应是一种振幅按指数规律逐渐衰减的简谐振动。利用这个性质，可以测量未知系统的阻尼比。

如图 2-21 所示为单自由度系统自由振动的衰减曲线，设曲线在 t_1 时刻达到最大振幅 A_1，经过一个周期 T 最大振幅衰减到 A_2，则由式(2-27)可知

$$A_1 = \mathrm{e}^{-\xi\omega_n t_1} A\cos(\omega_d t_1 + \varphi)$$

$$A_2 = \mathrm{e}^{-\xi\omega_n t_2} A\cos(\omega_d t_2 + \varphi)$$

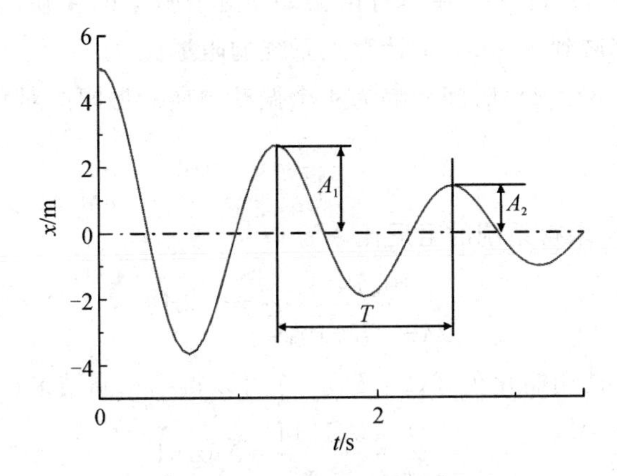

图 2-21　小阻尼单自由度系统振幅对数衰减率

由于 $t_2 = t_1 + T = t_1 + 2\pi/\omega_d$，则有

$$A_2 = \mathrm{e}^{-\xi\omega_n(t_1+T)} A\cos(\omega_d t_1 + \varphi)$$

于是可以得到

$$\frac{A_1}{A_2}=e^{\xi\omega_n T} \tag{2-28}$$

对式(2－28)等号两端取对数，可得

$$\delta=\ln A_1-\ln A_2=\xi\omega_n T=\xi\omega_n\frac{2\pi}{\omega_d}=\frac{2\pi\xi}{\sqrt{1-\xi^2}} \tag{2-29}$$

式中：δ 为对数衰减率。

将方程(2－29)改变形式后，得到

$$\xi=\frac{\delta}{\sqrt{4\pi^2+\delta^2}} \tag{2-30}$$

观察方程(2－30)可知，只要用实验测出 δ 值，就可以算出系统阻尼比。实际阻尼系统的阻尼比 ξ 通常很小，有时为了计算方便，也会使用方程(2－30)的近似公式：

$$\delta\approx 2\pi\xi\Rightarrow\xi\approx\frac{\delta}{2\pi} \tag{2-31}$$

以上公式都是基于一个周期内的两个最大振幅进行计算的，为了提高测量精度，实际测量工作中常采用时间间隔为 k 个振动周期的两个最大振幅来计算对数衰减率 δ，此时其计算公式为

$$\delta=\frac{1}{k}\ln\frac{A_1}{A_k} \tag{2-32}$$

例 2－11 一个单自由度系统在作自由振动，由于阻尼的存在，经过了 4 个振动周期后，振幅由 1.5 mm 衰减到 1 mm，试计算该系统的阻尼比 ξ。

解 先由公式(2－32)求出时间间隔为 4 个振动周期的振幅的对数衰减率为

$$\delta=\frac{1}{4}\ln\frac{1.5}{1}=0.1014$$

再由公式(2－30)，求得系统的阻尼比 ξ 为

$$\xi=\frac{0.1014}{\sqrt{4\pi^2+0.1014^2}}=0.0161$$

因为阻尼比很小，使用简化公式(2－31)，亦可以得到相同结果：

$$\xi=\frac{\delta}{2\pi}=\frac{0.1014}{2\pi}=0.0161$$

例 2－12 一个单自由度小阻尼系统的阻尼比为 0.05，振动周期为 0.4 s，初始振幅为 10 mm，求经过 4 s 后系统的振幅。

解 由公式(2－31)求出对数衰减率为

$$\delta=2\pi\xi=0.314$$

经过 4 s 后，振动经过了 10 个周期，由公式(2－32)可知：

$$0.314=\frac{1}{10}\ln\frac{10}{A_{10}}\Rightarrow A_{10}=0.43\ \text{mm}$$

2.4　单自由度系统的强迫振动

2.4.1　简谐激励下的响应

如图 2－1 所示单自由度系统，如系统所受外力 F 为简谐力 $F=F_0\cos\omega t$（F_0 为实数），则系统运动微分方程可以表示为

$$m\ddot{x}+c\dot{x}+kx=F_0\cos\omega t=\text{Re}(F_0\text{e}^{\text{i}\omega t}) \tag{2-33}$$

由高等数学知识可知，方程(2－33)的解由两个部分组成，即 $x=x_1+x_2$。其中，x_1 为相应齐次方程的通解，前文已经讲过，它表示的是系统的自由振动，是一个瞬态响应，它只存在于振动起始的一段时间内；x_2 为非齐次方程的一个特解，它将在简谐外力作用下持续振动下去，故响应 x_2 又被称为稳态响应。自由振动的瞬态响应在前文已有详细介绍，下面重点介绍方程的稳态响应解。

方程(2－33)中含有阻尼项，故采用复数法求解会简单些。设方程(2－33)的特解为

$$x_2=B\text{e}^{\text{i}\omega t}$$

将其代入方程整理后可得

$$B=\frac{F_0}{k}\frac{\text{e}^{-\text{i}\varphi}}{\sqrt{(1-\lambda)^2+(2\xi\lambda)^2}}=A\text{e}^{-\text{i}\varphi} \tag{2-34}$$

其中：

$$\lambda=\frac{\omega}{\omega_\text{n}}$$

$$A=\frac{F_0}{k}\frac{1}{\sqrt{(1-\lambda)^2+(2\xi\lambda)^2}}$$

$$\varphi=\arctan\frac{2\xi\lambda}{1-\lambda^2}$$

则简谐激励下的稳态响应可表示为

$$x_2=\text{Re}(A\text{e}^{\text{i}(\omega t-\varphi)})=A\cos(\omega t-\varphi) \tag{2-35}$$

式中：A 为简谐振动的振幅；F_0/k 为系统在简谐激励力力幅 F_0 作用下的质量块所产生的静位移。

观察方程(2－34)及方程(2－35)可知，稳态强迫振动具有如下特点：

(1) 线性系统对简谐激励的稳态响应是频率等于激励力频率且相位滞后于激励力的简谐振动。

(2) 稳态响应的振幅与相位差只与 m、c、k、F_0、ω 有关，与初始条件无关。

设系统在简谐激励力力幅 F_0 作用下的质量块 m 产生了静位移 A_0，则无量纲振幅比及相位角可分别表示为

$$\begin{cases}\left|\dfrac{A}{A_0}\right|=\dfrac{1}{\sqrt{(1-\lambda)^2+(2\xi\lambda)^2}}\\ \varphi=\arctan\dfrac{2\xi\lambda}{1-\lambda^2}\end{cases} \tag{2-36}$$

将式(2-36)中的振幅比与频率比的关系绘制成曲线，振动力学中称其为幅频特性曲线，如图 2-22 所示。

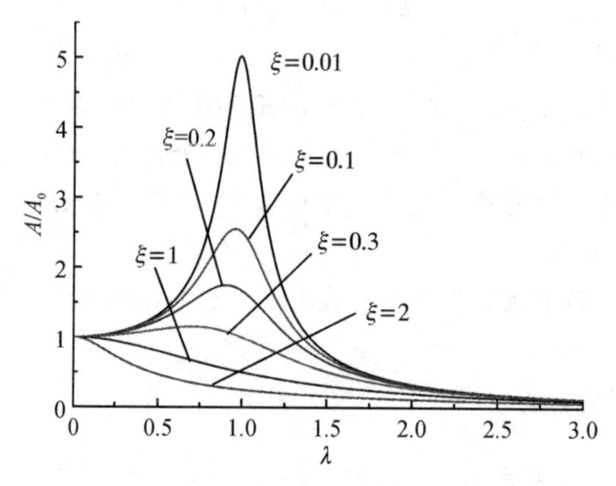

图 2-22　不同阻尼比情况下系统的幅频特性曲线

从图 2-22 可知，在小阻尼情况下，$\lambda=1$ 附近振幅出现峰值，这种现象在振动力学中称为共振；随着阻尼比的增加，峰值随之降低，位置也逐渐左移；在阻尼比 $\lambda\gg1$ 时，振幅反而愈来愈小，逐渐趋于零，即质点在平衡位置保持不变；可以预测在 $\xi=0$，即无阻尼情况下，当 $\lambda=1$ 时，振幅将无穷大，这种情况在现实生活中并不存在，因为实际系统或多或少都有阻尼的存在。

将式(2-36)中的相位角与频率比的关系绘制成曲线，振动力学中称其为相频特性曲线，如图 2-23 所示。

从图 2-23 可知，当 $\lambda=1$ 时，不论阻尼的大小，激励力与响应的相位角正好是 90°，因此，在实验检测中，常常利用这一性质判断强迫振动是否已经达到共振点；另外，由图中可以看出，当工作转速远小于 ω_n 时(即 λ 趋近于零时)，响应近似与激励力同相位，即两者之间的夹角接近于 0°；当工作转速远大于 ω_n 时(即 λ 取值很大时)，响应与干扰力接近反相位，即两者之间的夹角接近 180°。

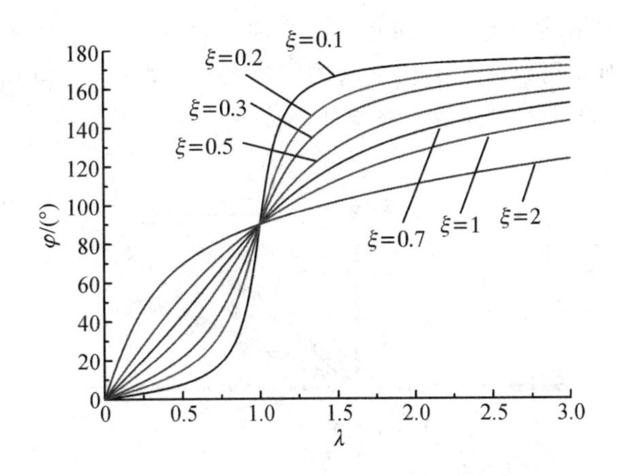

图 2-23　不同阻尼比情况下系统的相频特性曲线

单自由度系统在简谐激励下的完整的响应表达式为

$$x = x_1 + x_2 = e^{-\xi\omega_n t}(C_1 e^{i\omega_d t} + C_2 e^{-i\omega_d t}) + A\cos(\omega t - \varphi) \tag{2-37}$$

方程(2-37)表示，简谐激励下的单自由度系统的响应是由初始条件引起的自由振动和激励力作用下的等幅稳态强迫振动两个部分组成的。由于阻尼的存在，自由振动是逐渐衰减的瞬态振动，它只存在于振动的初始阶段，故工程实际中更关注与激励力同频率的强迫振动。

设方程(2-33)的稳态解为

$$x = |A| e^{i(\omega t - \varphi)}$$

求其 1 阶和 2 阶导数，可得速度、加速度响应表达式为

$$\dot{x} = i\omega |A| e^{i(\omega t - \varphi)} = i\omega x$$

$$\ddot{x} = -\omega^2 |A| e^{i(\omega t - \varphi)} = -\omega^2 x$$

图 2-24 表示了在稳态强迫振动时，激励力与稳态位移、速度、加速度、响应之间的矢量关系。加速度矢量比速度矢量超前 90°，而速度矢量又比位移矢量超前 90°；激励力矢量比位移矢量超前 φ 角，两矢量将保持这个夹角，并同时以角速度 ω 绕原点 O 逆时针转动。

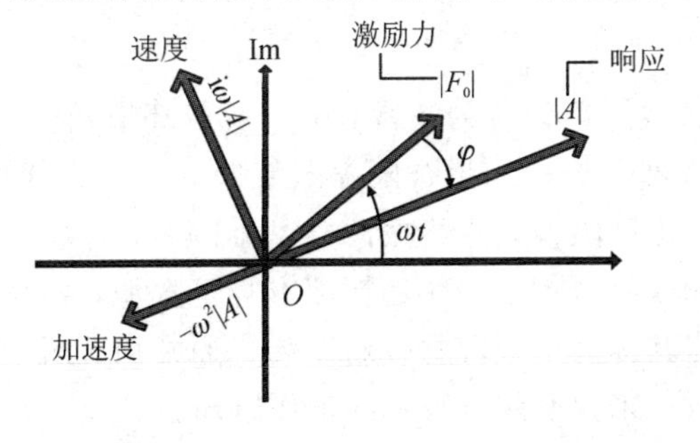

图 2-24　激励力、响应、速度、加速度之间的矢量关系

另外，由于阻尼力始终与速度方向相反，惯性力始终与加速度方向相反，弹性力始终与位移方向相反的性质，可以绘出它们之间的矢量关系，如图 2－25 所示。在稳态强迫振动时，激励力、惯性力、阻尼力和弹性力在空间形成了一个平衡力系。

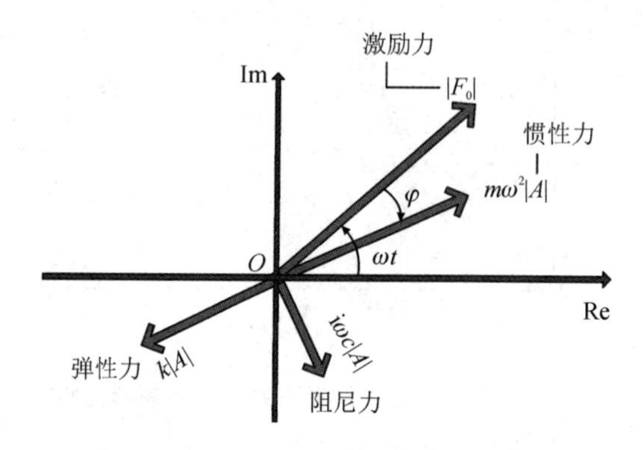

图 2－25　激励力、惯性力、弹性力、阻尼力之间的矢量关系

从图 2－25 可以看出：

(1) 当激励力 $\omega=0$ 时，激励力与响应的夹角为 0°，此时激励力全部由弹性力平衡；

(2) 当 $0<\omega<\omega_n$ 时，激励力与响应之间的夹角为锐角，此时弹性力较大，激励力主要由弹性力平衡，故此区域常被称为弹性区；

(3) 当 $\omega=\omega_n$ 时，激励力与响应之间的夹角为 90°，弹性力接近最大值，正好与惯性力大小相等，方向相反。这时激励力将全部由阻尼力平衡，系统发生共振。由此可知，阻尼力大小对一个系统能否越过共振点至关重要；

(4) 当 $\omega>\omega_n$ 时，激励力与响应之间的夹角为钝角，此时惯性力较大，激励力主要由惯性力平衡，故此区域又被称为惯性区；

(5) 当 $\omega\gg\omega_n$ 时，激励力与响应之间的夹角近似为 180°，此时激励力全部由惯性力平衡。

2.4.2 隔振技术

机器振动会影响设备或周边设备的正常运行，造成环境污染，甚至影响人体健康。隔振技术可使振源产生的大部分振动能量被隔振装置吸收，以达到防止或减弱振动的目的。隔振有两种类型：一种是借助隔振装置将振源与基础隔开，保护基础不受振动或减弱振动的影响，我们将其称为积极隔振；另一种是基础本身是振源，要采用隔振装置将需要防振的对象保护起来，我们将其称为消极隔振。隔振装置通常由弹性材料和阻尼材料组成。下面以简谐激励的振源为例，来说明隔振技术的工作原理。

1．积极隔振

如图 2-26 所示，具有冲击振动的质量块 m，为防止或减弱其振动对基础的影响，将质量块与基础之间垫上弹簧和阻尼器，若参数选择合适，就是一个积极隔振装置。

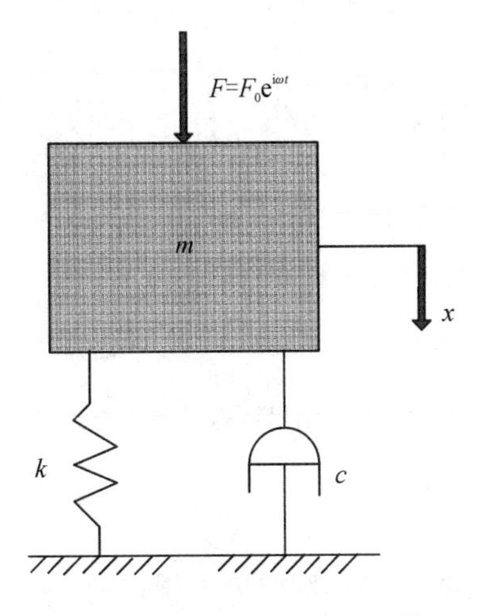

图 2-26　积极隔振的动力学模型

设质量块 m 产生的振动为 x，可表示为

$$x = A\mathrm{e}^{\mathrm{i}(\omega t-\varphi)}$$

质量块 m 的运动微分方程可表示为

$$m\ddot{x}+c\dot{x}+kx=\mathrm{Re}(F_0\mathrm{e}^{\mathrm{i}\omega t})=F_0\cos\omega t$$

设通过弹簧传到基础上的力为 F_k，通过阻尼传到基础上的力为 F_c，它们的大小可以通过下面两个方程求出：

$$F_\mathrm{k}=kx=kA\mathrm{e}^{\mathrm{i}(\omega t-\varphi)}$$

$$F_\mathrm{c}=\mathrm{i}c\omega x=\mathrm{i}c\omega A\mathrm{e}^{\mathrm{i}(\omega t-\varphi)}$$

由上面两个方程可知，弹性力 F_k 与阻尼力 F_c 角频率相同，相位相差 90°，根据力的合成原理，可得合力的最大幅值为

$$F_\mathrm{max}=\sqrt{F_\mathrm{kmax}^2+F_\mathrm{cmax}^2}=\sqrt{(kA)^2+(c\omega A)^2}=kA\sqrt{1+(2\xi\lambda)^2}$$

通过隔振器传递到基础上的力 F_max 与激振力力幅 F_0 的比值为隔振系数 η，其大小为

$$\eta=\frac{F_\mathrm{max}}{F_0}=\sqrt{\frac{1+(2\xi\lambda)^2}{(1-\lambda^2)^2+(2\xi\lambda)^2}} \tag{2-38}$$

隔振系数表示隔振装置对振源动载荷的减小程度，η 值小于 1 说明有隔振效果，η 值越小，隔振效果越明显。

2. 消极隔振

在振动的基础上垫上弹簧和阻尼器，将基础与需要保护的设备隔开，若参数选择合适，就是一个消极隔振装置。如图 2－27 所示，设基础的振动为 x_s，经过隔振装置后，传到需要防振的对象上的振动为 x。

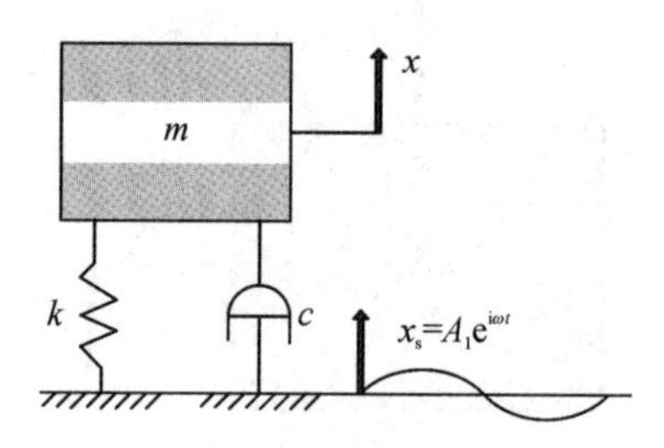

图 2－27　消极隔振的动力学模型

设基础的位移响应 x_s 大小为

$$x_s=A_1e^{i\omega t}$$

由达朗伯原理可建立质量块 m 的运动微分方程：

$$m\ddot{x}+c(\dot{x}-\dot{x}_s)+k(x-x_s)=0$$

将 x_s 代入上式，整理后得到

$$m\ddot{x}+c\dot{x}+kx=kA_1\cos\omega t-cA_1\omega\sin\omega t$$

由上式可知，质量块 m 受到两部分激励：位于等号右边第一项的激励力来自支承弹簧，方向与 x_s 同相位；位于等号右边第二项的激励力来自阻尼器，相位与 x_s 相差 $\pi/2$。利用线性叠加原理，分别求等号右边第一项、第二项单独作用时系统的响应，然后再相加，即可得到系统的稳态响应解：

$$x=A_1\sqrt{\frac{1+(2\xi\lambda)^2}{(1-\lambda^2)^2+(2\xi\lambda)^2}}\cos(\omega t-\varphi)$$

振动体的位移 x 的模长与基础的位移 x_s 的模长之比就是隔振系数，其大小为

$$\eta=\frac{|x|}{|x_s|}=\sqrt{\frac{1+(2\xi\lambda)^2}{(1-\lambda^2)^2+(2\xi\lambda)^2}} \tag{2-39}$$

方程(2－38)与(2－39)完全相同，说明积极隔振与消极隔振的目的虽然不同，但二者在原理、隔振系数计算公式上完全相同，采用的隔振手段也一样，都是在设备与基础之间安放隔振器，使隔振系数小于 1。

针对隔振系数计算公式(2－39)，以频率比 λ 为横坐标，隔振系数 η 为纵坐标，可绘制不同阻尼比 ξ 情况下，系统的隔振系数随系统频率比变化的规律，如图 2－28 所示。

从图 2－28 中可知：

(1) 由于在 $\lambda>\sqrt{2}$ 的区域内，$\eta<1$，说明该区域就是隔振区。也就是说，只有当 $\lambda>\sqrt{2}$ 时，才有隔振效果，且随着 λ 的增加，隔振效果增强。因此工程中常用 λ 的取值范围为 2.5～5。

(2) 在 $\lambda<\sqrt{2}$ 的区域内，$\eta>1$，表示该区域不仅没有隔振效果，隔振装置还会把振动放大。尤其是当频率比 λ 接近 1 时，系统将发生共振。

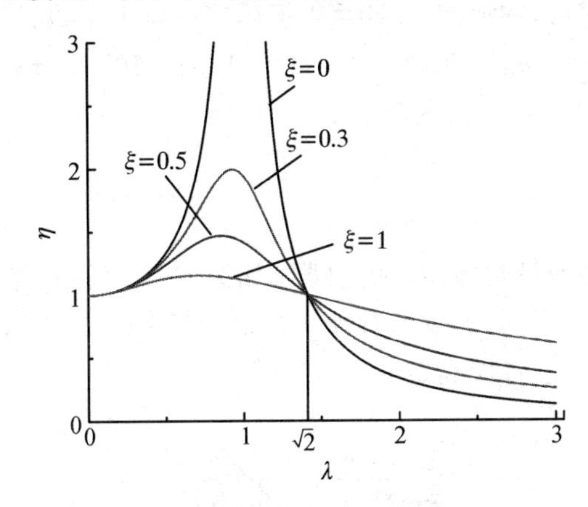

图 2-28　隔振系数与频率比的关系

一般而言，消极隔振的应用比较广泛。因为地基被环境振动影响是在所难免的，因此很多精密仪器、精确实验都要求地基的振动在某种限度之下。因此设计一个具有隔振装置的工作台是非常必要的。隔振装置设计的一般步骤如下：

(1) 振源识别，计算或通过实验测量振源激励力的大小、方向和频率；

(2) 计算选择隔振后系统的固有频率 ω_n，使 $\omega/\omega_n=2.5\sim5$；

(3) 根据系统的质量 m，计算隔振装置的刚度系数 $k=m\omega_n^2$；

(4) 设阻尼比 $\xi=0$，计算隔振系数 η；

(5) 通过下面的公式，验算系统设备工作时振幅是否在允许范围内：

$$|X|=\eta|Y|$$

$$|Y|=\frac{|F|}{k}=\frac{|F|}{\omega_n^2 m}$$

式中：$|X|$ 为设备振幅；$|Y|$ 为地基幅值；$|F|$ 为激励力幅值。

若计算出的系统设备工作振幅不在允许范围内，可以调整 m 和 k 值，重新计算。

例 2-13　有一精密仪器，质量为 500 kg，其工作转速区间为 2000～3000 r/min，要求隔振系数 $\eta=0.05$，试计算无阻尼隔振装置中隔振弹簧的刚度系数。

解　由方程(2-39)可知，无阻尼系统隔振系数为

$$0.05=\frac{1}{\lambda^2-1}$$

解得 $\lambda=4.58>\sqrt{2}$，满足隔振要求，另由图 2-28 可知，转速越高，隔振效果越好，因此在计算系统固有角频率时，选择 2000 r/min 转速进行计算。

$$\omega_n=\frac{\omega}{\lambda}=\frac{2000\times2\pi}{60\times4.58}=45.73\ \mathrm{rad/s}$$

求得系统固有角频率后，再由下式计算隔振弹簧的刚度系数：

$$k=m\omega_n^2=500\times45.73^2=1.05\times10^6\ \mathrm{N/m}$$

2.4.3　测振仪

1. 绝对式测振仪

绝对式测振仪是一种测量物体振动的仪器，如图 2-29 所示，在测量时，将底座固定在被测物体上，在底座与质量块 m 间安装弹簧和阻尼装置。y、x 分别代表底座和质量块的位移，z 为标尺显示的位移，三者应满足 $z=x-y$。

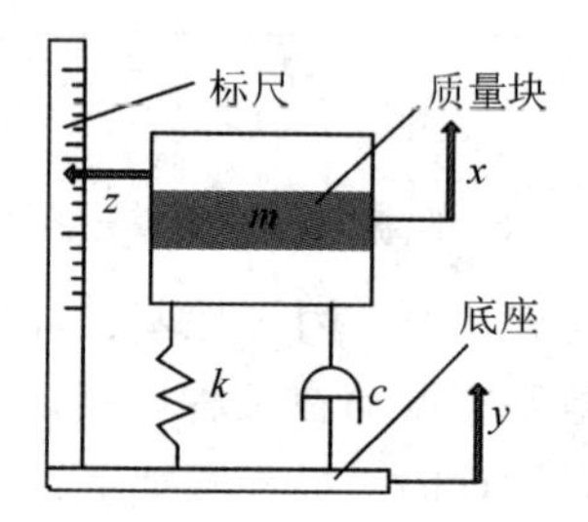

图 2-29　绝对式测振仪的动力学模型

根据达朗伯原理建立质量块 m 的运动微分方程如下：

$$m\ddot{x}+c(\dot{x}-\dot{y})+k(x-y)=0$$

上式可改写为

$$m\ddot{z}+c\dot{z}+kz=-m\ddot{y} \tag{2-40}$$

由于底座被固定在被测物体上，其振动响应应该与被测物体相同，因此设它的振动响应为

$$y=Y\sin\omega t$$

$$\ddot{y}=-\omega^2Y\sin\omega t$$

将它们代入方程(2-40)中，得到如下方程：

$$m\ddot{z}+c\dot{z}+kz=m\omega^2Y\sin\omega t \tag{2-41}$$

由前文知识可知，方程(2-41)的位移解可表示为

$$z=Z\sin(\omega t-\varphi) \tag{2-42}$$

式中：

$$Z=\frac{m\omega^2 Y}{\sqrt{(k-m\omega^2)^2+c^2\omega^2}} \tag{2-43}$$

$$\varphi=\arctan\left(\frac{c\omega}{k-m\omega^2}\right) \tag{2-44}$$

将方程(2－43)与方程(2－44)改写为无量纲形式：

$$\frac{Z}{Y}=\frac{\lambda^2}{\sqrt{(1-\lambda^2)^2+(2\xi\lambda)^2}} \tag{2-45}$$

$$\varphi=\arctan\left(\frac{2\xi\lambda}{1-\lambda^2}\right) \tag{2-46}$$

针对方程(2－45)所描述的关系，以频率比 λ 为横坐标，无量纲振幅 Z/Y 为纵坐标，可绘制不同阻尼比 ξ 情况下，系统振幅随频率比变化的规律，如图 2－30 所示。

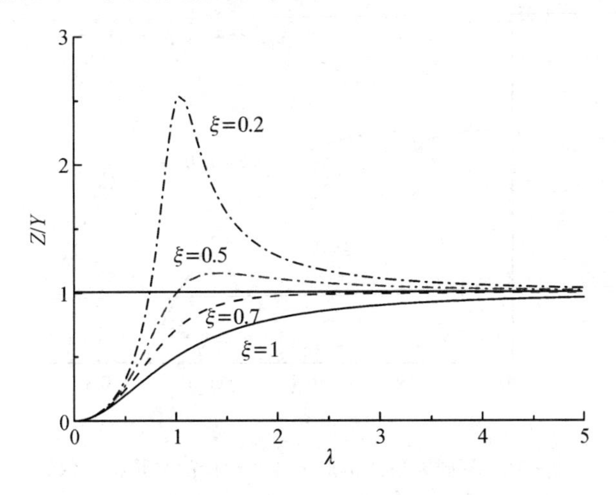

图 2－30　不同阻尼比情形下测振仪的幅频特性曲线

由图 2－30 可知，对于不同阻尼比 ξ，当 $\lambda>2$ 以后，均有 $Z/Y\approx 1$，这表示标尺的读数值 z 近似等于被测物体的最大振幅值 Y。此时质量块振幅最大值 $X(x=X\cos\omega t)$ 可近似为 0，坐标 z 可看作相对于近似静止的质量块 m 的运动，于是 z 坐标反映的位移近似为绝对位移，这正是绝对式测振仪名字的由来。因此绝对式测振仪在使用时必须满足 $\lambda>2$，才能正常工作。例如，被测物体的振动角频率为 50 rad/s，则测振仪的固有角频率应该小于 25 rad/s。

2. 加速度计

在被测物体的振动频率较高，振幅却较小的情况下，适合采用加速度计直接测量其加速度值。设被测物体的位移、加速度响应为

$$y=Y\sin\omega t$$

$$\ddot{y}=-\omega^2 Y\sin\omega t$$

将它们代入方程(2-45)，整理后得到

$$\frac{Z\omega_{\mathrm{n}}^2}{Y\omega^2}=\frac{1}{\sqrt{(1-\lambda^2)^2+(2\xi\lambda)^2}}=\gamma \tag{2-47}$$

当方程(2-47)中的频率比 λ 趋近于 0 时，γ 趋近于 1，于是有

$$Z\omega_{\mathrm{n}}^2\approx Y\omega^2 \tag{2-48}$$

加速度计的工作原理就是利用方程(2-48)的这个性质，要让加速度计的测量性能更优，就需要准确地设计其阻尼比 ξ。为了说明这个问题，可将不同的阻尼比 ξ 下系统的 $\gamma-\lambda$ 曲线绘制于图 2-31 中。由图 2-31 可知，$\xi=0.7$ 最优，此时只要 $\lambda<0.25$，γ 值就近似等于 1。

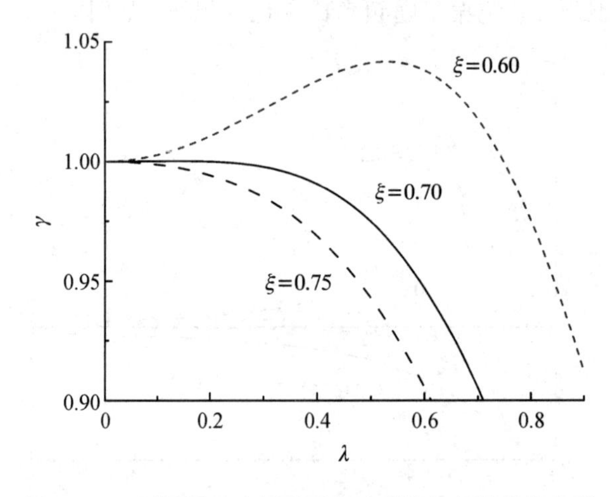

图 2-31　不同阻尼比情形下加速度计的幅频特性曲线

因为加速度计常应用在被测设备振动频率较高的场合，由方程(2-48)可知，加速度计应该具有足够大的固有角频率。本小节介绍一种采用压电晶体传感器的加速度计，其结构如图 2-32 所示。

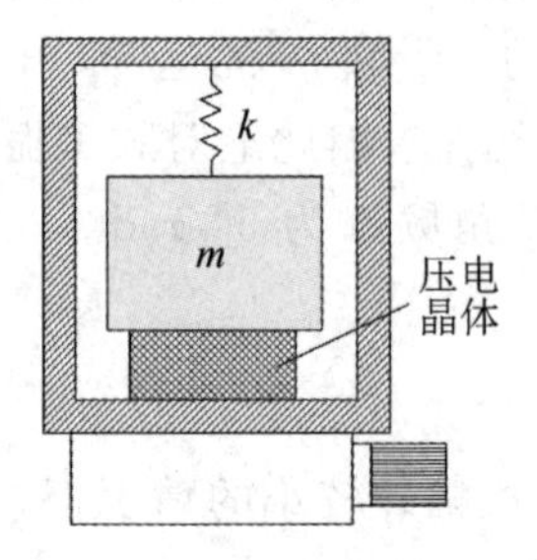

图 2-32　加速度计的动力学模型

在图 2-32 中，质量块 m 由密度很大的金属制成，在其上部压缩弹簧的作用下，质量块被紧压在压电晶体上。压电晶体上、下两个工作表面镀有金属膜作为两个电极，晶体自身刚度很大，可以认为是一个刚体，这样被测设备的加速度响应会如实地传递到质量块 m 上。设工作时质量块的加速度为 $\ddot{x}$，则质量块受到的惯性力就是 $m\ddot{x}$，该力作用在压电晶体上，迫使其产生压电效应，输出电势，由于电势与加速度大小成正比，经过一些数字处理，可读出加速度 $\ddot{x}$ 值。如果进一步对测量数据进行数字处理，还可以读出位移 x 值。

3. 惯性式测振仪

惯性式测振仪的动力学模型如图 2-33 所示，运动总质量为 M，它包括了上端旋转部分的质量 m，其下端支座支承刚度系数为 k，阻尼系数为 c。通过两个偏心转子沿相反的方向绕水平轴以相同角速度 ω 转动，设每个转子的质量为 $m/2$，偏心距为 e。在工作时，偏心转子产生的离心惯性力在水平方向的分量相互平衡而抵消，在垂直方向上的分量相互叠加，为该机构提供简谐激励力，其大小为 $me\omega^2\sin\omega t$。

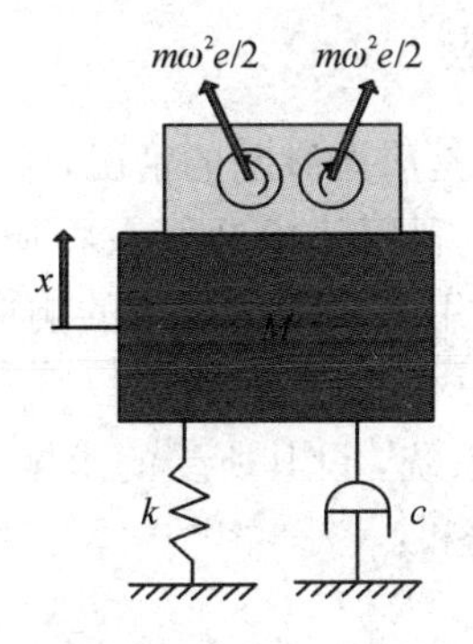

图 2-33　惯性式测振仪的动力学模型

由达朗伯原理，可建立该运动总质量 M 的动力学方程：

$$M\ddot{x}+c\dot{x}+kx=m\omega^2 e\sin\omega t$$

由前面的知识可知，该方程的解为

$$x=A\sin(\omega t-\varphi)$$

式中：

$$A=\frac{me\omega^2}{\sqrt{(k-M\omega^2)^2+(c\omega)^2}}=\frac{me\lambda^2}{M\sqrt{(1-\lambda^2)^2+(2\xi\lambda)^2}} \tag{2-49}$$

$$\varphi=\arctan\frac{2\xi\lambda}{1-\lambda^2} \tag{2-50}$$

式中：$\lambda=\omega/\omega_{\mathrm{n}}$；$\omega_{\mathrm{n}}=(k/M)^{0.5}$。

分析方程(2-49)，可以得到如下结论：

(1) 当 $\omega \ll \omega_n$，即 λ 趋近于零时，运动总质量 M 的振幅近似为零；

(2) 当 $\omega = \omega_n$，即 $\lambda = 1$ 时，系统将发生共振，此时方程(2-49)变为

$$A = \frac{me}{2M\xi} \tag{2-51}$$

(3) 当 $\omega \gg \omega_n$，即 λ 远大于 1 时，此时方程(2-49)变为

$$A \approx \frac{me}{M} \tag{2-52}$$

依据上面的分析结论可知，使用惯性式测振仪可以方便地测量出机器的阻尼比，其工作原理是：将惯性测振仪安装在被测设备上，通过改变偏心转轴的角速度对设备进行简谐激励；当测振仪发生共振时，记下测得振幅 A_1；提高激励角速度，让 $\omega \gg \omega_n$，此时再次记下振动振幅 A_2。则该设备的阻尼比应为

$$\xi = \frac{A_2}{2A_1} \tag{2-53}$$

2.4.4 非简谐周期激励的响应

在工程实际中，常遇到激励不是简谐激励的情况，如果此时激励力是时间的周期函数，则可借助谐波分析法来进行研究：利用傅里叶级数将周期激振力分解成若干个简谐激振力，分别求每个简谐激振力单独作用下系统所产生的响应，再利用线性叠加原理把所求响应加起来，即为周期函数激振的响应。

对于如图 2-1 所示单自由度系统，设其所受的激振力 F 为周期激励，可利用傅里叶级数将其分解成无穷多个简谐激励之和：

$$F(t) = a_0 + \sum_{j=1}^{\infty} [a_j \cos j\omega t + b_j \sin j\omega t] \quad j = 1, 2, 3, \cdots, \infty \tag{2-54}$$

式中：

$$a_0 = \frac{1}{T}\int_0^T F(t)\,\mathrm{d}t$$

$$a_j = \frac{2}{T}\int_0^T F(t)\cos j\omega t\,\mathrm{d}t \quad j = 1, 2, 3, \cdots, \infty$$

$$b_j = \frac{2}{T}\int_0^T F(t)\sin j\omega t\,\mathrm{d}t \quad j = 1, 2, 3, \cdots, \infty$$

在周期激振力作用下，单自由度系统的运动微分方程可写成：

$$m\ddot{x} + c\dot{x} + kx = a_0 + \sum_{j=1}^{\infty} [a_j \cos j\omega t + b_j \sin j\omega t] \quad j = 1, 2, 3, \cdots, \infty \tag{2-55}$$

根据线性叠加原理，按方程(2-55)右边各项分别计算出响应值，再把它们相加即是系统的位移响应，表达式如下：

$$x=\frac{a_0}{k}+\sum_{j=1}^{\infty}\frac{a_j\cos(j\omega t-\varphi_j)+b_j\sin(j\omega t-\varphi_j)}{k\sqrt{(1-j^2\lambda^2)^2+(2j\xi\lambda)^2}}\quad j=1,2,3,\cdots,\infty \tag{2-56}$$

式中：$\omega=\dfrac{2\pi}{T}$；$\omega_{\mathrm{n}}=\sqrt{\dfrac{k}{m}}$；$\lambda=\dfrac{\omega}{\omega_{\mathrm{n}}}$；$\varphi_j=\arctan\dfrac{2j\xi\lambda}{1-j^2\lambda^2}$。

2.4.5　任意激励下的响应

当系统受到非周期任意激励力作用时，处理问题的基本思想是把非周期任意激励分解为一系列微冲量，分别求出系统对每个微冲量的响应，再根据线性叠加原理将它们叠加起来，得到系统对非周期任意激励的响应，这种方法称为杜哈梅积分法。

如图 2-34 所示，系统受任意激励力 $f(t)$作用，等效于受若干个微冲量 $I=f(\tau)\mathrm{d}\tau$ 作用之和。根据动量原理，物体受外力冲量等于物体动量的增量，即

$$\mathrm{d}\dot{x}=\frac{f(\tau)}{m}\mathrm{d}\tau \tag{2-57}$$

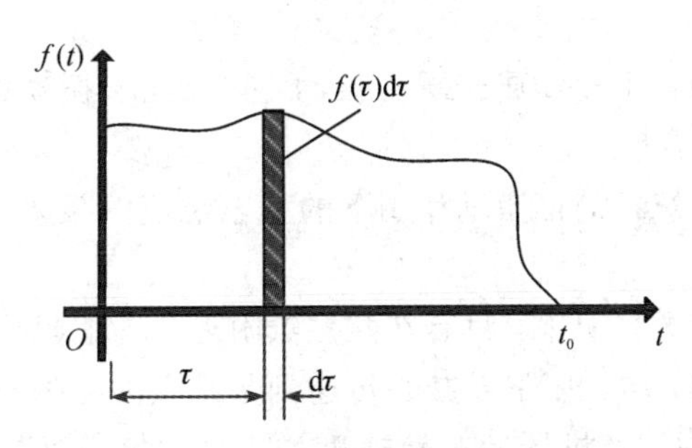

图 2-34　非周期任意激励力

因为 $\mathrm{d}\tau$ 表示的时间极小，故 $\tau+\mathrm{d}\tau$ 时刻的速度增量可以认为是系统在 τ 时刻的初速度，如设系统的初始位移 $x_0=0$，代入方程(2-26)，即可得到单自由度阻尼系统的响应为

$$x(\tau)=\mathrm{e}^{-\xi\omega_{\mathrm{n}}\tau}\frac{f(\tau)\mathrm{d}\tau}{m\omega_{\mathrm{d}}}\sin\omega_{\mathrm{d}}\tau$$

则在 τ 时刻之后任意时间 t，系统的位移增量为

$$\mathrm{d}x(t)=\mathrm{e}^{-\xi\omega_{\mathrm{n}}(t-\tau)}\frac{f(\tau)\mathrm{d}\tau}{m\omega_{\mathrm{d}}}\sin\omega_{\mathrm{d}}(t-\tau)$$

对诸响应求和可得

$$x(t)=\frac{1}{m\omega_{\mathrm{d}}}\int_0^t f(\tau)\mathrm{e}^{-\xi\omega_{\mathrm{n}}(t-\tau)}\sin\omega_{\mathrm{d}}(t-\tau)\mathrm{d}\tau \tag{2-58}$$

这就是系统初始位移和初始速度均等于 0 时系统的响应。方程(2-58)就是著名的杜哈梅积分。

若在 $\tau=0$ 时，系统有初始的位移与速度，只需将方程(2-58)再加上由初始条件产生

的自由振动即可：

$$x(t)=\frac{1}{m\omega_{\mathrm{d}}}\int_0^t f(\tau)\mathrm{e}^{-\xi\omega_{\mathrm{n}}(t-\tau)}\sin\omega_{\mathrm{d}}(t-\tau)\mathrm{d}\tau+\mathrm{e}^{-\xi\omega_{\mathrm{n}}t}\left(x_0\cos\omega_{\mathrm{d}}t+\frac{\dot{x}_0+\xi\omega_{\mathrm{n}}x_0}{\omega_{\mathrm{d}}}\sin\omega_{\mathrm{d}}t\right) \tag{2-59}$$

如不计阻尼，方程(2－58)及方程(2－59)可简化为

$$x(t)=\frac{1}{m\omega_{\mathrm{n}}}\int_0^t f(\tau)\sin\omega_{\mathrm{n}}(t-\tau)\mathrm{d}\tau \tag{2-60}$$

$$x(t)=\frac{1}{m\omega_{\mathrm{n}}}\int_0^t f(\tau)\sin\omega_{\mathrm{n}}(t-\tau)\mathrm{d}\tau+x_0\cos\omega_{\mathrm{n}}t+\frac{\dot{x}_0}{\omega_{\mathrm{n}}}\sin\omega_{\mathrm{n}}t \tag{2-61}$$

习　题

2－1　简述阻尼对一个需要越过共振点系统的作用。一个振动系统的阻尼系数是越大越好吗？

2－2　单自由系统的自由振动属于瞬态振动，只存在于振动的初始阶段，为什么还要分析系统的自由振动？

2－3　简述无阻尼系统在简谐激励作用下的稳态响应的振幅、角频率及相位角与激励力的关系。

2－4　为什么在大多数情况下，只有在共振点附近才考虑阻尼的影响？

2－5　在主动隔振中，增大阻尼会减小传递到基础上的力吗？

2－6　在主动隔振中，当机器的旋转速度增大时，传递到基础上的力会发生怎样的变化？

2－7　计算题2－7图中两个系统的等效刚度系数。

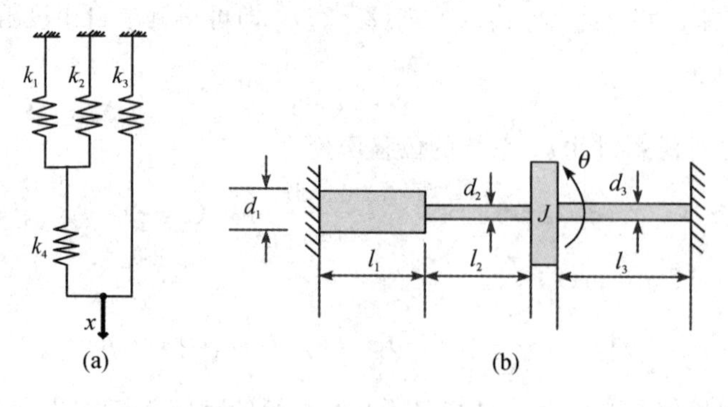

题2－7图

2-8　题 2-8 图所示为一级直齿轮传动系统，已知它们的齿数和转动惯量分别为 z_1、z_2 和 J_1、J_2，如以 1 轴转角为广义坐标，试求该系统的等效转动惯量。

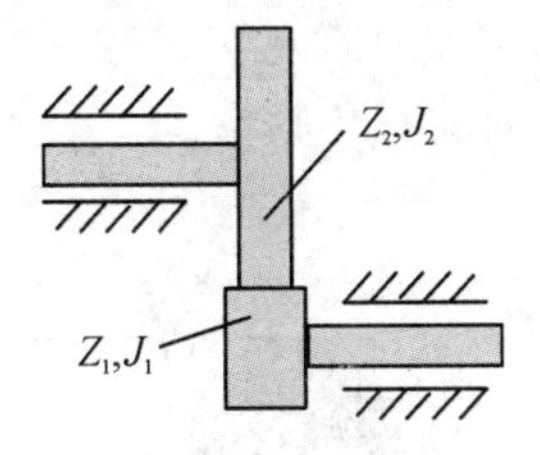

题 2-8 图

2-9　已知题 2-9 图所示系统中，质量为 m_1 的球体作无滑动的纯滚动，作转动的角钢绕 O 点的转动惯量为 J_1，如以 x 为该系统的广义坐标，试写出该系统的等效质量及等效刚度。

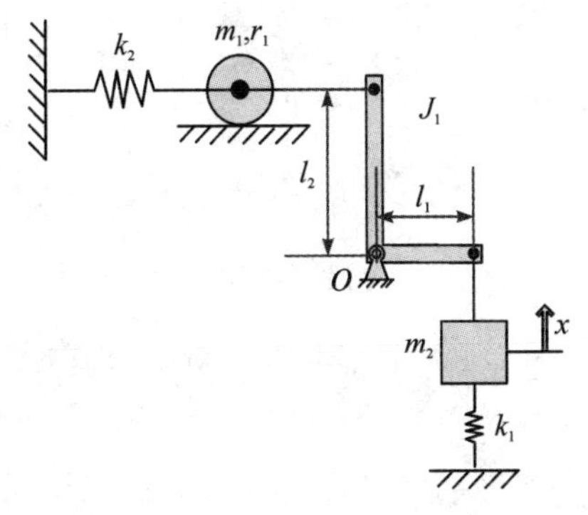

题 2-9 图

2-10　题 2-10 图所示为单摆振动，假设该振动为微幅振动，试分别以单摆摆角 θ、摆球距离 OY 轴距离 x 为广义坐标，建立其运动微分方程，通过求其固有角频率，证明固有角频率值与摆球质量 m 无关，仅与摆线长度 l 有关。

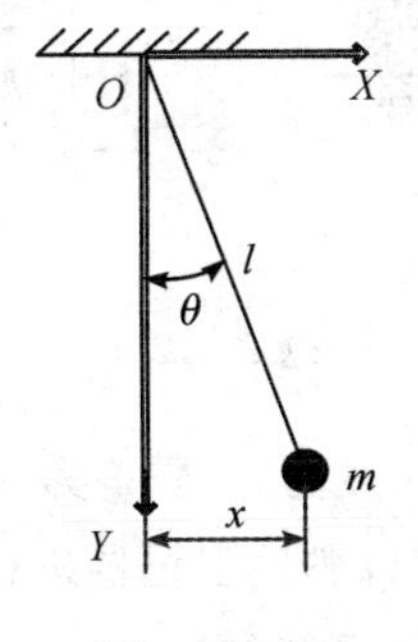

题 2-10 图

2-11　试分别以题2-11图所示 x_2、θ 为系统的广义坐标，求解：

(a) 该系统的等效质量、等效阻尼、等效刚度；

(b) 等效单自由度系统的运动微分方程；

(c) 等效无阻尼单自由度系统的固有角频率。

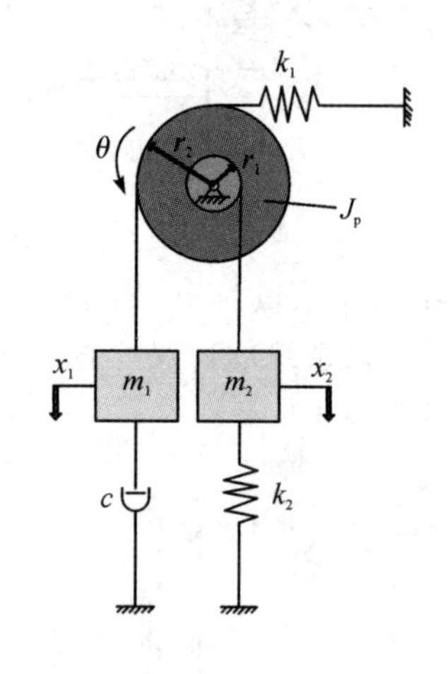

题2-11图

2-12　以 x_1 为系统的广义坐标，求题2-12图所示系统(注：J_2 为圆柱体绕轴向中心线的极转动惯量)：

(a) 等效质量、等效刚度；

(b) 等效系统的运动微分方程；

(c) 等效无阻尼单自由度系统的固有角频率。

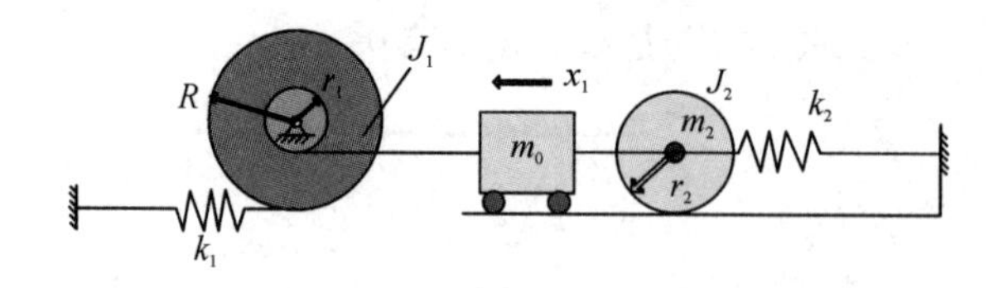

题2-12图

2-13　题2-13图所示为一个长度为 l，质量为 m 的刚性杆铰接在 O 点，在距离 O 点距离 a 处被一个弹簧支承，另一端则以黏性阻尼器进行支承。设杆绕 O 点的极转动惯量为 $ml^2/3$，如以偏离平衡位置的摆角 θ 为系统的广义坐标，求：

(a) 等效单自由度系统的运动微分方程；

(b) 等效单自由度无阻尼系统的固有角频率；

(c) 等效单自由度系统的临界阻尼。

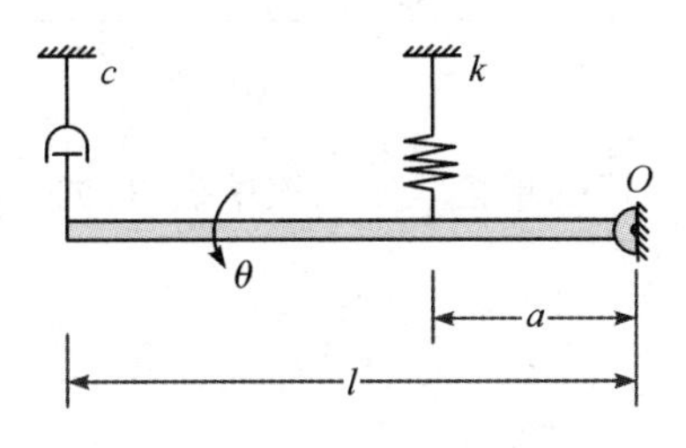

题 2 - 13 图

2 - 14　质量为 150 kg 的仪器设备需要与发动机的振动隔开，已知发动机工作转速范围为 1500～2500 r/min。欲使隔振系数达到 15％，隔振器的静挠度应为多少？

2 - 15　题 2 - 15 图所示为单自由度振动系统，如果弹簧的刚度为 500 N/m，质量块的质量 m 为 100 kg。试求：

(a) 该系统的临界阻尼系数；

(b) 如该系统的阻尼系数为 5 N · s/m，需要经过多长时间，振幅会衰减到现在的 10％？

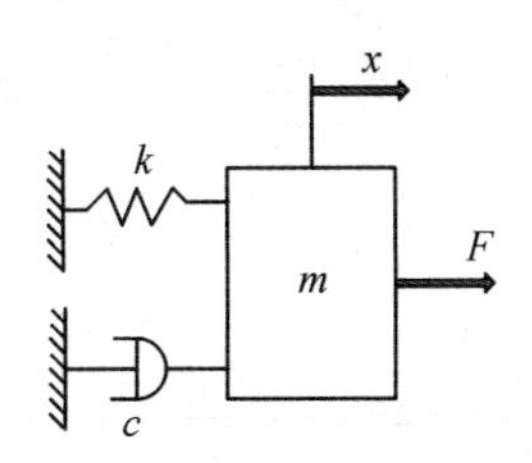

题 2 - 15 图

2 - 16　一机械设备质量为 500 kg，支承在一弹簧上，在重力作用下的静挠度为 4 mm。该设备工作时会因偏心距而产生离心力(质径积为 0.23 kg · m)，试求当转速为 1200 r/min 时，设备通过弹簧传给地基的力及设备的振幅。

2 - 17　如题 2 - 17 图所示为一个圆柱体作纯滚动，设其绕与地面接触线的转动惯量为 J_p，由两个刚度系数分别为 k_1、k_2 的弹簧支承，求该系统的固有角频率。

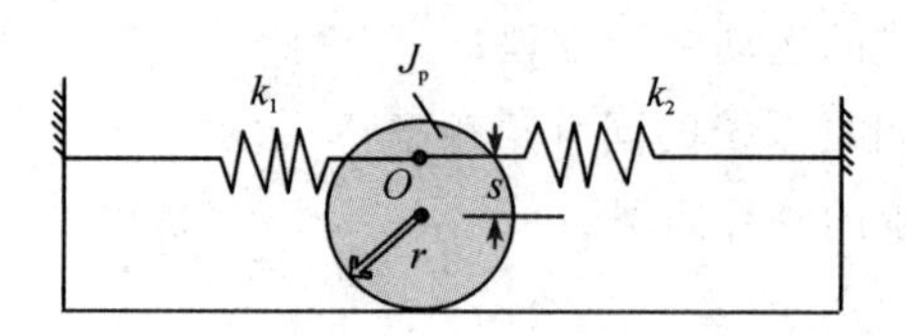

题 2－17 图

2－18　如题 2－10 图所描述的单摆，如果该单摆以加速度 a 垂直上升，试求其运动微分方程及固有角频率。

第 3 章　两自由度系统的振动

工程中许多实际问题往往不能简化为单自由度系统进行分析，基本都是多自由度系统。两自由度系统在对模型的简化、方程建立、求解及特性分析等方面，与多自由度系统并没有本质上的差异。然而，两自由度系统的物理概念却明晰了很多，因此，学习并掌握两自由度系统的振动是研究多自由度系统的基础。

3.1　两自由度系统的运动微分方程

顾名思义，两自由度系统就是需要用两个独立坐标(广义坐标)来描述质量位置的振动系统。如图 3-1(a)所示就是一个典型的两自由度弹簧质量块系统的动力学模型。质量块 m_1 左侧与刚度系数为 k_1 的弹簧、阻尼系数为 c_1 的阻尼器连接，右侧与刚度系数为 k_2 的弹簧、阻尼系数为 c_2 的阻尼器连接。质量块 m_2 左侧与刚度系数为 k_2 的弹簧、阻尼系数为 c_2 的阻尼器连接，右侧与刚度系数为 k_3 的弹簧、阻尼系数为 c_3 的阻尼器连接。刚度系数为 k_1 的弹簧与阻尼系数为 c_1 的阻尼器左端与固定支承相连接，刚度系数为 k_3 的弹簧与阻尼系数为 c_3 的阻尼器右端与固定支承相连接。如果整个系统只在图示平面内运动，则该系统的质量位置只需要 x_1、x_2 两个独立坐标就可以完全确定。

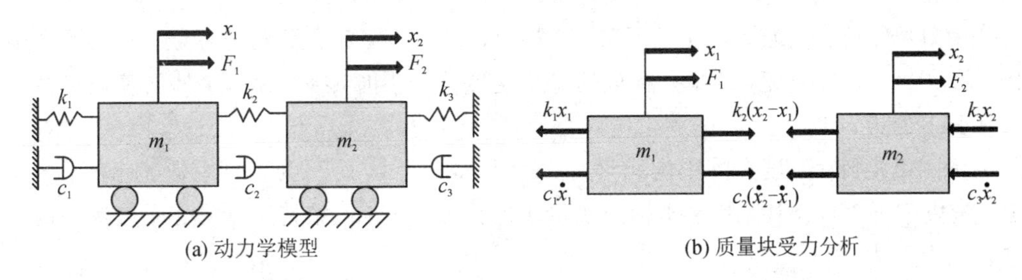

图 3-1　两自由度弹簧质量块系统

选取质量块 m_1 与 m_2 的静平衡位置为坐标 x_1、x_2 的原点，则在任意一时刻，质量块 m_1、m_2 所受外力如图 3-1(b)所示。根据牛顿运动定律，可分别写出两个质量块的运动微分方程为

$$\begin{cases} m_1\ddot{x}_1+(c_1+c_2)\dot{x}_1-c_2\dot{x}_2+(k_1+k_2)x_1-k_2x_2=F_1(t) \\ m_2\ddot{x}_2+(c_2+c_3)\dot{x}_2-c_2\dot{x}_1+(k_2+k_3)x_2-k_2x_1=F_2(t) \end{cases} \tag{3-1}$$

从方程(3-1)可知，质量块 m_1、m_2 的运动微分方程中均同时包含了 x_1、x_2 两个广义坐标，在振动力学中称坐标 x_1、x_2 是耦合的，两个质量块的运动是通过耦合项相互影响的。

将方程(3-1)写成矩阵形式为

$$\begin{bmatrix} m_1 & 0 \\ 0 & m_2 \end{bmatrix}\begin{bmatrix} \ddot{x}_1 \\ \ddot{x}_2 \end{bmatrix}+\begin{bmatrix} c_1+c_2 & -c_2 \\ -c_2 & c_2+c_3 \end{bmatrix}\begin{bmatrix} \dot{x}_1 \\ \dot{x}_2 \end{bmatrix}+\begin{bmatrix} k_1+k_2 & -k_2 \\ -k_2 & k_2+k_3 \end{bmatrix}\begin{bmatrix} x_1 \\ x_2 \end{bmatrix}=\begin{bmatrix} F_1(t) \\ F_2(t) \end{bmatrix} \tag{3-2}$$

或简写为

$$\boldsymbol{M}\ddot{\boldsymbol{x}}+\boldsymbol{C}\dot{\boldsymbol{x}}+\boldsymbol{K}\boldsymbol{x}=\boldsymbol{F} \tag{3-3}$$

式中：

$$\boldsymbol{M}=\begin{bmatrix} m_1 & 0 \\ 0 & m_2 \end{bmatrix},\ \boldsymbol{C}=\begin{bmatrix} c_1+c_2 & -c_2 \\ -c_2 & c_2+c_3 \end{bmatrix},$$

$$\boldsymbol{K}=\begin{bmatrix} k_1+k_2 & -k_2 \\ -k_2 & k_2+k_3 \end{bmatrix},\ \boldsymbol{x}=\begin{bmatrix} x_1 \\ x_2 \end{bmatrix},\ \boldsymbol{F}=\begin{bmatrix} F_1(t) \\ F_2(t) \end{bmatrix}$$

$\boldsymbol{M}$ 为质量矩阵，质量矩阵中的元素 m_{ij}($i=1$，2；$j=1$，2)称为质量系数，它表示令坐标 j 处质量块产生单位加速度，其余坐标处质量块加速度等于零时，维持坐标 i 处质量块平衡需要施加在其上的力；

$\boldsymbol{C}$ 为阻尼矩阵，阻尼矩阵中的元素 c_{ij}($i=1$，2；$j=1$，2)称为阻尼系数，它表示令坐标 j 处质量块产生单位速度，其余坐标处质量块速度等于零时，维持坐标 i 处质量块平衡需要施加在其上的力；

$\boldsymbol{K}$ 为刚度矩阵，刚度矩阵中的元素 k_{ij}($i=1$，2；$j=1$，2)称为刚度系数，它表示令坐标 j 处质量块产生单位位移，其余坐标处质量块位移等于零时，维持坐标 i 处质量块平衡需要施加在其上的力；

$\boldsymbol{x}$ 为位移向量；$\boldsymbol{F}$ 为激励力向量。

以如图 3-2 所示的弹性支承横梁为例，设横梁只能在图示平面内运动，横梁的质量为 m，其绕质心 c 的极转动惯量为 J_c，左、右两端支承弹簧的刚度系数分别为 k_1、k_2，横梁上 M 点距离左、右两端支承弹簧的距离分别为 a、b。用横梁上 M 点处的平动位移 y，及其绕 M 点的转动角 θ 两个独立坐标来描述横梁的平面运动。设梁的振动属于微幅振动，依据力与力矩平衡条件可得到该系统的运动微分方程如下：

$$\begin{cases} m\ddot{y}+me\ddot{\theta}+(k_1+k_2)y+(k_2b-k_1a)\theta=0 \\ (me^2+J_c)\ddot{\theta}+me\ddot{y}+(k_2b-k_1a)y+(k_2b^2+k_1a^2)\theta=0 \end{cases} \tag{3-4}$$

写成矩阵形式为

$$\begin{bmatrix} m & me \\ me & me^2+J_c \end{bmatrix}\begin{bmatrix} \ddot{y} \\ \ddot{\theta} \end{bmatrix}+\begin{bmatrix} k_1+k_2 & k_2b-k_1a \\ k_2b-k_1a & k_2b^2+k_1a^2 \end{bmatrix}\begin{bmatrix} y \\ \theta \end{bmatrix}=\begin{bmatrix} 0 \\ 0 \end{bmatrix} \tag{3-5}$$

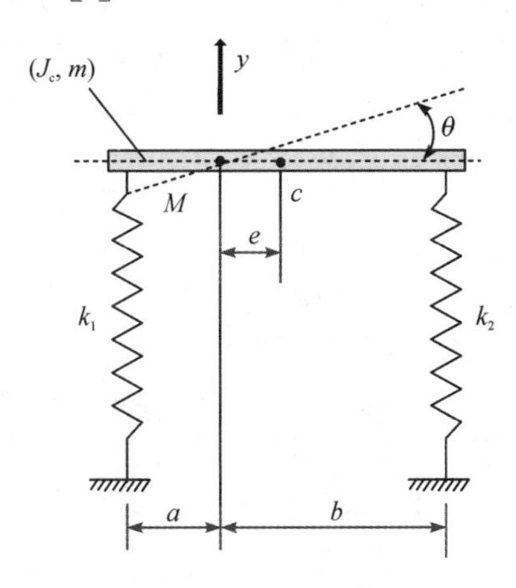

图 3-2　两自由度弹性简支梁系统动力学模型

动力学中把方程(3-5)的质量矩阵中非零的非对角线元素称为耦合项，质量矩阵中出现的耦合项称为惯性耦合或动力耦合。刚度矩阵中非零的非对角线元素也称为耦合项，刚度矩阵中出现的耦合项称为弹性耦合或静力耦合。方程(3-2)中存在弹性耦合，而方程(3-5)中则既存在弹性耦合又存在惯性耦合。

3.2　刚度、质量、阻尼矩阵的确定方法

刚度矩阵、质量矩阵和阻尼矩阵反映了系统的结构参数，求得这些矩阵后，运动微分方程就可直接写出，这是建立多自由度运动方程的最有效方法。下面重点介绍一下如何使用直接法建立给定系统的刚度矩阵、质量矩阵以及阻尼矩阵。

3.2.1　刚度矩阵的直接求解法

以图 3-3 所示两自由度系统为例，图 3-3(a)所示为系统的静平衡位置，也是广义坐标 x_1、x_2 的坐标原点。依据刚度系数 k_{ij} 定义(令坐标 j 处质量块产生单位位移，其余坐标处质量块位移等于零时，维持坐标 i 处质量块平衡需要施加在其上的力)，则 k_{11}、k_{21} 分别

表示令质量块 m_1 向右移动 1 个单位的位移，质量块 m_2 静止不动，需要施加在质量块 m_1、m_2 上的力大小应分别为 k_{11}、k_{21}。如图 3-3(b)所示，m_1 向右移动 1 个单位位移，k_1、k_2 弹簧将分别拉伸和压缩 1 个单位距离，它们的总弹力的大小为 k_1+k_2，方向向左，依据力平衡条件，质量块 m_1 要想保持平衡则必须受到一个方向向右，大小为 k_1+k_2 的力，即 $k_{11}=k_1+k_2$。质量块 m_1 向右移动 1 个单位距离，质量块 m_2 保存不动，此时由于弹簧 k_2 压缩了 1 个单位距离，于是会对质量块 m_2 产生一个向右的推力，根据力平衡条件，质量块 m_2 要想保持平衡，则必须受到一个方向向左，大小为 k_2 的力，即 $k_{21}=-k_2$。如图 3-2(c)所示，使用同样的方法，保持质量块 m_1 静止不动，让 m_2 向右移动 1 个单位距离，则需要作用在 m_1、m_2 上的力分别为 $k_{12}=-k_2$、$k_{22}=k_2+k_3$。

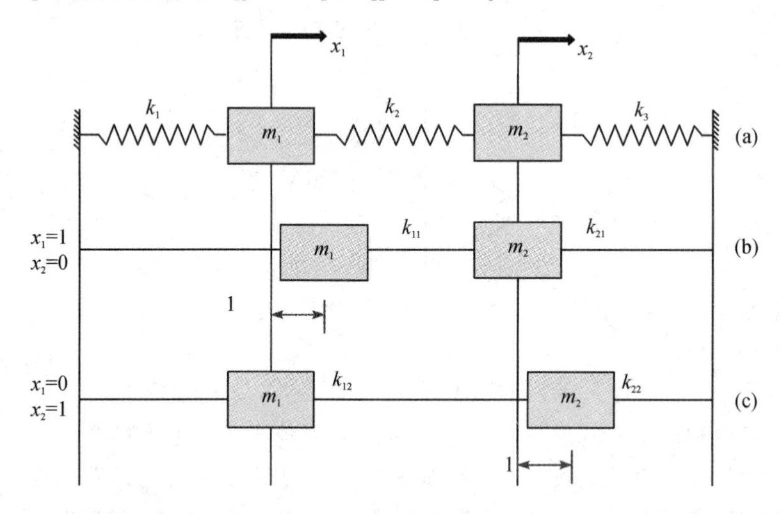

图 3-3　两自由度弹簧质量块系统的刚度系数分析

求出刚度矩阵的四个刚度系数后，可以直接写出该系统的刚度矩阵为

$$\boldsymbol{K}=\begin{bmatrix} k_1+k_2 & -k_2 \\ -k_2 & k_2+k_3 \end{bmatrix}$$

类似地，再以图 3-2 所示系统为例，令 $y=1$，$\theta=0$，根据力及力矩平衡原则，需要加在 y 坐标上的力大小应为 $k_{11}=k_1+k_2$，需要加在 θ 坐标上的力矩大小应为 $k_{21}=k_2b-k_1a$；令 $y=0$，$\theta=1$，根据力平衡原则，需要加在 y 坐标上的力大小应为 $k_{12}=k_2b-k_1a$，需要加在 θ 坐标上的力矩大小应为 $k_{22}=k_2b^2+k_1a^2$。求得四个刚度系数后，即可写出该系统的刚度矩阵为

$$\boldsymbol{K}=\begin{bmatrix} k_1+k_2 & k_2b-k_1a \\ k_2b-k_1a & k_2b^2+k_1a^2 \end{bmatrix}$$

3.2.2　质量矩阵的直接求解法

仍以图 3-3 所示系统为例，令 $\ddot{x}_1=1$，$\ddot{x}_2=0$，此时质量块 m_1 受到一个与加速度方向相反的惯性力作用，其大小为 m_1，根据力平衡原则，需要施加在 x_1 坐标位置处质量块 m_1 上一个大小为 $m_{11}=m_1$ 且方向向右的力(注意此时不考虑弹性力的作用，因为质量块 m_1 拥有加速度时，不一定会产生位移)，需要加在坐标 x_2 处质量块 m_2 上的力应为 $m_{21}=0$；类似地，令 $\ddot{x}_1=0$，$\ddot{x}_2=1$，根据力平衡原则，需要加在 x_1 坐标位置处质量块 m_1 上的力应为 $m_{12}=0$，需要加在坐标 x_2 处质量块 m_2 上的力大小为 $m_{22}=m_2$，方向向右。由此便得到该系统的四个质量系数，即可写出质量矩阵为

$$\boldsymbol{M}=\begin{bmatrix} m_1 & 0 \\ 0 & m_2 \end{bmatrix}$$

再以图 3-2 所示系统为例，令 $\ddot{y}=1$，$\ddot{\theta}=0$，根据力及力矩平衡原则，需要加在 y 坐标位置的力大小应为 $m_{11}=m$，需要加在坐标 θ 上的力矩大小应为 $m_{21}=me$；类似地，令 $\ddot{y}=0$，$\ddot{\theta}=1$，根据力及力矩平衡原则，需要加在 y 坐标位置的力大小应为 $m_{12}=me$，需要加在坐标 θ 上的力矩大小应为 $m_{22}=J_c+me^2$。于是可得该系统的质量矩阵为

$$\boldsymbol{M}=\begin{bmatrix} m & me \\ me & J_c+me^2 \end{bmatrix}$$

3.2.3　阻尼矩阵的直接求解法

以图 3-1 所示两自由度弹簧质量块系统为研究对象，令 $\dot{x}_1=1$，$\dot{x}_2=0$，则质量块 m_1 会受到一个与速度方向相反的阻尼力作用，该力的大小为 c_1+c_2。根据力平衡原则，此时需要加在质量块 m_1(x_1 坐标位置上)上的力应为 $c_{11}=c_1+c_2$(方向与速度方向相同，即向右)。质量块 m_2 受到一个阻尼力大小为 c_2，方向向右(根据作用力与反作用方向相反原则判定)，则需要加在质量块 m_2 上的力应为 $c_{21}=-c_2$；类似地，令 $\dot{x}_1=0$，$\dot{x}_2=1$，根据力平衡原则，需要加在 x_1 坐标位置，即质量块 m_1 上的力应为 $c_{12}=-c_2$，需要加在坐标 x_2，即质量块 m_2 上的力应为 $c_{22}=c_2+c_3$。于是可得该系统的阻尼矩阵为

$$\boldsymbol{C}=\begin{bmatrix} c_1+c_2 & -c_2 \\ -c_2 & c_2+c_3 \end{bmatrix}$$

3.3　位移方程和柔度矩阵

工程实际中，有些系统使用力平衡条件法或直接法建立动力学方程时十分不便，此时

常使用一种根据位移条件确定运动方程的方法，动力学中把这种方法称为位移方程法。

在介绍位移方程法之前，先解释一下柔度矩阵的概念。如图 3-4 所示的悬臂梁结构，受到 f_1、f_2 两个集中力作用，在弹性范围内发生变形，如忽略轴向变形，设其横向变形可由下式确定：

$$\begin{bmatrix} x_1 \\ x_2 \end{bmatrix}=\begin{bmatrix} a_{11} & a_{12} \\ a_{21} & a_{22} \end{bmatrix}\begin{bmatrix} f_1 \\ f_2 \end{bmatrix} \tag{3-6}$$

式中：2×2 阶矩阵为柔度矩阵；$a_{ij}(i=1, 2; j=1, 2)$为柔度影响系数。

柔度影响系数的定义为 j 处受到单位力作用，引起 i 处的位移。对于线性系统，必有 $a_{ij}=a_{ji}$，称为互等原则。它表示在线弹性系统中，互换加载点与测量点，测得的位移值不变。

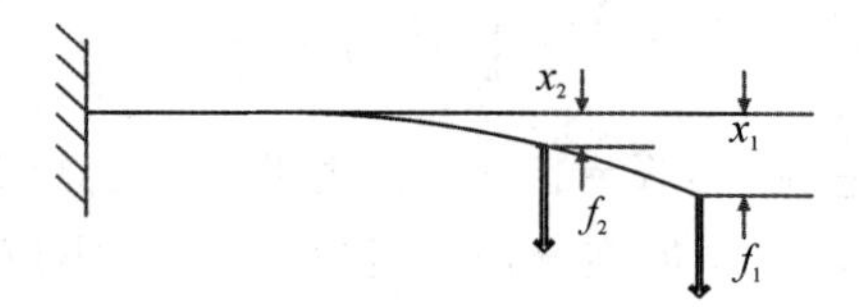

图 3-4 柔度矩阵及柔度影响系数

可将方程(3-6)改写为

$$\begin{bmatrix} f_1 \\ f_2 \end{bmatrix}=\begin{bmatrix} k_{11} & k_{12} \\ k_{21} & k_{22} \end{bmatrix}\begin{bmatrix} x_1 \\ x_2 \end{bmatrix} \tag{3-7}$$

对比方程(3-6)和方程(3-7)可知，刚度矩阵与柔度矩阵互为逆矩阵。

可用位移方程表示弹性系统在惯性力、阻尼力和外力作用下的位移量，对两自由度系统来说，其位移方程如下：

$$\begin{bmatrix} x_1 \\ x_2 \end{bmatrix}=-\begin{bmatrix} a_{11} & a_{12} \\ a_{21} & a_{22} \end{bmatrix}\left(\begin{bmatrix} m_1 & 0 \\ 0 & m_2 \end{bmatrix}\begin{bmatrix} \ddot{x}_1 \\ \ddot{x}_2 \end{bmatrix}+\begin{bmatrix} c_1+c_2 & -c_2 \\ -c_2 & c_2+c_3 \end{bmatrix}\begin{bmatrix} \dot{x}_1 \\ \dot{x}_2 \end{bmatrix}-\begin{bmatrix} F_1(t) \\ F_2(t) \end{bmatrix}\right) \tag{3-8}$$

对于无阻尼自由振动的两自由度系统来说，其位移方程可以表示为

$$\begin{bmatrix} x_1 \\ x_2 \end{bmatrix}=-\begin{bmatrix} a_{11} & a_{12} \\ a_{21} & a_{22} \end{bmatrix}\begin{bmatrix} m_1 & 0 \\ 0 & m_2 \end{bmatrix}\begin{bmatrix} \ddot{x}_1 \\ \ddot{x}_2 \end{bmatrix} \tag{3-9}$$

将方程(3-8)与方程(3-9)两边同时乘以柔度矩阵的逆矩阵，得到的就是力作用方程。位移方程适用于某些确定柔度系数比较容易的场合。

例 3-1 以图 3-5 所示悬臂梁为研究对象，忽略梁自身质量的影响，梁上共有两个集中质量 m_1、m_2，求该悬臂梁横向振动时的柔度矩阵。

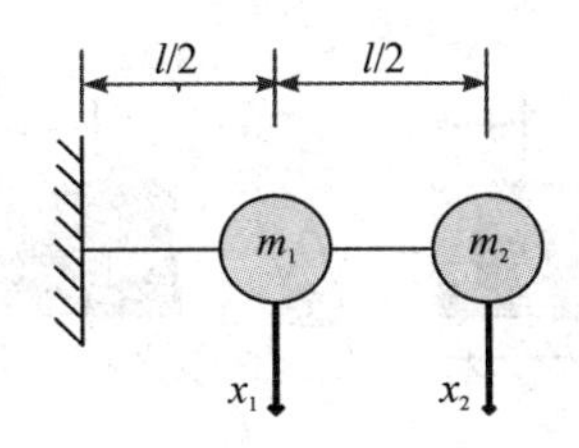

图 3-5 悬臂梁的动力学模型

解 根据柔度影响系数 a_{ij} 的定义可知，当单位载荷作用在 x_2 坐标上时，两个集中质量处的位移应为 a_{12}、a_{22}。由材料力学的知识，可分别写出其大小如下：

$$a_{12}=\frac{5}{48}\frac{l^3}{EI}$$

$$a_{22}=\frac{l^3}{3EI}$$

式中：EI 为梁截面的抗弯刚度。

同理，使用单位载荷作用在 x_1 坐标上时，两个集中质量处的位移应为 a_{21}、a_{11}，则有：

$$a_{21}=\frac{5}{48}\frac{l^3}{EI}$$

$$a_{11}=\frac{l^3}{24EI}$$

将柔度影响系数代入柔度矩阵，可得

$$\boldsymbol{A}=\frac{l^3}{48EI}\begin{bmatrix}2 & 5\\5 & 16\end{bmatrix}$$

求柔度矩阵的逆矩阵，就可以间接得到该系统的刚度矩阵 $\boldsymbol{K}$。

3.4 两自由度系统的自由振动

3.4.1 无阻尼系统的自由振动

1. 无阻尼系统的固有频率和主振型

如图 3-6 所示的系统，如果不考虑阻尼及外加激励力的作用，便是一个典型的两自由度无阻尼系统的自由振动。利用前文讲述的刚度矩阵、质量矩阵直接求解法，可以方便得到其运动微分方程：

$$\begin{bmatrix}2m & 0\\0 & m\end{bmatrix}\begin{bmatrix}\ddot{x}_1\\\ddot{x}_2\end{bmatrix}+\begin{bmatrix}3k & -2k\\-2k & 5k\end{bmatrix}\begin{bmatrix}x_1\\x_2\end{bmatrix}=\begin{bmatrix}0\\0\end{bmatrix}\tag{3-10}$$

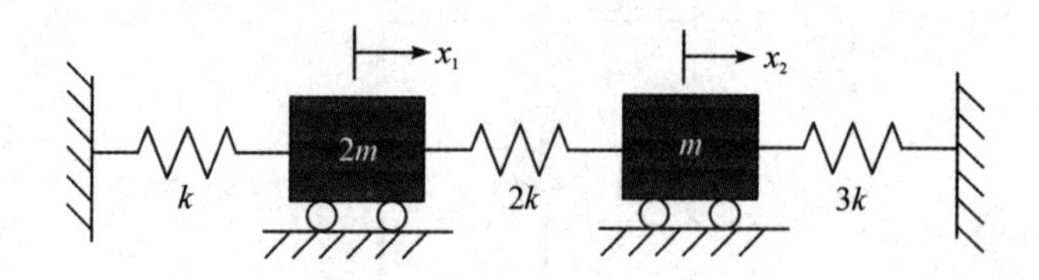

图 3-6　两自由度无阻尼系统动力学模型

本书第 1 章讲过，单自由度系统的自由振动是简谐振动，故设方程的解为

$$\begin{bmatrix} x_1 \\ x_2 \end{bmatrix} = \begin{bmatrix} u_1 \\ u_2 \end{bmatrix} C\cos(\omega t + \varphi)$$

求上式的 2 阶导数后，连同上式一起代入方程(3-10)，整理后可得到

$$\begin{bmatrix} 3k - 2m\omega^2 & -2k \\ -2k & 5k - m\omega^2 \end{bmatrix} \begin{bmatrix} u_1 \\ u_2 \end{bmatrix} = \begin{bmatrix} 0 \\ 0 \end{bmatrix} \tag{3-11}$$

由线性代数知识可知，式(3-11)中 u_1、u_2 有非零解的充要条件是

$$\begin{vmatrix} 3k - 2m\omega^2 & -2k \\ -2k & 5k - m\omega^2 \end{vmatrix} = 0$$

展开后可得该两自由度无阻尼系统特征方程为

$$2m^2\omega^4 - 13km\omega^2 + 11k^2 = 0$$

解得

$$\omega_1^2 = \frac{k}{m},\ \omega_2^2 = \frac{11k}{2m}$$

由此可见，两自由度系统具有两个固有角频率，在振动力学中将频率较低的自由振动称为系统第 1 阶主振动，并称该角频率为 1 阶固有角频率；将频率较高的自由振动称为系统的第 2 阶主振动，并称该角频率为 2 阶固有角频率。

将求解得到的 1 阶、2 阶固有角频率分别代入方程(3-11)中 2×2 阶矩阵中，并求其伴随矩阵，取伴随矩阵任意一个列向量，就可得到两个固有角频率下对应的 u_1/u_2 的振幅比值，即：

$$\left(\frac{u_1}{u_2}\right)^1 = 2$$

$$\left(\frac{u_1}{u_2}\right)^2 = -\frac{1}{4}$$

将其写成向量形式：

$$
\begin{cases}
\boldsymbol{u}^{(1)}=\begin{bmatrix}u_1\\u_2\end{bmatrix}^{(1)}=\begin{bmatrix}2\\1\end{bmatrix}\\
\boldsymbol{u}^{(2)}=\begin{bmatrix}u_1\\u_2\end{bmatrix}^{(2)}=\begin{bmatrix}-0.25\\1\end{bmatrix}
\end{cases}
\tag{3-12}
$$

它们分别表示了系统的 1 阶、2 阶主振型：1 阶主振型表示系统振动时两坐标作同向振动，且 x_1 坐标处振幅是 x_2 坐标处振幅的 2 倍；2 阶主振型表示系统振动时两坐标点作反向振动，且 x_1 坐标处振幅是 x_2 坐标处振幅的 0.25 倍。

将 1 阶、2 阶主振型按比例画在系统中坐标 x_1、x_2 对应部位，所得到的图形就是该系统的 1 阶、2 阶振型图，如图 3－7(a)及图 3－7(b)所示。

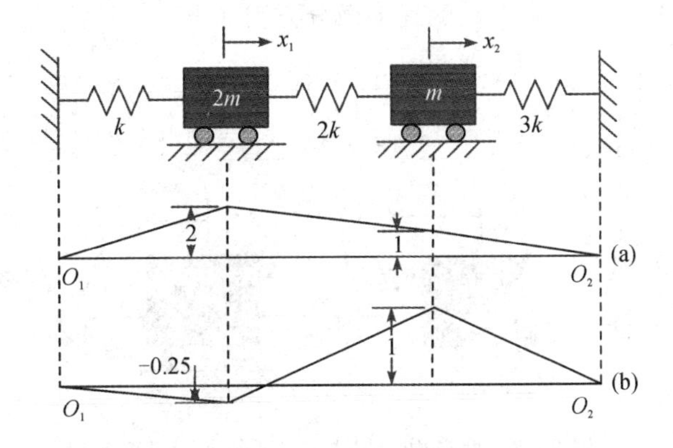

图 3－7　两自由度弹簧质量块系统的 1、2 阶振型图

振动力学中常把求得的 $\omega_i(i=1\ ,2)$按升序排列，称其为第 i 阶固有角频率(最低的 1 阶固有角频率又被称为基频)，并把对应的 $\boldsymbol{u}^{(i)}$ 称为系统的第 i 阶模态向量，每一个模态向量和相应的固有(角)频率构成系统的一个模态。以图 3－6 所示系统为例，ω_1 和 $\boldsymbol{u}^{(1)}$ 组成了系统的第 1 阶模态，ω_2 和 $\boldsymbol{u}^{(2)}$ 组成了系统的第 2 阶模态。两自由度系统正好有两个模态，它代表两种形式的同步运动。

一个实际系统究竟会以哪个固有角频率对应的振型进行振动，取决于诱发振动的条件，即初始条件。仍以图 3－6 所示系统为例，当给两个质量块一个初始位移，并保证 $x_1=2x_2$，放手后系统必将以 ω_1 为固有角频率振动，振型就是 1 阶主振型；当给两个质量块一个初始位移，并保证 $x_1=-0.25x_2$，放手后系统必将以 ω_2 为固有角频率振动，振型为 2 阶主振型；而对不满足上述两个初始条件，而是更为常见的其他任意初始条件时，系统会以两个固有角频率对应的振型同时振动，动力学中称其为多谐振动。

2. 无阻尼系统自由振动的通解

由前文介绍的知识可知，一般情况下，两自由度无阻尼系统的自由振动是两个主振动

的叠加，用公式可表示为

$$\begin{bmatrix} x_1 \\ x_2 \end{bmatrix} = \begin{bmatrix} u_1 \\ u_2 \end{bmatrix}^{(1)} C_1\cos(\omega_1 t + \varphi_1) + \begin{bmatrix} u_1 \\ u_2 \end{bmatrix}^{(2)} C_2\cos(\omega_2 t + \varphi_2) \tag{3-13}$$

方程(3-13)等号右侧第一项代表系统的第1阶模态，第二项代表了系统的第2阶模态。C_1、φ_1、C_2、φ_2 的取值由系统所受的初始条件决定。当系统的振动是两个不同频率的简谐振动的叠加时，由本书第1章知识可知，其结果一般不再是简谐振动。

3.4.2 黏性阻尼系统的自由振动

为方便对比研究，现将图3-6所示两自由度系统增加三个黏性阻尼，如图3-8所示，使用前面所述知识，建立其自由振动的运动微分方程如下：

$$\begin{bmatrix} 2m & 0 \\ 0 & m \end{bmatrix} \begin{bmatrix} \ddot{x}_1 \\ \ddot{x}_2 \end{bmatrix} + \begin{bmatrix} 2c & -c \\ -c & 2c \end{bmatrix} \begin{bmatrix} \dot{x}_1 \\ \dot{x}_2 \end{bmatrix} + \begin{bmatrix} 3k & -2k \\ -2k & 5k \end{bmatrix} \begin{bmatrix} x_1 \\ x_2 \end{bmatrix} = \begin{bmatrix} 0 \\ 0 \end{bmatrix} \tag{3-14}$$

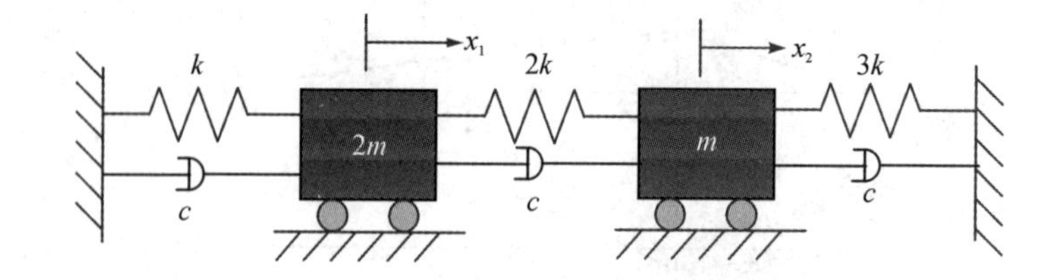

图3-8　两自由度黏性阻尼系统动力学模型

因方程(3-14)中含有速度项，使用正弦、余弦函数法求解较为复杂，此时宜使用复数表示方程的解，故令方程的解为

$$x_1 = A_1 e^{st}$$
$$x_2 = A_2 e^{st}$$

分别求 x_1、x_2 的1阶和2阶导数，得到相应的速度及加速度响应后，把它们代入方程(3-14)中，整理后得到

$$\begin{bmatrix} 2ms^2 + 2cs + 3k & -cs - 2k \\ -cs - 2k & ms^2 + 2cs + 5k \end{bmatrix} \begin{bmatrix} A_1 \\ A_2 \end{bmatrix} = \begin{bmatrix} 0 \\ 0 \end{bmatrix} \tag{3-15}$$

方程 A_1、A_2 有非零解的充要条件是

$$2m^2s^4 + 6mcs^3 + (13mk + 3c^2)s^2 + 12kcs + 11k^2 = 0$$

由上式可知，该方程所有非零根均为复数，且按共轭成对出现，故可表示为

$$s_{1,2} = -n_1 \pm i\omega_{d1}$$
$$s_{3,4} = -n_2 \pm i\omega_{d2}$$

再将 $s_{1,2}$、$s_{3,4}$ 代入方程(3-15)的系数矩阵中，通过求解其伴随矩阵，设得到的相应

振幅比为

$$r_i=\left(\frac{A_1}{A_2}\right)^{(i)} \quad i=1,2,3,4$$

于是方程(3-14)的通解可以写为

$$x_1=r_1C_1e^{s_1t}+r_2C_2e^{s_2t}+r_3C_3e^{s_3t}+r_4C_4e^{s_4t}$$
$$x_2=C_1e^{s_1t}+C_2e^{s_2t}+C_3e^{s_3t}+C_4e^{s_4t}$$

式中：C_1、C_2、C_3、C_4 为待定常数。

也可以将方程通解写成三角函数形式：

$$x_1=e^{-n_1t}(r'_1D_1\cos\omega_{d1}t+r'_2D_2\sin\omega_{d1}t)+e^{-n_2t}(r'_3D_3\cos\omega_{d2}t+r'_4D_4\sin\omega_{d2}t)$$
$$x_2=e^{-n_1t}(D_1\cos\omega_{d1}t+D_2\sin\omega_{d1}t)+e^{-n_2t}(D_3\cos\omega_{d2}t+D_4\sin\omega_{d2}t)$$

式中：D_1、D_2、D_3、D_4 为待定常数。

综上所述，两自由度黏性阻尼系统自由振动与无阻尼系统相比，主要具有以下不同点：

(1) 固有角频率 ω_{d1}、ω_{d2} 中含有阻尼系数；

(2) 振幅按指数 e^{-n_1t} 与 e^{-n_2t} 随时间衰减，直至为零；

(3) 有四个振幅比，1 阶主振型和 2 阶主振型概念不复存在。因为对于同一个 ω_{d1} 或 ω_{d2}，两个坐标 x_1、x_2 之比不再是常数。

3.5 两自由度系统的强迫振动

3.5.1 强迫振动的理论分析

以图 3-1 所示系统为研究对象，设施加于坐标 x_1、x_2 上的简谐力分别为

$$F_1(t)=A_1e^{i\omega t}$$
$$F_2(t)=A_2e^{i\omega t}$$

则运动微分方程可表示为

$$\begin{bmatrix} m_1 & 0 \\ 0 & m_2 \end{bmatrix}\begin{bmatrix} \ddot{x}_1 \\ \ddot{x}_2 \end{bmatrix}+\begin{bmatrix} c_1+c_2 & -c_2 \\ -c_2 & c_2+c_3 \end{bmatrix}\begin{bmatrix} \dot{x}_1 \\ \dot{x}_2 \end{bmatrix}+\begin{bmatrix} k_1+k_2 & -k_2 \\ -k_2 & k_2+k_3 \end{bmatrix}\begin{bmatrix} x_1 \\ x_2 \end{bmatrix}=\begin{bmatrix} A_1 \\ A_2 \end{bmatrix}e^{i\omega t} \tag{3-16}$$

方程(3-16)是一个二阶常系数非齐次微分方程组。由数学知识可知，其解由两部分组成。一是对应齐次方程的通解，即自由振动的解。当系统存在阻尼时，这部分自由振动会随时间的增长而逐渐衰减直至为零，因此在分析强迫振动时，常把这部分振动忽略不计。二

是非齐次方程的特解，很显然它是由简谐激励力引起的，只要激励力存在，系统就会一直振动下去，故把这部分振动称为稳态振动。它是工程实践研究的重点，因此下面的分析只针对稳态响应进行。

因方程(3－16)中含有阻尼项，故仍采用复数表示法对方程进行求解，设其稳态响应解为

$$\begin{cases} x_1(t)=X_1\mathrm{e}^{\mathrm{i}\omega t} \\ x_2(t)=X_2\mathrm{e}^{\mathrm{i}\omega t} \end{cases} \tag{3-17}$$

将方程(3－17)代入方程(3－16)，整理后得

$$\begin{bmatrix} -m_1\omega^2+\mathrm{i}\omega(c_1+c_2)+k_1+k_2 & -\mathrm{i}\omega c_2-k_2 \\ -\mathrm{i}\omega c_2-k_2 & -m_2\omega^2+\mathrm{i}\omega(c_2+c_3)+k_2+k_3 \end{bmatrix}\begin{bmatrix} X_1 \\ X_2 \end{bmatrix}=\begin{bmatrix} A_1 \\ A_2 \end{bmatrix} \tag{3-18}$$

在方程(3－18)等号两边同时左乘方程中 2×2 阶系数矩阵的逆矩阵就可以得到方程(3－16)的解：

$$\begin{cases} X_1(\omega)=\dfrac{[-m_2\omega^2+\mathrm{i}\omega(c_2+c_3)+k_2+k_3]A_1+(\mathrm{i}\omega c_2+k_2)A_2}{[-m_1\omega^2+\mathrm{i}\omega(c_1+c_2)+k_1+k_2][-m_2\omega^2+\mathrm{i}\omega(c_2+c_3)+k_2+k_3]-(\mathrm{i}\omega c_2+k_2)^2} \\ X_2(\omega)=\dfrac{[-m_1\omega^2+\mathrm{i}\omega(c_1+c_2)+k_1+k_2]A_2+(\mathrm{i}\omega c_2+k_2)A_1}{[-m_1\omega^2+\mathrm{i}\omega(c_1+c_2)+k_1+k_2][-m_2\omega^2+\mathrm{i}\omega(c_2+c_3)+k_2+k_3]-(\mathrm{i}\omega c_2+k_2)^2} \end{cases} \tag{3-19}$$

由方程(3－19)可知，$X_1(\omega)$、$X_2(\omega)$均为复数，方程(3－18)的解可以表示为

$$\begin{cases} x_1(t)=\mathrm{Re}(X_1\mathrm{e}^{\mathrm{i}\omega t}) \\ x_2(t)=\mathrm{Re}(X_2\mathrm{e}^{\mathrm{i}\omega t}) \end{cases} \tag{3-20}$$

当系统为无阻尼系统时，方程(3－19)可表示为

$$\begin{cases} X_1(\omega)=\dfrac{(-m_2\omega^2+k_2+k_3)A_1+k_2A_2}{(-m_1\omega^2+k_1+k_2)(-m_2\omega^2+k_2+k_3)-k_2^2} \\ X_2(\omega)=\dfrac{(-m_1\omega^2+k_1+k_2)A_2+k_2A_1}{(-m_1\omega^2+k_1+k_2)(-m_2\omega^2+k_2+k_3)-k_2^2} \end{cases} \tag{3-21}$$

由方程(3－21)可知，$X_1(\omega)$、$X_2(\omega)$均为实数，故两自由度系统无阻尼受迫振动为简谐振动，且振动频率与激励力频率相同，振幅取决于激振力的幅值与系统本身的物理参数以及激振力的频率。方程(3－21)表示系统的振幅，当方程的分母等于零时，振幅将无穷大，即发生了共振。因此可以通过令分母等于零来得到系统的特征方程，进而求出系统的 1 阶、2 阶固有频率。

如图 3－9 所示为无阻尼系统的幅频特性曲线，从图中可知，在激励力角频率等于系统的固有角频率时，发生共振，此时振幅 $X_1(\omega)$、$X_2(\omega)$均为无穷大。两自由度系统存在两个

共振区，在跨越共振区时，$X_1(\omega)$、$X_2(\omega)$因为发生反相而出现正、负现象。需要指出的是，很多文献在绘制幅频特性曲线时，常常使用振幅绝对值进行绘制。

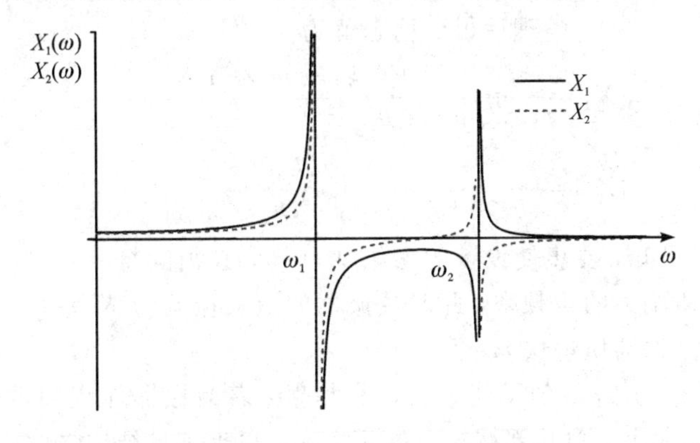

图 3-9　无阻尼系统幅频特性曲线

3.5.2　两自由度系统的工程应用

1. 动力减振器

如图 3-10(a)所示为一简支梁设备减振装置的示意图，梁中部放置一台设备，设备工作时会受到一个频率恒定的简谐力干扰，为了减少设备振动，安装一减振装置，该装置由刚度系数为 k_2 的弹簧及质量块 m_2 组成，下面我们从理论上分析一下，怎样选择 k_2、m_2 可使减振效果最好。

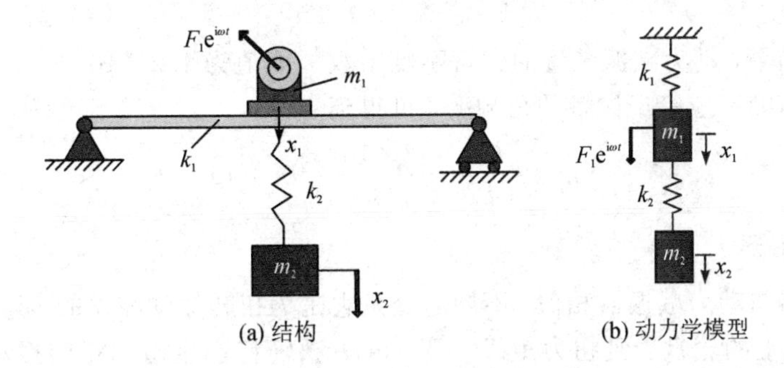

图 3-10　简支梁设备的减振装置

由动力学模型图 3-10(b)写出该装置的运动微分方程如下：

$$\begin{bmatrix} m_1 & 0 \\ 0 & m_2 \end{bmatrix}\begin{bmatrix} \ddot{x}_1 \\ \ddot{x}_2 \end{bmatrix}+\begin{bmatrix} k_1+k_2 & -k_2 \\ -k_2 & k_2 \end{bmatrix}\begin{bmatrix} x_1 \\ x_2 \end{bmatrix}=\begin{bmatrix} F_1e^{i\omega t} \\ 0 \end{bmatrix} \tag{3-22}$$

设方程稳态响应解为

$$x_1(t)=X_1e^{i\omega t}$$

$$x_2(t)=X_2e^{i\omega t}$$

将其代入方程(3-22)，整理后得到稳态解为

$$\begin{cases} X_1=\dfrac{F_1(k_2-m_2\omega^2)}{(k_1+k_2-m_1\omega^2)(k_2-m_2\omega^2)-k_2^2} \\ X_2=\dfrac{F_1k_2}{(k_1+k_2-m_1\omega^2)(k_2-m_2\omega^2)-k_2^2} \end{cases} \tag{3-23}$$

从公式(3-23)可知，要想使设备的振幅 $X_1=0$，必须满足 $\omega=(k_2/m_2)^{0.5}$，即减振器的固有角频率等于激励力的角频率，此时减振器的最大振幅为 $X_2=F_1/k_2$。它表示此时激励力已完全作用在减振器质量块 m_2 上。

工程实际中，m_2 与 k_2 取值不能太大，太大意味着减振器体积和重量增加，经济性不好；但也不能太小，太小则意味着减振器振幅太大，很难满足结构强度要求。

例 3-2 一设备质量为 300 kg，安装在支承座上，已知设备的工作转速为 6000 r/min，激振力的幅值为 250 N，试设计一个动力减振装置，使得设备的振动为零，要求动力减振的振幅不能超过 2.5 mm。

解 首先计算设备工作时的角频率：

$$\omega=\frac{2\pi n}{60}=\frac{2\times3.14\times6000}{60}=628\ \text{rad/s}$$

当设备振动为零时，动力减振装置的振幅应满足：

$$0.0025\geqslant\frac{F_1}{k_2}\Rightarrow k_2\geqslant\frac{250}{0.0025}=10^5\ \text{N/m}$$

根据计算结果，动力减振装置的弹簧刚度系数 k 取值为 1.2×10^5 N/m。再根据动力减振装置的固有角频率应等于设备的角频率，可得到

$$m_2=\frac{k}{\omega_n^2}=\frac{1.2\times10^5}{628^2}=0.3\ \text{kg}$$

2. 单摆减振器

单摆减振器与动力减振器相似，不同之处是它是为扭转振动减振的。其原理如图 3-11 所示，固定在轴上的轮盘受到扭力矩 $T=T_0\sin\omega t$ 激励将产生微幅扭转振动，若在盘上加上一个单摆，并令其固有角频率与激励的力矩角频率相等，即：

$$\omega_n=\sqrt{\frac{g}{l}}=\omega$$

当圆盘扭转振动时，必将引起单摆共振，设其振幅为 φ_0，则在摆杆方向上的分力 $mg\cos\varphi_0$ 对轮盘将施加一个扭矩 T_1，其大小为

$$T_1=mgR\cos\varphi_0\sin\varphi_0$$

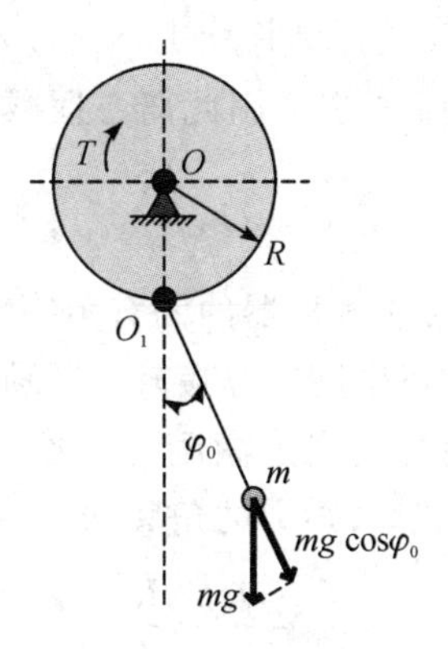

图 3-11　单摆减振器

T_1 将起到抑制振动的作用，设 $T_1=T$，此时系统达到平衡条件，圆盘将不再振动，而单摆的振幅应满足：

$$\varphi_0=\frac{-T}{mgR}$$

3. 离心摆减振器

上述两种减振器均不适用于激励力频率变动较大的场合，因为减振条件要求减振器固有频率应等于激励力或力矩的频率。离心摆是一种自控式减振器，它的固有频率能随激励力的频率改变而改变，时刻满足减振条件。

如图 3-12 所示，离心摆减振器多用在以活塞式发动机为动力源的变速机械上，它与单摆式减振器最大的不同是，此时轮盘拥有了角速度 Ω，假设该角速度足够大，摆上质量块的离心力 $m\Omega^2(R+l)$将远大于重力 mg，因此在分析中可略去重力的影响。将离心力分

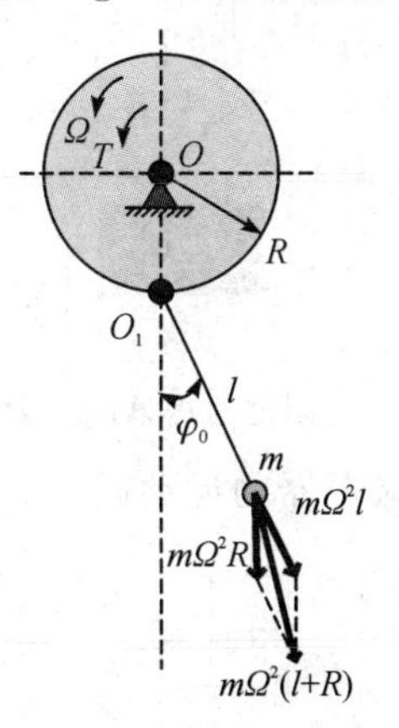

图 3-12　离心摆减振器

解为两个分力：一为 $m\Omega^2 l$，方向在摆杆延长线上；一为 $m\Omega^2 R$，与中心线 OO_1 同方向。对比单摆减振器会发现，$m\Omega^2 R$ 与 mg 等效，因此离心摆减振器的固有角频率为

$$\omega = \Omega\sqrt{\frac{R}{l}} \tag{3-24}$$

从公式(3-24)可以看出，离心摆减振器的固有角频率是轮盘角速度的函数，它们之间存在线性关系。如果是活塞式发动机带动轮盘旋转，激励力矩来自活塞对曲轴的脉动激励，当单缸发动机工作时，曲轴每转会受到突加激励力一次，对于具有 k 个气缸的发动机，曲轴每转会受到突加激励力 k 次。此时激励力的角频率 $\omega = k\Omega$，代入公式(3-24)，可得

$$\omega = \frac{\Omega}{k}\sqrt{\frac{R}{l}} \tag{3-25}$$

需要注意的是，发动机给轮盘的激励力矩并非简谐力矩，常含有很多高次谐波，因此仅仅按照基频设计的离心摆的减振效果并不显著，必须对载荷进行分析，针对其中影响较大的几个频率设计出多个离心摆，同时安装到系统中，才能得到良好的减振效果。

4. 阻尼减振器

动力减振器最大的缺点是工作频率范围很窄，即仅对激励频率基本不变的激振力有效，当激振频率变动范围较宽时，常使用阻尼减振器。

由图 3-13 可知，阻尼减振器只是比动力减振器增加了一个阻尼器，其结构参数如图 3-13 所示。

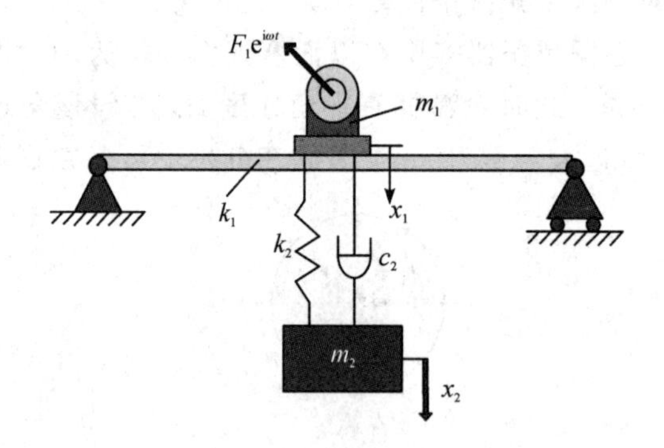

图 3-13　阻尼减振器的动力学模型

根据力平衡方程，可写出阻尼减振器的运动微分方程：

$$\begin{bmatrix} m_1 & 0 \\ 0 & m_2 \end{bmatrix}\begin{bmatrix} \ddot{x}_1 \\ \ddot{x}_2 \end{bmatrix} + \begin{bmatrix} c_2 & -c_2 \\ -c_2 & c_2 \end{bmatrix}\begin{bmatrix} \dot{x}_1 \\ \dot{x}_2 \end{bmatrix} + \begin{bmatrix} k_1+k_2 & -k_2 \\ -k_2 & k_2 \end{bmatrix}\begin{bmatrix} x_1 \\ x_2 \end{bmatrix} = \begin{bmatrix} F_1 e^{i\omega t} \\ 0 \end{bmatrix} \tag{3-26}$$

令方程的解为

$$\begin{bmatrix} x_1 \\ x_2 \end{bmatrix} = \begin{bmatrix} A_1 \\ A_2 \end{bmatrix} e^{i\omega t}$$

求上式的 1 阶和 2 阶导数后，代入方程(3-26)，可解得

$$A_1 = \frac{F\sqrt{(k_2-\omega^2 m_2)^2+(\omega c_2)^2}}{\sqrt{[(k_1-\omega^2 m_1)(k_2-\omega^2 m_2)-\omega^2 m_2 k_2]^2+[\omega c_2(k_1-\omega^2 m_1-\omega^2 m_2)]^2}} \tag{3-27}$$

引入符号 $\Delta_1 = F/k_1$，表示在没有减振器时，设备在简支梁上的静变形，则方程(3-27)可表示为

$$\left(\frac{A_1}{\Delta_1}\right)^2 = \frac{k_1^2[(k_2-\omega^2 m_2)^2+(\omega c_2)^2]}{[(k_1-\omega^2 m_1)(k_2-\omega^2 m_2)-\omega^2 m_2 k_2]^2+[\omega c_2(k_1-\omega^2 m_1-\omega^2 m_2)]^2} \tag{3-28}$$

设某一阻尼减振器的结构参数为：$m_1=100$ kg，$m_2=5$ kg，$k_1=1\times10^4$ N/m，$k_2=500$ N/m。在不同阻尼系数 c_2 作用下，激励力的角频率 ω 与设备无量纲振幅$(A_1/\Delta_1)^2$ 的关系曲线如图 3-14 所示。

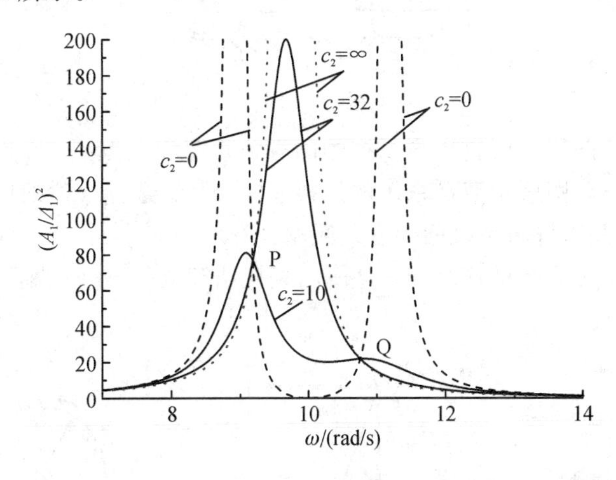

图 3-14　阻尼减振器幅频特性曲线

图 3-14 中分别画出了阻尼系数 c_2 为 0、无穷大、32 N·s/m、10 N·s/m 几种情况，观察图形可发现：

(1) 在小阻尼或无阻尼情形下，阻尼减振器有两个固有角频率，当激励力角频率接近它们的时候，会发生共振。它们之间的区别是，有了阻尼的作用，共振振幅不再是无穷大，而是较大的有限值。

(2) 随着阻尼系数的增大，阻尼减振器的振动逐渐趋于只有一个共振点。如图 3-14 所示，当 $c_2=32$ N·s/m 或等于无穷大时，均只有一个共振峰，其原因是减振器 m_2 受到阻尼

影响，几乎不能运动，即相当于减振器 m_2 固定，自然系统就只剩下一个共振点。

(3) 由图 3-14 可知，不论阻尼系数为何值，它所对应的幅频特性曲线都要经过 P、Q 两点。说明系统存在两个频率 ω_P、ω_Q，对应该频率的振幅是恒值，与阻尼系数大小无关。因此，不论如何改变阻尼器的阻尼，均不能使系统的最大振幅值低于或高于图中 P、Q 点。为了使系统振幅尽可能小，我们可以优化设计参数，一方面使幅频特性曲线在 P、Q 点处正好是最大值，从而决定系统的最佳阻尼值；另一方面使 P、Q 高度尽量相等且低，从而实现系统参数的最佳匹配。

习　题

3-1　求题 3-1 图所示两自由度系统的固有角频率和主振型，并作出振型图。

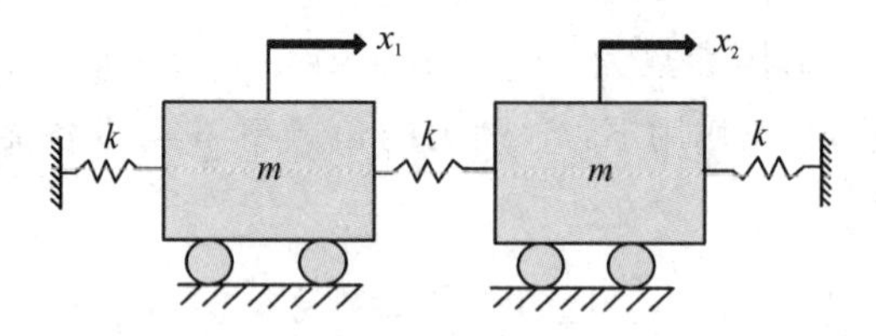

题 3-1 图

3-2　求题 3-2 图所示两自由度系统的固有角频率和主振型，并作出振型图。

3-3　假设题 3-3 图所示双摆系统的振幅非常小，试选择合适的广义坐标，建立该系统的运动微分方程，并求解该系统的固有角频率。

3-4　试以 x、θ 为系统的广义坐标，使用直接法建立题 3-4 图所示系统的运动微分方程。

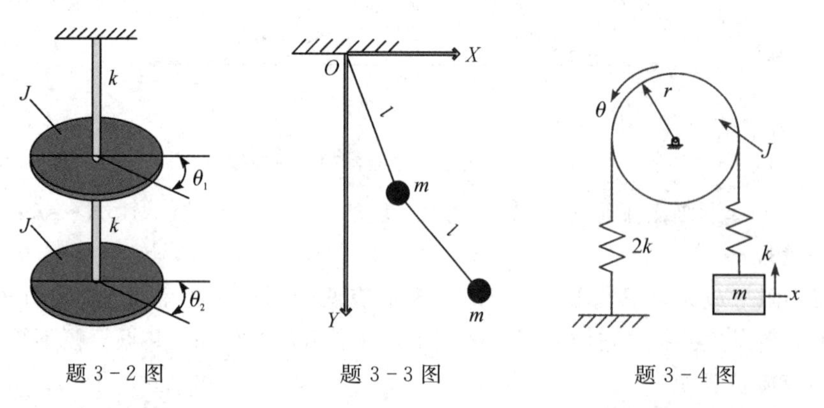

题 3-2 图　　题 3-3 图　　题 3-4 图

3-5　在题 3-5 图所示系统中，如不考虑刚性杆的质量，假设该系统只能在图示平面内运动，试以 x、θ 为系统广义坐标，建立该系统的运动微分方程，并求该系统的固有角频率。

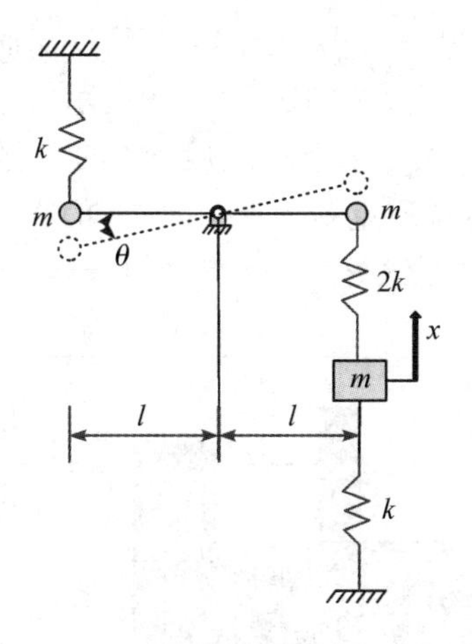

题 3-5 图

3-6　试以 x_1、x_2 为广义坐标，忽略梁的质量，只考虑其抗弯刚度 EI，通过柔度矩阵和位移方程法建立题 3-6 图所示系统的运动微分方程，并求出系统的固有角频率及主振型。

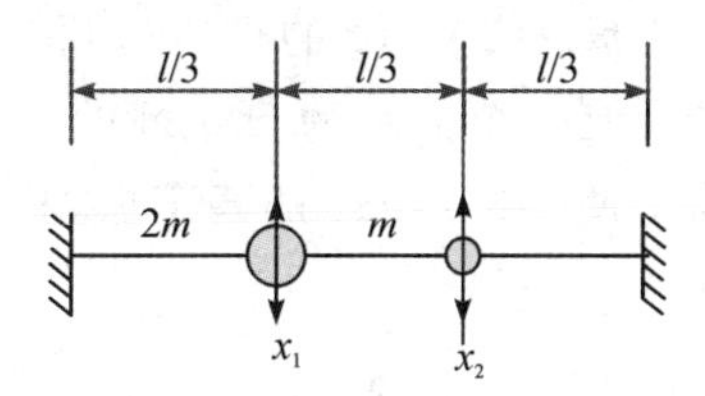

题 3-6 图

3-7　如题 3-7 图所示的两自由度系统，已知做直线运动的质量块与单摆的质量分别为 M、m，两个弹簧的刚度系数均为 k，摆线长度为 l，一水平力 $F_0\cos\omega t$ 作用于 M 上，求该系统的运动微分方程及使 M 不动的条件。

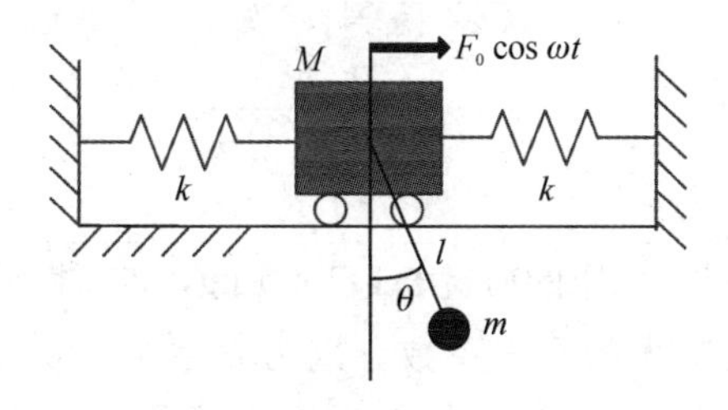

题 3-7 图

3-8 一电机的转速为 1500 r/min，由于转子不平衡而使机壳发生较大的振动，为了减小机壳的振动，在机壳上安装了数个如题 3-8 图所示的动力减振器，该减振器由一个钢制圆截面弹性杆和两个安装在杆两端的重块组成。杆的中部固定在机壳上，重块到中点的距离 l 可用螺杆来调节。已知重块质量 $m=5$ kg，圆杆的直径 $D=2$ cm，问重块距中点的距离 l 等于多少时减振器的减振效果最好？

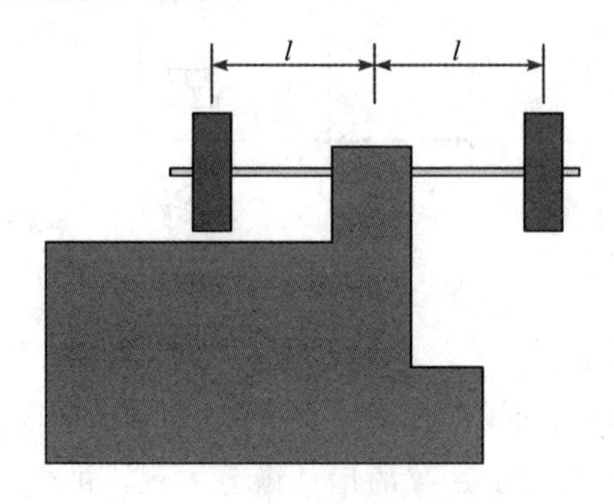

题 3-8 图

3-9 题 3-9 图所示一质量 $m_1=200$ kg 的机器与两个刚度系数 $k_1=2\times10^5$ N/m 的弹簧相连。在运转过程中，机器受到一个大小为 500 N 的力、角频率为 50 rad/s 的简谐激励。设计一个无阻尼动力减振器，使得机器 m_1 的稳态振幅为 0，并保证减振器 m_2 的稳态振幅小于 2 mm。

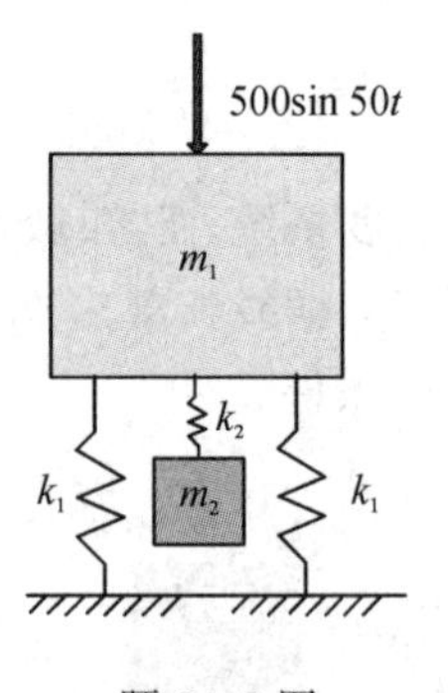

题 3-9 图

3-10 题 3-10 图所示某机床的质量 $m=1500$ kg，转动惯量 $J_p=400$ kg·m^2，放置在弹性支承上，已知两个弹性支承的刚度系数分别为 $k_1=4\times10^4$ N/m，$k_2=3.5\times10^4$ N/m，试以机床质心位移 x 及机床绕质心转角 θ 为广义坐标，求该系统的固有角频率及主振型。

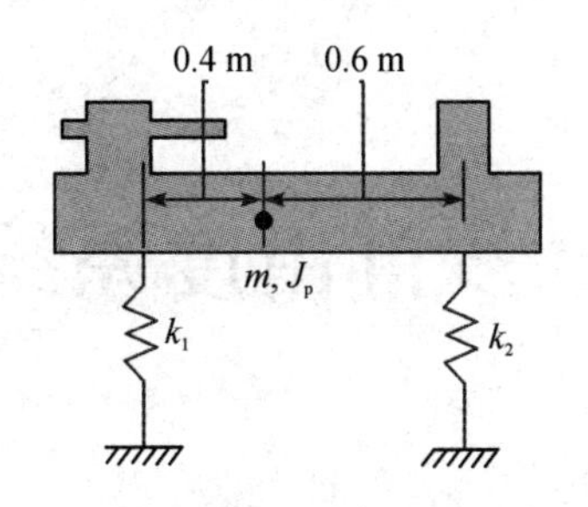

题 3-10 图

3-11　题 3-11 图所示为二层楼房建筑动力学模型，$k_1=k$、$k_2=k$ 分别为一楼、二楼支承梁的刚度系数，$m_1=3m$、$m_2=m$ 分别为一楼、二楼楼板的质量。现假设楼板为刚体，楼房振动为微幅振动，试求该系统的固有频率和主振型。

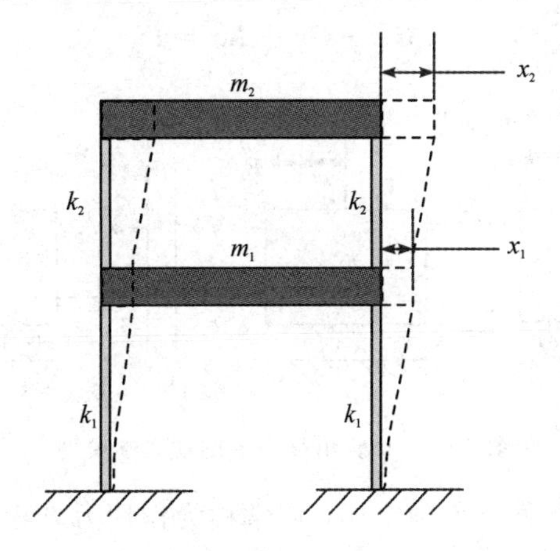

题 3-11 图

第4章　多自由度系统的振动

4.1　运动微分方程的建立

n 自由度系统的运动微分方程与两自由度系统相仿。如图 4-1 所示，坐标原点取在各个质量块的静平衡位置，则其运动微分方程可表示为

$$M\ddot{x}+C\dot{x}+Kx=F \tag{4-1}$$

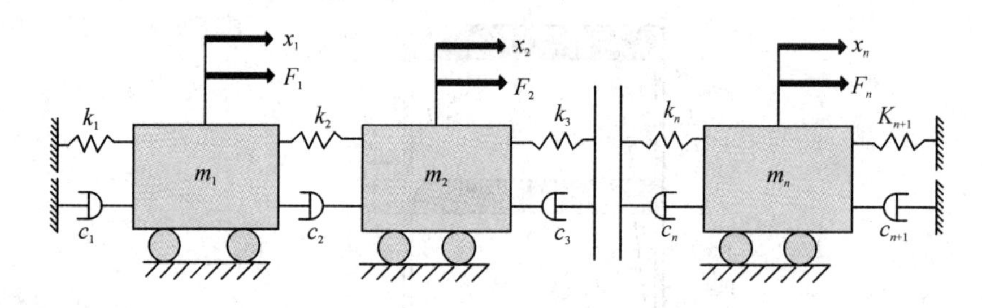

图 4-1　n 自由度系统的动力学模型

方程(4-1)是根据力平衡条件确定的，通常称为作用力方程，如果是通过位移条件确定的运动方程，则称为位移方程，又称柔度方程，该系统的位移方程为

$$x=-A(M\ddot{x}+C\dot{x}-F) \tag{4-2}$$

上面两式中：M、C、K、A 分别表示 $n\times n$ 阶质量、阻尼、刚度与柔度矩阵，矩阵中各个元素的含义与两自由度系统类似，不再赘述。

建立方程(4-1)所描述的多自由度运动微分方程，可以采用力平衡原则，但对于多自由度系统，这种方法往往很烦琐，不便应用。针对这种情况，工程实际中常用的方法有两种：一种是通过直接求解法建立系统质量、阻尼、刚度矩阵，进而得到系统的运动微分方程；另一种是通过求解系统的柔度矩阵和位移方程来建立系统的运动微分方程。下面以例题的形式来介绍这两种方法。

例 4-1　如图 4-2 所示为 3 自由度质量块弹簧系统，试使用质量、刚度矩阵直接求解法建立该系统的运动微分方程。

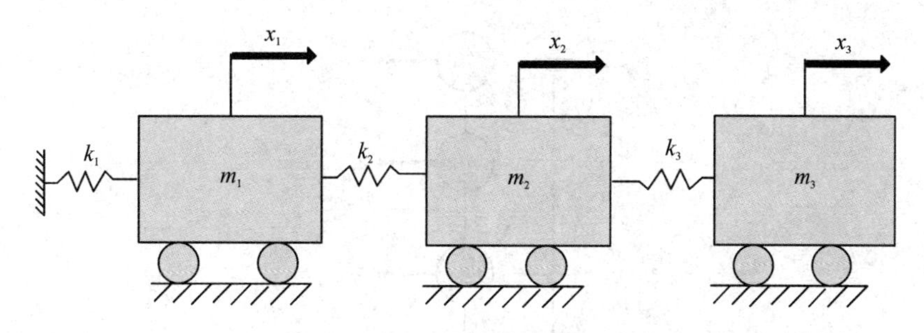

图 4-2　3 自由度质量块弹簧系统动力学模型

解　质量矩阵的确定：令$\ddot{x}_1=1$，$\ddot{x}_2=\ddot{x}_3=0$，此时仅有m_1具有惯性力($-m$)，负号表示与坐标方向相反，欲保持系统平衡需要施加在x_1、x_2、x_3上的力(亦即相关的质量矩阵元素)应分别为$m_{11}=m_1$、$m_{21}=0$、$m_{31}=0$；再令$\ddot{x}_2=1$，$\ddot{x}_1=\ddot{x}_3=0$，此时仅有m_2具有惯性力($-m$)，欲保持系统平衡需要施加在x_1、x_2、x_3上的力应分别为$m_{12}=0$、$m_{22}=m_2$、$m_{32}=0$；同理，可得$\ddot{x}_1=\ddot{x}_2=0$，$\ddot{x}_3=1$时相关质量矩阵元素$m_{13}=0$、$m_{23}=0$、$m_{33}=m_3$。故该系统质量矩阵为

$$\boldsymbol{M}=\begin{bmatrix} m_1 & 0 & 0 \\ 0 & m_2 & 0 \\ 0 & 0 & m_3 \end{bmatrix}$$

刚度矩阵的确定：令$x_1=1$，$x_2=x_3=0$，此时m_1处受到的弹性力为($-k_1-k_2$)，m_2处受到的弹性力为k_2，欲保持系统平衡需要施加在x_1、x_2、x_3坐标位置上的力(亦即相关的刚度矩阵元素)应分别为$k_{11}=k_1+k_2$、$k_{21}=-k_2$、$k_{31}=0$；同理，可得$x_1=x_3=0$，$x_2=1$和$x_1=x_2=0$，$x_3=1$两种情况下，相关刚度矩阵元素应分别为$k_{12}=-k_2$、$k_{22}=k_2+k_3$、$k_{32}=-k_3$，$k_{13}=0$、$k_{23}=-k_3$、$k_{33}=k_3$。故该系统的刚度矩阵为

$$\boldsymbol{K}=\begin{bmatrix} k_1+k_2 & -k_2 & 0 \\ -k_2 & k_2+k_3 & -k_3 \\ 0 & -k_3 & k_3 \end{bmatrix}$$

由于该系统是无阻尼系统的自由振动，在得到质量、刚度矩阵后，就可以写出其运动微分方程：

$$\boldsymbol{M}\ddot{\boldsymbol{x}}+\boldsymbol{K}\boldsymbol{x}=0$$

例 4-2　如图 4-3 所示为悬臂梁的动力学模型，其上共有四个集中质量m_1、m_2、m_3、m_4，忽略梁自身质量的影响，只考虑其刚度。试通过求解该系统的柔度矩阵来建立该系统的运动微分方程。

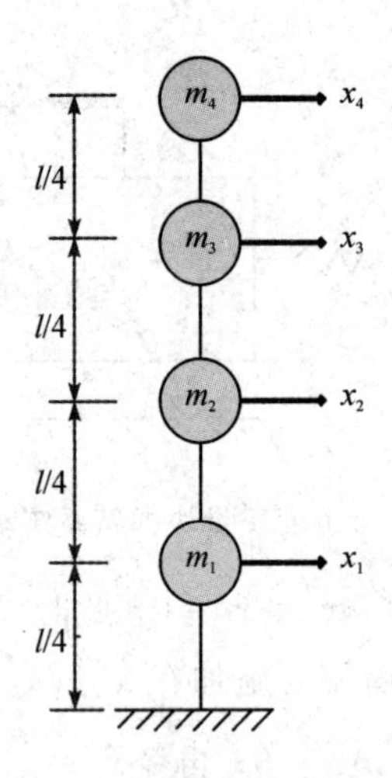

图 4-3　悬臂梁的动力学模型

解　根据柔度影响系数 a_{ij} 的定义可知：单位载荷作用在 x_4 坐标上，此时各个集中质量处的位移应为 a_{14}、a_{24}、a_{34}、a_{44}。由材料力学的知识，可分别写出其大小：

$$a_{44}=\frac{l^3}{3EI},\quad a_{34}=\frac{27}{128}\frac{l^3}{EI},\quad a_{24}=\frac{5}{48}\frac{l^3}{EI},\quad a_{14}=\frac{11}{384}\frac{l^3}{EI}$$

同理，反复使用单位载荷依次作用在 x_3、x_2、x_1 坐标上，并求出各个集中质量处的位移，就可得到其他柔度影响系数，汇总后的柔度矩阵如下：

$$\boldsymbol{A}=\frac{l^3}{384EI}\begin{bmatrix}2 & 5 & 8 & 11\\ 5 & 16 & 28 & 40\\ 8 & 28 & 54 & 81\\ 11 & 40 & 81 & 128\end{bmatrix}$$

再通过直接法，求出该系统的质量矩阵为

$$\boldsymbol{M}=\mathrm{diag}(m_1,\ m_2,\ m_3,\ m_4)$$

则该系统自由振动的运动微分方程可表示为

$$\boldsymbol{x}=-\boldsymbol{AM}\ddot{\boldsymbol{x}}$$

例 4-3　在如图 4-4(a)所示框架结构中，三根杆的截面抗弯刚度均为 EI，两根垂直杆的长度为 l，水平杆长度为 $2l$，试求该系统的刚度矩阵。

在框架结构中，各个杆接合处成为节点，在对其动力学特性进行分析时，常以节点处的位移和转角作为广义坐标。广义坐标除应能正确描述系统的运动状态外，还应保证它们之间相互独立。以本题为例，由于在节点 A、B 两处的位移值 x 相等，故仅选择其中一个作为广义坐标；另外由于 A、B 两个节点处的转角相互独立，故取两节点处转角 θ_1、θ_2 作为

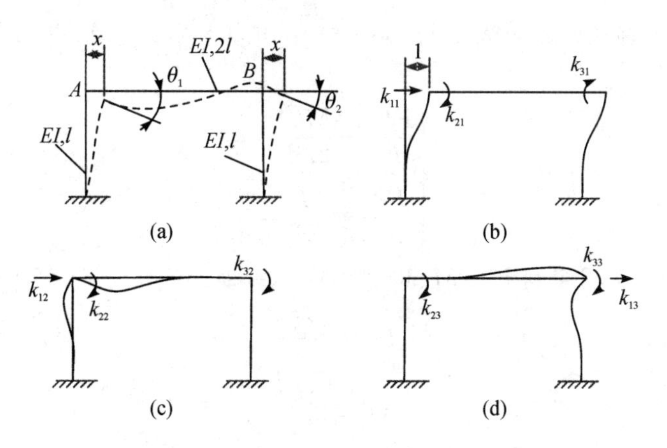

图 4-4　框架结构的自由振动

广义坐标来描述系统的运动。

确定了描述系统的广义坐标后，就可以采用直接法求该系统的刚度矩阵。图 4-4(b)、(c)、(d)分别描绘了($x=1$，$\theta_1=\theta_2=0$)、($\theta_1=1$，$x=\theta_2=0$)、($\theta_2=1$，$\theta_1=x=0$)三种运动状态。

首先针对图 4-4(b)所描述的运动状态，使用材料力学知识，对其所受到的力及力矩进行分析。

由材料力学知识可知，当只有力 F 作用在图 4-5 所示悬臂梁左端时，梁最左端的挠度与截面转角分别为

$$x_1=\frac{Fl^3}{3EI}$$

$$\theta_1=\frac{Fl^2}{2EI}$$

同样，当只有力矩 M 作用在悬臂梁最左端时，梁最左端的挠度与截面转角分别为

$$x_2=-\frac{Ml^2}{2EI}$$

$$\theta_2=-\frac{Ml}{EI}$$

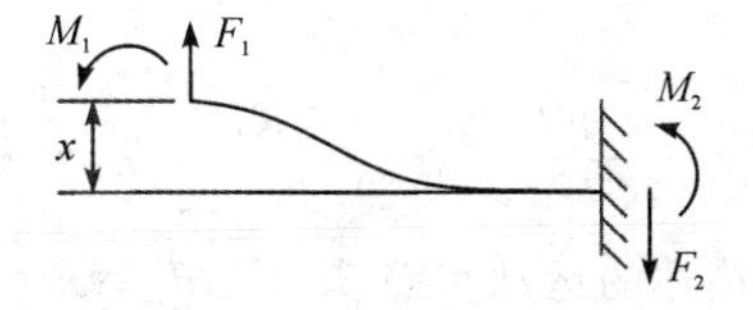

图 4-5　悬臂梁在 $x=1$，$\theta=0$ 状态时受力分析

对于图 4－5 所描述的运动状态 $x=1$，$\theta=0$，由力 F 和力矩 M 共同引起的挠度与转角应满足如下关系：

$$\begin{cases} \dfrac{Fl^3}{3EI}-\dfrac{Ml^2}{2EI}=1 \\ \dfrac{Fl^2}{2EI}-\dfrac{Ml}{EI}=0 \end{cases}$$

求解上述方程组，可得到 F_1、M_1 的大小为

$$F_1=\frac{12EI}{l^3}$$

$$M_1=\frac{6EI}{l^2}$$

根据力与力矩平衡原理，可求出图 4－5 中 F_2、M_2 的大小为

$$F_2=\frac{12EI}{l^3}$$

$$M_2=\frac{6EI}{l^2}$$

于是，对于图 4－4(b)所描述的运动状态 $x=1$，$\theta_1=\theta_2=0$，由直接法可以写出相关刚度矩阵的元素为

$$k_{11}=\frac{24EI}{l^3},\quad k_{21}=k_{31}=-\frac{6EI}{l^2}$$

用同样的方法，可以求出 $x=0$，$\theta=1$ 时，图 4－6 中力与力矩的大小分别为：

$$F_1=\frac{6EI}{l^2},\quad M_1=\frac{4EI}{l},\quad M_2=\frac{2EI}{l},\quad F_2=\frac{6EI}{l^2}$$

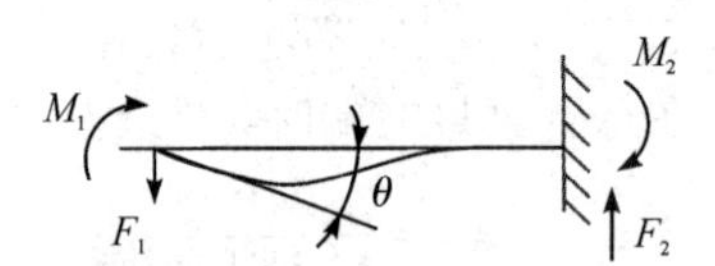

图 4－6　悬臂梁在 $x=0$，$\theta=1$ 状态时受力分析

于是，对于图 4－4(c)所描述的运动状态 $\theta_1=1$，$x=\theta_2=0$，由直接法可以写出相关刚度矩阵的元素为

$$k_{12}=-\frac{6EI}{l^2},\quad k_{22}=\frac{5EI}{l},\quad k_{32}=\frac{EI}{l}$$

同理，对于图 4－4(d)所描述的运动状态 $\theta_2=1$，$\theta_1=x=0$，由直接法可以写出相关刚度矩阵的元素为

$$k_{13}=-\frac{6EI}{l^2},\quad k_{23}=\frac{EI}{l},\quad k_{33}=\frac{5EI}{l^2}$$

汇总后，可得到该系统的刚度矩阵为

$$\boldsymbol{K}=\frac{EI}{l^3}\begin{bmatrix}24 & -6l & -6l\\ -6l & 5l & l^2\\ -6l & l^2 & 5l\end{bmatrix}$$

4.2　多自由度系统的特性

4.2.1　多自由度系统的模态

多自由度系统的模态是指系统的固有频率及其对应的主振型。设 n 自由度无阻尼系统自由振动的运动微分方程为

$$\boldsymbol{M}\ddot{\boldsymbol{x}}+\boldsymbol{K}\boldsymbol{x}=\boldsymbol{0} \tag{4-3}$$

与两自由度系统类似，设方程的解为

$$\boldsymbol{x}=\boldsymbol{u}\cos(\omega t+\varphi)$$

将其代入方程(4-3)中，整理后得到

$$(\boldsymbol{K}-\omega^2\boldsymbol{M})\boldsymbol{u}=0$$

方程等号右边第一个矩阵就是系统的特征矩阵，令该矩阵的行列式等于 0，可以得到该系统的特征多项式为

$$|\boldsymbol{K}-\omega^2\boldsymbol{M}|=0$$

求解该方程可以得到 n 个特征值 ω_1、ω_2、…、ω_n（$\omega_1<\omega_2<\cdots<\omega_n$）以及对应的 n 个特征向量(动力学中常称作主振型)$\boldsymbol{u}^{(1)}$、$\boldsymbol{u}^{(2)}$、…、$\boldsymbol{u}^{(n)}$。其中，数值最低的 ω_1 称为基频，它是工程应用中最重要的一个固有角频率。

第 r 阶固有角频率 ω_r 及其对应的特征向量 $\boldsymbol{u}^{(r)}$ 共同构成了多自由度系统的第 r 阶模态，它表征了系统的一种基本同步运动。n 自由度系统一般有 n 个同步运动，均为简谐振动。方程(4-3)所描述的自由振动，通常是这 n 个同步运动的合成，但由于它们的频率不同，且其在合成运动中所占比重各不相同，其合成运动一般已不再是简谐振动了。

n 自由度系统自由振动方程的通解可表示为 n 个同步运动的线性组合：

$$x=\sum_{r=1}^{n}C_r\boldsymbol{u}^{(r)}\cos(\omega_r+\varphi_r)\quad r=1, 2, 3, \cdots, n \tag{4-4}$$

式中：ω_r、$\boldsymbol{u}^{(r)}$ 为系统的第 r 阶模态，其值大小由系统参数决定；C_r、φ_r 是任意常数，其取值由系统的初始条件决定。

需要注意的是主振型 $\boldsymbol{u}^{(r)}$ 只是表示，当系统作第 r 阶同步运动时，各个坐标点处振幅的比值关系，而非实际的绝对长度。因为对于方程(4-3)而言，如果 $\boldsymbol{u}^{(r)}$ 是它的一个解，那么 $a\boldsymbol{u}^{(r)}$ 也一定是该方程的解，这里 a 是任意实数。

求解多自由度系统模态的方法有很多，这里重点介绍三种使用最为广泛的方法，即直接法、位移方程法及矩阵迭代法。

1. 直接法

例 4-4 如图 4-7 所示为 3 自由度质量块弹簧系统，其结构参数如图所示，试求该系统的前 3 阶模态。

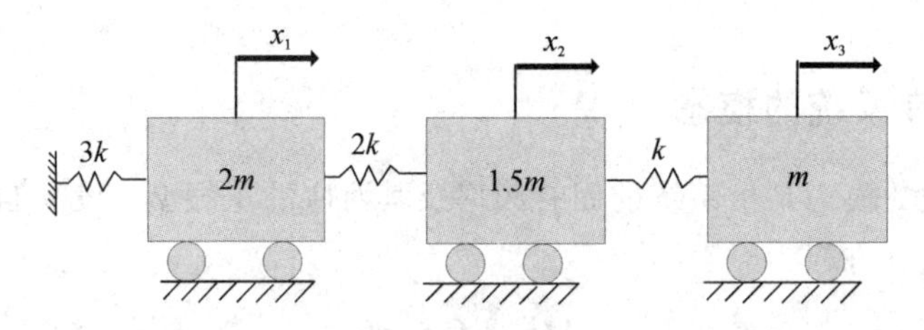

图 4-7　3 自由度质量块弹簧系统动力学模型

解 取质量块静平衡位置为坐标原点，使用直接法得到系统的刚度与质量矩阵后，写出该系统自由振动的运动微分方程：

$$\begin{bmatrix} 2m & 0 & 0 \\ 0 & 1.5m & 0 \\ 0 & 0 & m \end{bmatrix} \begin{bmatrix} \ddot{x}_1 \\ \ddot{x}_2 \\ \ddot{x}_3 \end{bmatrix} + \begin{bmatrix} 5k & -2k & 0 \\ -2k & 3k & -k \\ 0 & -k & k \end{bmatrix} \begin{bmatrix} x_1 \\ x_2 \\ x_3 \end{bmatrix} = \begin{bmatrix} 0 \\ 0 \\ 0 \end{bmatrix} \tag{4-5}$$

方程(4-5)的特征多项式为

$$3m^3\omega^6 - 16.5m^2k\omega^4 + 22.5mk^2\omega^2 - 6k^3 = 0$$

求解方程可得系统的前 3 阶固有角频率为

$$\omega_1 = 0.5928\sqrt{\frac{k}{m}}, \quad \omega_2 = 1.2675\sqrt{\frac{k}{m}}, \quad \omega_3 = 1.8820\sqrt{\frac{k}{m}}$$

对应的三个主振型分别为

$$\boldsymbol{u}^{(1)} = \begin{bmatrix} 1 \\ 2.149 \\ 3.313 \end{bmatrix}, \quad \boldsymbol{u}^{(2)} = \begin{bmatrix} 1 \\ 0.893 \\ -1.473 \end{bmatrix}, \quad \boldsymbol{u}^{(3)} = \begin{bmatrix} 1 \\ -1.042 \\ 0.410 \end{bmatrix}$$

三个主振型对应的振型图如图 4-8 所示。

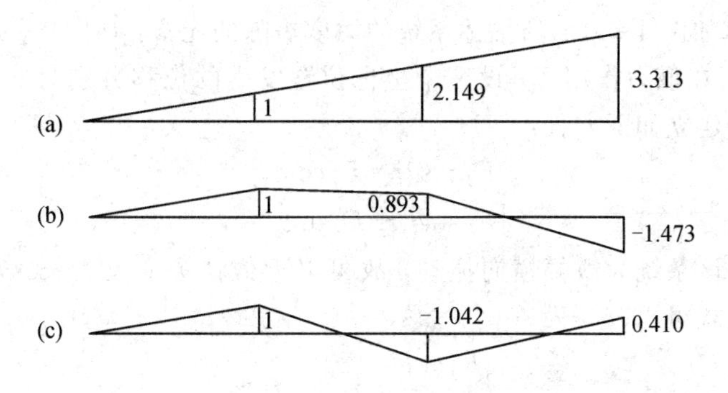

图 4-8　3 自由度质量块弹簧系统的 1 阶、2 阶、3 阶振型

2. 位移方程法

由方程(4-3)可以推出 n 自由度无阻尼系统自由振动时的位移方程为

$$\boldsymbol{x}=-\boldsymbol{AM}\ddot{\boldsymbol{x}} \tag{4-6}$$

设该方程的解为 $\boldsymbol{x}=\boldsymbol{u}\cos(\omega t+\varphi)$，代入方程(4-6)中，得到

$$(\boldsymbol{AM}-\lambda\boldsymbol{I})\boldsymbol{u}=0 \tag{4-7}$$

式中：$\omega^2=1/\lambda$。

令 $\boldsymbol{L}=\boldsymbol{AM}-\lambda\boldsymbol{I}$，$\boldsymbol{L}$ 即为该系统的特征矩阵，则特征方程为 $|\boldsymbol{L}|=0$，求解该方程可以得到系统的固有角频率，将固有角频率 ω_r 代回到 $\boldsymbol{L}$ 矩阵中，可求解得到特征向量 $\boldsymbol{u}_r=[u_1, u_2, \cdots, u_n]^{\mathrm{T}}$，将该向量除以 u_1，可得到一个归一化的特征向量，也就是该系统第 r 阶主振型。

例 4-5　如图 4-9 所示，一根张紧的钢丝上等距安装了 3 个质量均为 m 的小球，假设 3 个小球均在作微幅横向振动，试使用位移方程法求该系统横向振动的主振型。

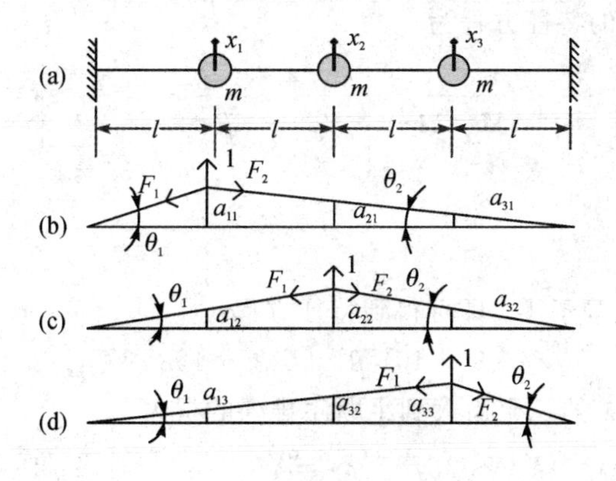

图 4-9　钢丝小球系统的动力学模型

解 首先计算如图 4－9(a)所描述系统的柔度矩阵的元素：如图 4－9(b)所示，令坐标 x_1 上作用单位力，在该力作用下，设三个坐标位置发生的位移分别为 a_{11}、a_{21}、a_{31}，根据静力平衡条件，可建立如下方程：

$$\begin{cases} F_1\cos\theta_1 = F_2\cos\theta_2 \\ F_1\sin\theta_1 + F_2\sin\theta_2 = 1 \end{cases}$$

由题意可知，该系统为微幅横向振动，故可以近似认为 $\cos\theta_1 = \cos\theta_2 \approx 1$，$\sin\theta_1 \approx \theta_1$，$\sin\theta_2 \approx \theta_2$，于是上式可以改写为

$$\begin{cases} F_1 = F_2 \\ F_1\dfrac{a_{11}}{l} + F_2\dfrac{a_{11}}{3l} = 1 \end{cases}$$

求解上式可得到

$$a_{11} = \frac{3l}{4F_1}，\quad a_{21} = \frac{2}{3}a_{11}，\quad a_{31} = \frac{1}{3}a_{11}$$

如图 4－9(c)、(d)所示，分别令坐标 x_2、x_3 上作用单位力，以相同的方法求出其他柔度矩阵元素，汇总后得到该系统的柔度矩阵：

$$\boldsymbol{A} = \frac{l}{4F_1}\begin{bmatrix} 3 & 2 & 1 \\ 2 & 4 & 2 \\ 1 & 2 & 3 \end{bmatrix}$$

再采用直接法，可以方便得到没有惯性耦合的质量矩阵：

$$\boldsymbol{M} = \begin{bmatrix} m & 0 & 0 \\ 0 & m & 0 \\ 0 & 0 & m \end{bmatrix}$$

则该系统自由振动的特征方程为

$$\boldsymbol{L} = \boldsymbol{AM} - \lambda\boldsymbol{I} = \begin{bmatrix} 3\beta-\lambda & 2\beta & \beta \\ 2\beta & 4\beta-\lambda & 2\beta \\ \beta & 2\beta & 3\beta-\lambda \end{bmatrix}$$

式中，$\beta = \dfrac{lm}{4F_1}$。

令矩阵 $\boldsymbol{L}$ 的行列式等于零，即可得到特征方程：

$$-\lambda^3 + 10\lambda^2\beta - 24\lambda\beta^2 + 16\beta^3 = 0$$

解上述方程，得到 λ 的三个由大到小顺序排列的根为

$$\lambda_1 = (4+2\sqrt{2})\beta，\quad \lambda_2 = 2\beta，\quad \lambda_3 = (4-2\sqrt{2})\beta$$

求矩阵 $\boldsymbol{L}$ 的伴随矩阵，并将求得的解 λ_1、λ_2、λ_3 代入伴随矩阵，取伴随矩阵任意一列，即可得到该系统的前 3 阶主振型：

$$\boldsymbol{u}^{(1)}=\begin{bmatrix}1\\\sqrt{2}\\1\end{bmatrix},\quad \boldsymbol{u}^{(2)}=\begin{bmatrix}1\\0\\-1\end{bmatrix},\quad \boldsymbol{u}^{(3)}=\begin{bmatrix}1\\-\sqrt{2}\\1\end{bmatrix}$$

通过主振型，可以画出该系统前 3 阶振型图，如图 4－10 所示。

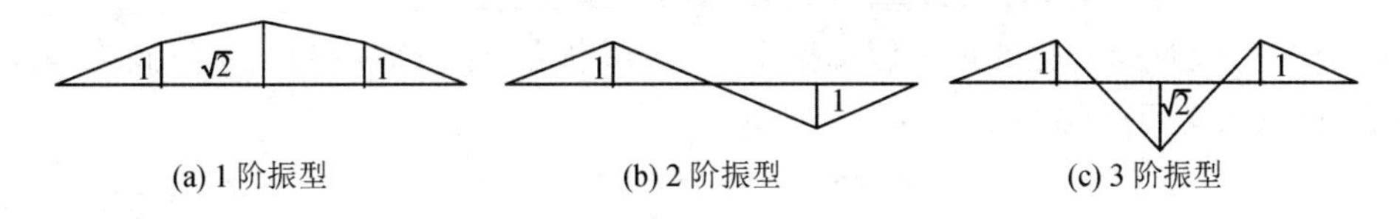

(a) 1 阶振型　(b) 2 阶振型　(c) 3 阶振型

图 4－10　钢丝小球系统前 3 阶振型

3. 矩阵迭代法

近年来，随着计算机技术的发展，一种近似的算法——矩阵迭代法被越来越多的人选用，下面就介绍这种算法。

由前文可知，n 自由度无阻尼系统的位移方程可表示为

$$\boldsymbol{AMu}^{(r)}=\lambda^{(r)}\boldsymbol{u}^{(r)}\quad r=1,2,\cdots,n \tag{4-8}$$

如令：

$$\boldsymbol{D}=\boldsymbol{AM} \tag{4-9}$$

定义矩阵 $\boldsymbol{D}$ 为动力矩阵。使用矩阵 $\boldsymbol{D}$ 反复左乘 n 自由度系统任意假想自由振动振型，进行迭代计算就可以求出该系统的 1 阶模态，即 1 阶固有角频率及其主振型。

1）用矩阵迭代法求 1 阶模态

由前文知识可知，一个 n 自由度系统的自由振动是其 n 个主振型的线性组合，即：

$$\boldsymbol{u}_0=C_1\boldsymbol{u}^{(1)}+C_2\boldsymbol{u}^{(2)}+\cdots+C_n\boldsymbol{u}^{(n)} \tag{4-10}$$

用动力矩阵 $\boldsymbol{D}$ 左乘方程(4－10)等号两端，得到

$$\boldsymbol{Du}_0=\boldsymbol{u}_1=C_1\boldsymbol{Du}^{(1)}+C_2\boldsymbol{Du}^{(2)}+\cdots+C_n\boldsymbol{Du}^{(n)}$$

由方程(4－8)可知，上式可以改写为

$$\boldsymbol{Du}_0=\boldsymbol{u}_1=\frac{1}{\omega_1^2}\left(C_1\boldsymbol{u}^{(1)}+\frac{\omega_1^2C_2\boldsymbol{u}^{(2)}}{\omega_2^2}+\cdots+\frac{\omega_1^2C_n\boldsymbol{u}^{(n)}}{\omega_n^2}\right)$$

由于 $\omega_1<\omega_2<\cdots<\omega_n$，所以上式括号内除 1 阶主振型外，其他主振型均不同程度缩小了，当我们使用动力矩阵 $\boldsymbol{D}$ 再次左乘上式后可得

$$\boldsymbol{DDu}_0=\boldsymbol{u}_2=\left(\frac{1}{\omega_1^2}\right)^2\left(C_1\boldsymbol{u}^{(1)}+\left(\frac{\omega_1^2}{\omega_2^2}\right)^2C_2\boldsymbol{u}^{(2)}+\cdots+\left(\frac{\omega_1^2}{\omega_n^2}\right)^2C_n\boldsymbol{u}^{(n)}\right)$$

可知，除 1 阶主振型外，括号内其他主振型所占比重进一步缩小了。因此，可以预见，随着左乘动力矩阵 $\boldsymbol{D}$ 次数的增加，必然会使 1 阶主振型占据绝对优势，并有如下性质：

$$\boldsymbol{u}_k \approx \left(\frac{1}{\omega_1^2}\right)^k C_1 \boldsymbol{u}^{(1)} \tag{4-11}$$

$$\left(\frac{1}{\omega_1^2}\right) \approx \frac{\boldsymbol{u}_k}{\boldsymbol{u}_{k-1}} \tag{4-12}$$

下面总结一下用矩阵迭代法计算1阶模态的具体步骤：

(1) 任选一经过归一化处理的假想振型 $\boldsymbol{u}_{(0)}$，用动力矩阵 $\boldsymbol{D}$ 左乘 $\boldsymbol{u}_{(0)}$，得到第一次迭代振型 $\boldsymbol{u}_1$，将该振型归一化处理后得到振型 $\boldsymbol{u}_{(1)}$，即

$$\boldsymbol{D}\boldsymbol{u}_{(0)} = \boldsymbol{u}_1 = \lambda_{(1)} \boldsymbol{u}_{(1)}$$

(2) 对比 $|\boldsymbol{u}_{(0)} - \boldsymbol{u}_{(1)}|$，如果不满足精度要求，则再以 $\boldsymbol{u}_{(1)}$ 为假想振型进行第二次迭代，得到第二次迭代振型 $\boldsymbol{u}_2$，将该振型归一化处理后得到振型 $\boldsymbol{u}_{(2)}$，即

$$\boldsymbol{D}\boldsymbol{u}_{(1)} = \boldsymbol{u}_2 = \lambda_{(2)} \boldsymbol{u}_{(2)}$$

(3) 对比 $|\boldsymbol{u}_{(2)} - \boldsymbol{u}_{(1)}|$，如果不满足精度要求，可继续多次重复第(2)步骤，即

$$\boldsymbol{D}\boldsymbol{u}_{(k-1)} = \boldsymbol{u}_k = \lambda_{(k)} \boldsymbol{u}_{(k)}$$

(4) 直至 $|\boldsymbol{u}_{(k)} - \boldsymbol{u}_{(k-1)}|$ 满足精度要求为止。此时 $\lambda(k) = 1/(\omega_1)^2$，而相应的 $\boldsymbol{u}_{(k)}$ 就是该多自由度系统的第1阶主振型 $\boldsymbol{u}^{(1)}$。

注意： 在上述矩阵迭代法中，$\boldsymbol{u}^{(i)}$ 代表振动系统的第 i 阶主振型；$\boldsymbol{u}_i$ 代表动力矩阵 $\boldsymbol{D}$ 左乘(任意)自由振动振型 u_0 的次数，即 $\boldsymbol{D}u_0 = u_1$，$\boldsymbol{D}u_i = u_{i+1}$；$\boldsymbol{u}_{(i)}$ 代表动力矩阵 $\boldsymbol{D}$ 左乘(任意)自由振动振型$(u_0)i$ 次后得到振型 $\boldsymbol{u}_i$，再将它归一化后得到 $\boldsymbol{u}_{(i)}$。

例 4-6 已知一个3自由度系统的质量矩阵和柔度矩阵，求其1阶模态。

$$\boldsymbol{M} = \begin{bmatrix} 1 & 0 & 0 \\ 0 & 1 & 0 \\ 0 & 0 & 1 \end{bmatrix}, \quad \boldsymbol{A} = \begin{bmatrix} 1 & 1 & 1 \\ 1 & 2 & 2 \\ 1 & 2 & 3 \end{bmatrix}$$

解 该系统的动力矩阵为

$$\boldsymbol{D} = \boldsymbol{A}\boldsymbol{M} = \begin{bmatrix} 1 & 1 & 1 \\ 1 & 2 & 2 \\ 1 & 2 & 3 \end{bmatrix}$$

设该系统假想1阶主振型为

$$\boldsymbol{u}_{(0)} = [1 \quad 1 \quad 1]^{\mathrm{T}}$$

进行第1次迭代计算：

$$\boldsymbol{D}\boldsymbol{u}_{(0)} = \boldsymbol{u}_1 = 3\boldsymbol{u}_{(1)} = 3[1 \quad 1.6667 \quad 2]^{\mathrm{T}}$$

进行第2次迭代计算：

$$\boldsymbol{D}\boldsymbol{u}_{(1)} = \boldsymbol{u}_2 = 4.6667\boldsymbol{u}_{(2)} = 4.6667[1 \quad 1.7857 \quad 2.2143]^{\mathrm{T}}$$

对比 $|\boldsymbol{u}_{(2)} - \boldsymbol{u}_{(1)}|$，发现误差较大，继续进行第3、4、5、6次迭代：

$$\boldsymbol{D}\boldsymbol{u}_{(2)} = 5\boldsymbol{u}_{(3)} = 5[1 \quad 1.8 \quad 2.2428]^{\mathrm{T}}$$

$$Du_{(3)}=5.0428u_{(4)}=5.0428[1\quad 1.8\quad 2.2465]^{\mathrm{T}}$$

$$Du_{(4)}=5.0488u_{(5)}=5.0488[1\quad 1.8019\quad 2.2470]^{\mathrm{T}}$$

$$Du_{(5)}=5.0489u_{(6)}=5.0489[1\quad 1.8019\quad 2.2470]^{\mathrm{T}}$$

由于$|u_{(6)}-u_{(5)}|=0$，可知该系统 1 阶固有角频率为

$$\frac{1}{\omega_1^2}=5.0489\Rightarrow\omega_1=0.445$$

1 阶主振型为

$$u^{(1)}=[1\quad 1.8019\quad 2.2470]^{\mathrm{T}}$$

2) 用矩阵迭代法求高阶模态

在使用矩阵迭代法求高阶模态时，需要在假想振型中消去低阶主振型。

仍用动力矩阵 $\boldsymbol{D}$ 左乘方程(4－8)等号两端，整理后得到

$$Du_0=u_1=\left(\frac{C_1u^{(1)}}{\omega_1^2}+\frac{C_2u^{(2)}}{\omega_2^2}+\cdots+\frac{C_nu^{(n)}}{\omega_n^2}\right)$$

从 Du_0 中清除 $u^{(1)}$ 成分：

$$Du_0-\frac{C_1u^{(1)}}{\omega_1^2} \tag{4-13}$$

使用$(u^{(1)})^{\mathrm{T}}M$ 左乘方程(4－8)等号两端，并利用模态向量的正交性，可得

$$C_1=\frac{(u^{(1)})^{\mathrm{T}}Mu_0}{M_1}$$

将上式代入式(4－13)，得到

$$Du_0-\frac{C_1u^{(1)}}{\omega_1^2}=\left(D-\frac{u^{(1)}(u^{(1)})^{\mathrm{T}}M}{M_1\omega_1^2}\right)u_0=D^*u_0 \tag{4-14}$$

$$D^*=D-\frac{u^{(1)}(u^{(1)})^{\mathrm{T}}M}{M_1\omega_1^2} \tag{4-15}$$

方程(4－14)中矩阵 D^* 即为已清除 1 阶主振型的新动力矩阵。用该矩阵左乘假想的第 2 阶主振型进行迭代计算，就可以得到第 2 阶固有角频率及 2 阶主振型。

使用相同的方法，可以得到清除了前 p 阶主振型的动力矩阵为

$$D^*=D-\sum_{i=1}^{p}\frac{u^{(i)}(u^{(i)})^{\mathrm{T}}M}{M_i\omega_i^2} \tag{4-16}$$

例 4－7　求例 4－6 中 3 自由度系统的第 2、3 阶模态。

解　(1) 求该系统的第 2 阶模态：

已经求出的系统 1 阶固有角频率及主振型分别为

$$\omega_1=0.445\ \mathrm{rad/s},\ u^{(1)}=[1\quad 1.8019\quad 2.2470]^{\mathrm{T}}$$

计算出 1 阶模态质量 M_1 及清除了 1 阶主振型的新动力矩阵分别为

$$M_1=(\boldsymbol{u}^{(1)})^{\mathrm{T}}\boldsymbol{M}\boldsymbol{u}^{(1)}=9.2959$$

$$\boldsymbol{D}^*=\begin{bmatrix}0.4567 & 0.0210 & -00.2208\\ 0.0210 & 0.2360 & -0.1998\\ -0.2208 & -0.1998 & 0.2568\end{bmatrix}$$

此处设该系统的2阶假想主振型为

$$\boldsymbol{u}_{(0)}=[1\quad 1\quad 1]^{\mathrm{T}}$$

经过第17次迭代计算后，$|\boldsymbol{u}_{(17)}-\boldsymbol{u}_{(16)}|=0$，可知该系统的第2阶固有角频率为

$$\omega_2=1.2470$$

第2阶主振型为

$$\boldsymbol{u}^{(2)}=[1\quad 0.4451\quad -0.8019]^{\mathrm{T}}$$

(2) 求该系统的第3阶模态：

分别计算2阶模态质量及新动力矩阵为

$$M_2=(\boldsymbol{u}^{(2)})^{\mathrm{T}}\boldsymbol{M}\boldsymbol{u}^{(2)}=1.8412$$

$$\boldsymbol{D}^*=\boldsymbol{D}-\sum_{i=1}^{2}\frac{\boldsymbol{u}^{(i)}(\boldsymbol{u}^{(i)})^{\mathrm{T}}\boldsymbol{M}}{M_i\omega_i^2}=\begin{bmatrix}0.1074 & -0.1345 & 0.0593\\ -0.1345 & 0.1668 & -0.0751\\ 0.0593 & -0.0751 & 0.0322\end{bmatrix}$$

经过第4次迭代计算后，$|\boldsymbol{u}_{(4)}-\boldsymbol{u}_{(3)}|=0$，可知该系统的第3阶固有角频率为

$$\omega_3=1.8019$$

第3阶主振型为

$$\boldsymbol{u}^{(3)}=[1\quad -1.2472\quad 0.5547]^{\mathrm{T}}$$

4.2.2 模态向量的正交性与正则化

1. 模态向量的正交性

由前文知识可知，n 自由度无阻尼系统的第 r 阶模态应满足如下方程：

$$\boldsymbol{K}\boldsymbol{u}^{(r)}=\omega_r^2\boldsymbol{M}\boldsymbol{u}^{(r)} \tag{4-17}$$

将方程(4-17)两边转置后，右乘 $\boldsymbol{u}^{(s)}$ 得

$$\boldsymbol{u}^{(r)\mathrm{T}}\boldsymbol{K}\boldsymbol{u}^{(s)}=\omega_r^2\boldsymbol{u}^{(r)\mathrm{T}}\boldsymbol{M}\boldsymbol{u}^{(s)}\quad r,\ s=1,\ 2,\ \cdots,\ n \tag{4-18}$$

同上，第 s 阶模态满足如下方程：

$$\boldsymbol{K}\boldsymbol{u}^{(s)}=\omega_s^2\boldsymbol{M}\boldsymbol{u}^{(s)} \tag{4-19}$$

在方程(4-19)等号两边左乘 $\boldsymbol{u}^{(r)\mathrm{T}}$ 得

$$\boldsymbol{u}^{(r)\mathrm{T}}\boldsymbol{K}\boldsymbol{u}^{(s)}=\omega_s^2\boldsymbol{u}^{(r)\mathrm{T}}\boldsymbol{M}\boldsymbol{u}^{(s)}\quad r,\ s=1,\ 2,\ \cdots,\ n \tag{4-20}$$

将方程(4-20)与方程(4-18)两式相减，当 $r\neq s$ 时，可推导出：

$$\boldsymbol{u}^{(r)\mathrm{T}}\boldsymbol{K}\boldsymbol{u}^{(s)}=0\quad r,\ s=1,\ 2,\ \cdots,\ n \tag{4-21}$$

$$\boldsymbol{u}^{(r)\mathrm{T}}\boldsymbol{M}\boldsymbol{u}^{(s)}=0 \quad r,\ s=1,\ 2,\ \cdots,\ n \tag{4-22}$$

方程(4-21)与方程(4-22)分别表示模态向量对于质量矩阵和刚度矩阵的正交性。

如果空间位移矢量 $\boldsymbol{r}$ 和力矢量 $\boldsymbol{f}$ 正交，表示力对位移所做的功为零。模态向量对于质量矩阵与刚度矩阵正交性的物理含义是，第 r 阶惯性力或弹性力对 s 阶振型做功之和为零。

由于质量矩阵 $\boldsymbol{M}$、刚度矩阵 $\boldsymbol{K}$ 是正定的，可知

$$\boldsymbol{u}^{(r)\mathrm{T}}\boldsymbol{K}\boldsymbol{u}^{(r)}=K_r \quad r=1,\ 2,\ \cdots,\ n \tag{4-23}$$

$$\boldsymbol{u}^{(r)\mathrm{T}}\boldsymbol{M}\boldsymbol{u}^{(r)}=M_r \quad r=1,\ 2,\ \cdots,\ n \tag{4-24}$$

方程(4-23)与方程(4-24)中的 K_r 与 M_r 为一个正实数，分别称其为第 r 阶模态刚度与模态质量。第 r 阶固有角频率的平方值等于 K_r 除以 M_r，即：

$$\omega_r^2=\frac{K_r}{M_r} \quad r=1,\ 2,\ \cdots,\ n \tag{4-25}$$

2. 模态向量的正则化

如果 $\boldsymbol{u}^{(r)}$ 是第 r 阶固有角频率 ω_r 对应的模态向量，那么任意常数与 $\boldsymbol{u}^{(r)}$ 的乘积也一定是该阶固有角频率对应的模态向量，换句话说，模态向量的长度是不确定的，它只能表示各个坐标点振幅的相对比值关系。模态向量的正则化是指将模态向量 $\boldsymbol{u}^{(r)}$ 除以对应的 r 阶模态质量的平方根，从而将模态向量的长度固定化。用公式表示如下：

$$\tilde{u}^{(r)}=\frac{1}{\sqrt{M_r}}u^{(r)} \quad r=1,\ 2,\ 3,\ \cdots,\ n \tag{4-26}$$

则正则化以后的模态向量具有以下性质：

$$\tilde{\boldsymbol{u}}^{(r)\mathrm{T}}\boldsymbol{M}\tilde{\boldsymbol{u}}^{(r)}=1 \quad r=1,\ 2,\ 3,\ \cdots,\ n \tag{4-27}$$

$$\tilde{\boldsymbol{u}}^{(r)\mathrm{T}}\boldsymbol{K}\tilde{\boldsymbol{u}}^{(r)}=\omega_r^2 \quad r=1,\ 2,\ 3,\ \cdots,\ n \tag{4-28}$$

将 n 个经过正则化后的模态向量按对应的固有角频率从小到大顺序排成一行，所形成的 $n\times n$ 阶矩阵，称为模态矩阵：

$$\boldsymbol{U}=[\tilde{\boldsymbol{u}}^{(1)},\ \tilde{\boldsymbol{u}}^{(2)},\ \cdots,\ \tilde{\boldsymbol{u}}^{(n)}] \tag{4-29}$$

模态矩阵具有如下性质：

$$\begin{cases}\boldsymbol{U}^{\mathrm{T}}\boldsymbol{M}\boldsymbol{U}=\boldsymbol{I}\\ \boldsymbol{U}^{\mathrm{T}}\boldsymbol{K}\boldsymbol{U}=\mathrm{diag}(\omega_1^2,\ \omega_2^2,\ \cdots,\ \omega_n^2)\\ \boldsymbol{U}^{\mathrm{T}}\boldsymbol{C}\boldsymbol{U}=\mathrm{diag}(2\xi_1\omega_1,\ 2\xi_2\omega_2,\ \cdots,\ 2\xi_n\omega_n)\end{cases} \tag{4-30}$$

式中：$\boldsymbol{I}$ 为单位矩阵；$\mathrm{diag}(2\xi_1\omega_1,\ 2\xi_2\omega_2,\ \cdots,\ 2\xi_n\omega_n)$、$\mathrm{diag}(\omega_1^2,\ \omega_2^2,\ \cdots,\ \omega_n^2)$ 为对角矩阵。

4.3 求解多自由度系统的强迫振动

求解多自由度系统的强迫振动，就是求解方程(4-1)的响应，我们可以先假设该方程

的解，并将其代入方程(4-1)中，借助计算机进行矩阵运算求解。该方法原理简单明了，但当系统自由度 n 比较大时，计算量太大。此处重点介绍另外两种计算效率较高的近似算法。

4.3.1 模态分析法

对于 n 自由度的线性系统，设其运动微分方程为

$$\boldsymbol{M}\ddot{\boldsymbol{x}}+\boldsymbol{C}\dot{\boldsymbol{x}}+\boldsymbol{K}\boldsymbol{x}=\boldsymbol{F} \tag{4-31}$$

设 $\boldsymbol{M}$、$\boldsymbol{C}$、$\boldsymbol{K}$ 均为实对称正定矩阵，且为黏性较小的阻尼系统。当 n 数值不是很大的时候，我们常采用模态分析的方法对其进行求解。模态分析的基本原理是：通过坐标变换，用广义坐标替代物理坐标，从而使运动微分方程解耦，使原本耦合在一起的方程组变成 n 个相互对立的微分方程，再采用类似单自由度系统的方式进行求解。

引入线性坐标变换：

$$\boldsymbol{x}=\boldsymbol{U}\boldsymbol{q}(t) \tag{4-32}$$

式中：$\boldsymbol{U}$ 为常数模态矩阵。

故有：

$$\dot{\boldsymbol{x}}=\boldsymbol{U}\dot{\boldsymbol{q}}(t)\,,\quad \ddot{\boldsymbol{x}}=\boldsymbol{U}\ddot{\boldsymbol{q}}(t) \tag{4-33}$$

将方程(4-32)及方程(4-33)代入方程(4-31)，并左乘 $\boldsymbol{U}^{\mathrm{T}}$ 后可得到

$$\ddot{\boldsymbol{q}}+\mathrm{diag}(2\xi_1\omega_1,\ 2\xi_2\omega_2,\ \cdots,\ 2\xi_n\omega_n)\dot{\boldsymbol{q}}+\mathrm{diag}(\omega_1^2,\ \omega_2^2,\ \cdots,\ \omega_n^2)\boldsymbol{q}=\boldsymbol{N} \tag{4-34}$$

式中：$\boldsymbol{N}=\boldsymbol{U}^{\mathrm{T}}\boldsymbol{F}$ 为广义坐标 $\boldsymbol{q}$ 下的广义力向量。

经过坐标变换，方程(4-34)可以分开写成 n 个相互独立的运动微分方程组：

$$\ddot{q}_r+2\xi_r\omega_r\dot{q}_r+\omega_r^2q_r=N_r\quad r=1,\ 2,\ 3\cdots,\ n \tag{4-35}$$

求解 n 个类似单自由度系统的运动方程，得到广义坐标下的响应，再根据方程(4-32)进行坐标逆变换，即可求出原物理坐标系下的响应。

例 4-8 利用模态分析法，求下面 2 自由度系统运动微分方程的响应。

$$\begin{bmatrix}2 & 0\\0 & 2.5\end{bmatrix}\begin{bmatrix}\ddot{x}_1\\\ddot{x}_2\end{bmatrix}+\begin{bmatrix}15 & -15\\-15 & 22.5\end{bmatrix}\begin{bmatrix}x_1\\x_2\end{bmatrix}=\begin{bmatrix}50\cos\omega t\\0\end{bmatrix}$$

解 先求自由振动系统的固有角频率及主振型，设方程的解为

$$\begin{bmatrix}x_1\\x_2\end{bmatrix}=\begin{bmatrix}u_1\\u_2\end{bmatrix}C\cos(\omega t+\varphi)$$

将其代入自由振动方程，整理后可得到

$$\begin{bmatrix}15-2\omega^2 & -15\\-15 & 22.5-2.5\omega^2\end{bmatrix}\begin{bmatrix}u_1\\u_2\end{bmatrix}=\begin{bmatrix}0\\0\end{bmatrix}$$

由线性代数知识可知，上式中 u_1、u_2 有非零解的充要条件是：

$$(2.5\omega^2-22.5)(2\omega^2-15)-15^2=0$$

解得 1、2 阶固有角频率值为

$$\omega_1=1.2247\ \mathrm{rad/s},\ \omega_2=3.873\ \mathrm{rad/s}$$

将固有角频率代入特征矩阵中，通过求其逆矩阵得到 1、2 阶主振型为

$$\boldsymbol{u}^{(1)}=\begin{bmatrix}1\\0.8\end{bmatrix}$$

$$\boldsymbol{u}^{(2)}=\begin{bmatrix}1\\-1\end{bmatrix}$$

由 1、2 阶主振型及系统的质量矩阵，得到 1、2 阶模态质量为

$$M^{(1)}=3.6$$

$$M^{(2)}=4.5$$

用模态质量的平方根正则化 1、2 阶主振型，得到模态矩阵如下：

$$\boldsymbol{U}=\begin{bmatrix}0.5270 & 0.4714\\0.4216 & -0.4714\end{bmatrix}$$

利用

$$\boldsymbol{x}=\boldsymbol{U}\boldsymbol{q}(t)$$

将上式代入 2 自由度系统的运动微分方程中，并左乘 $\boldsymbol{U}^{\mathrm{T}}$ 矩阵后得到：

$$\begin{bmatrix}\ddot{q}_1\\\ddot{q}_2\end{bmatrix}+\begin{bmatrix}\omega_1^2 q_1\\\omega_2^2 q_2\end{bmatrix}=\begin{bmatrix}263.5\cos\omega t\\235.7\cos\omega t\end{bmatrix}$$

上述两个方程完全解耦，可以按单自由度系统单独进行求解：

$$q_1=\frac{263.5}{\omega_1^2-\omega^2}\cos\omega_1 t$$

$$q_2=\frac{235.7}{\omega_2^2-\omega^2}\cos\omega_2 t$$

再将广义坐标换成物理坐标：

$$\begin{bmatrix}x_1\\x_2\end{bmatrix}=\begin{bmatrix}0.5270 & 0.4714\\0.4216 & -0.4714\end{bmatrix}\begin{bmatrix}\dfrac{263.5}{\omega_1^2-\omega^2}\cos\omega_1 t\\\dfrac{235.7}{\omega_2^2-\omega^2}\cos\omega_2 t\end{bmatrix}$$

4.3.2　振型截断法

当自由度很多时，使用模态分析法运算会比较繁杂。其实在很多情况下，高阶振动对振动体的总体振幅贡献很小，可以略去不计。求解时，可仅考虑少数几个低阶分量，这种方

法称为振型截断法。

例如，一座50层高楼房，具有50个自由度，则运动方程中的质量矩阵、刚度矩阵均为50×50阶矩阵，计算量非常大。按经验可知，4阶以上振型对实际振幅的影响很小，各层位移x均可近似由前3阶主振动叠加而成，即

$$\begin{bmatrix} x_1 \\ x_2 \\ \vdots \\ x_n \end{bmatrix} = \begin{bmatrix} \tilde{\boldsymbol{u}}^{(1)} & \tilde{\boldsymbol{u}}^{(2)} & \tilde{\boldsymbol{u}}^{(3)} \end{bmatrix} \begin{bmatrix} q_1 \\ q_2 \\ q_3 \end{bmatrix} \tag{4-36}$$

方程(4-36)将原50个自由度方程简化为3个自由度，求得q_1、q_2、q_3后，再代入方程(4-36)，求得原物理坐标，即可得到楼房振动时的近似解。

习　题

4-1　使用直接求解法，求题4-1图所示系统的刚度矩阵及质量矩阵。

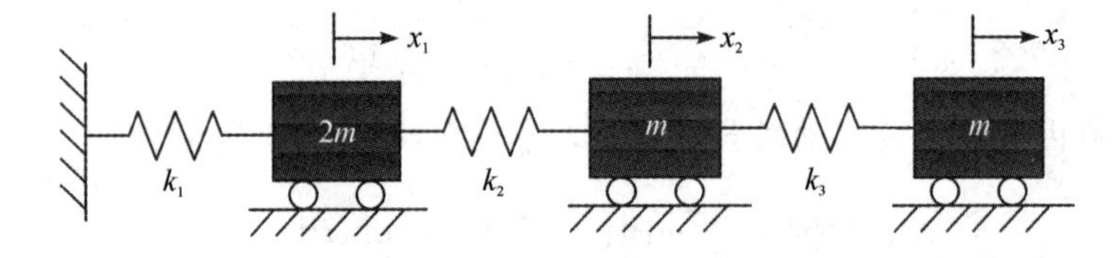

题4-1图

4-2　使用刚度矩阵的直接求解法，忽略AB和CB段轴向刚度的影响，以节点B处的$[x, y, \theta]$为系统的广义坐标，求题4-2图所示系统的刚度矩阵。

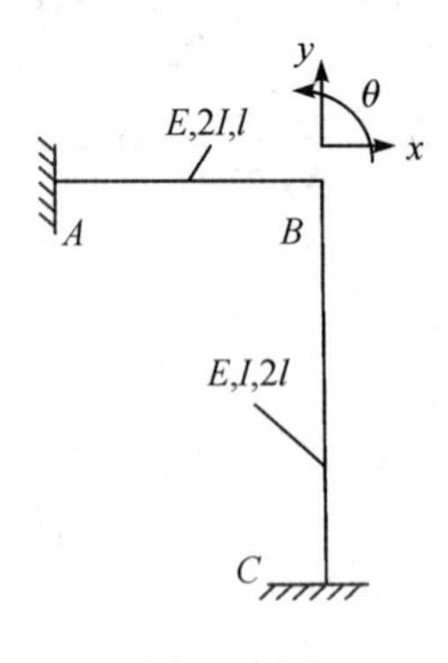

题4-2图

4-3　假定梁的等截面抗弯刚度为EI，不考虑梁重量的影响，试以x_1、x_2、x_3为广义坐标，求题4-3图所示系统的柔度矩阵。

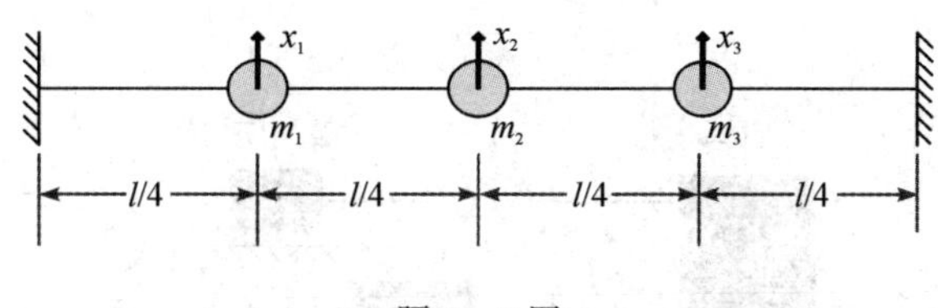

题 4-3 图

4-4　题 4-4 图所示为三质量盘扭转振动系统，G、I、l 分别表示轴的切变模量、截面极惯性矩、长度。试以 θ_1、θ_2、θ_3 为广义坐标，建立该系统扭转自由振动的运动微分方程。

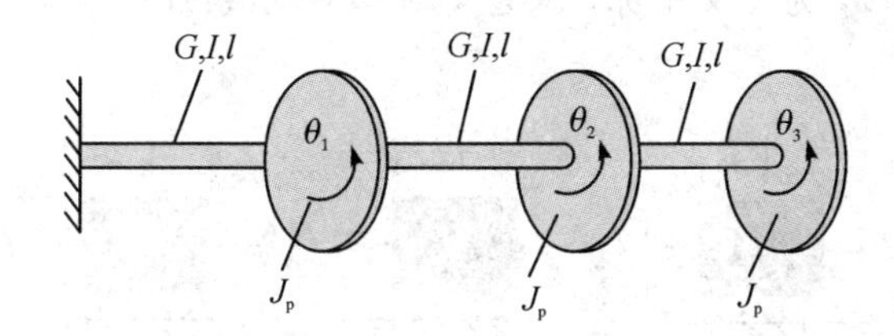

题 4-4 图

4-5　一振动系统的质量矩阵为 $\boldsymbol{m}=\begin{bmatrix}1&0&0\\0&2&0\\0&0&1\end{bmatrix}$，3 个特征向量分别为 $\begin{bmatrix}1\\-1\\1\end{bmatrix}$，$\begin{bmatrix}1\\1\\1\end{bmatrix}$，$\begin{bmatrix}0\\1\\2\end{bmatrix}$，求该系统的模态矩阵 $\boldsymbol{U}$。

4-6　在题 4-6 图所示 3 自由度自由振动系统中，取 $l_1=l_2=l_3=l$，$m_1=m_2=m_3=m$，试以 θ_1、θ_2、θ_3 为广义坐标，建立该系统自由振动的运动微分方程。

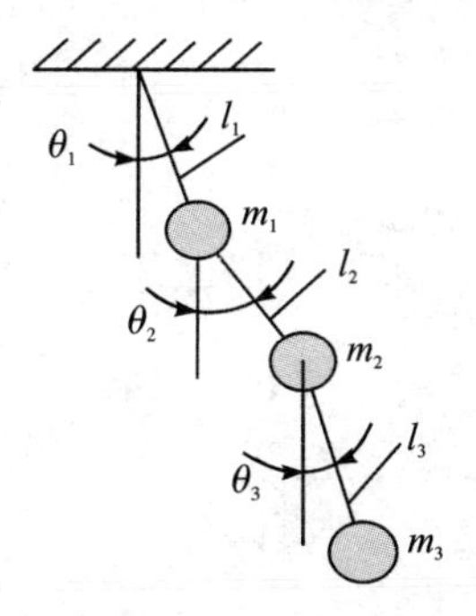

题 4-6 图

4-7　以 x_1、x_2、x_3 为广义坐标，建立题 4-7 图所示 3 自由度质量块弹簧系统的柔度矩阵和刚度矩阵。

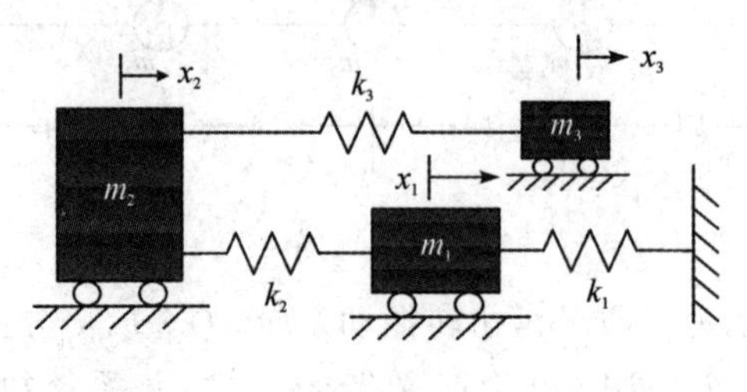

题 4-7 图

4-8　以 x_1、x_2、x_3 为广义坐标，求题 4-8 图所示系统自由振动时的固有角频率、主振型及振型图。

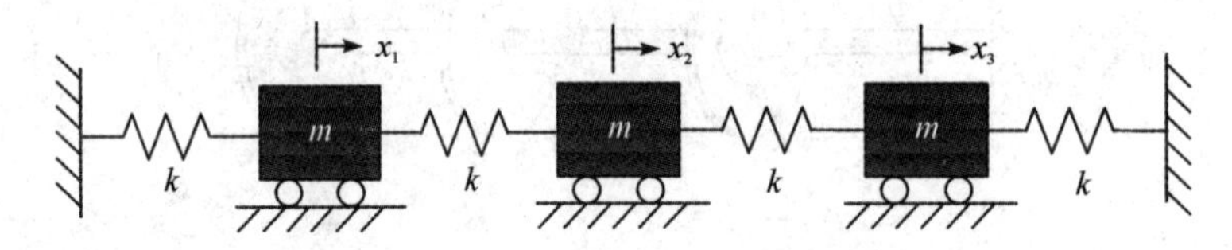

题 4-8 图

4-9　已知某 3 自由度系统的质量矩阵 $\boldsymbol{M}$、柔度矩阵 $\boldsymbol{A}$ 分别为

$$\boldsymbol{M}=\begin{bmatrix}2m & 0 & 0\\0 & 1.5m & 0\\0 & 0 & m\end{bmatrix},\quad \boldsymbol{A}=\frac{1}{6k}\begin{bmatrix}2 & 2 & 5\\2 & 5 & 5\\2 & 5 & 11\end{bmatrix}$$

试使用矩阵迭代法求该系统前 3 阶固有角频率及对应的主振型。

第 5 章　连续体的振动

5.1　等直杆的扭转振动

如图 5-1 所示，以本书第 1 章等直杆扭转自由振动为研究对象，设该等直杆材料是均匀连续的。在振动过程中，各点应力都在比例极限内，完全服从虎克定律。在只发生微幅振动的情况下，其运动微分方程可以表示为

$$\frac{\partial^2 \theta}{\partial t^2}=a^2\frac{\partial^2 \theta}{\partial z^2} \tag{5-1}$$

式中：$a^2=G/\rho$，G 为材料的剪切弹性模量，ρ 为材料的密度。

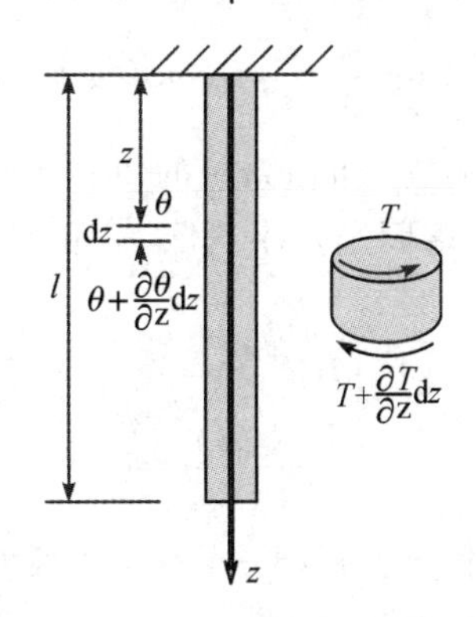

图 5-1　等直杆扭转振动的动力学模型

为了求解方程(5-1)，需要假设一个解的形式。由前文知识可知，2 自由度以上系统的自由振动，都是由系统各阶主振动叠加而来的。当系统作主振动时，它具有一定的、与时间无关的振型，只不过振动位移随时间而变化。基于此，使用分离变量法对该方程进行求解。设方程的解为

$$\theta(z,t)=\Theta(z)T(t) \tag{5-2}$$

式中：$\Theta(z)$为振型，它只是 z 的函数；$T(t)$为仅与时间有关的函数。

将方程(5-2)代入方程(5-1)中，整理后得到

$$\frac{1}{T(t)}\frac{\mathrm{d}^2T(t)}{\mathrm{d}t^2}=\frac{a^2}{\Theta(z)}\frac{\mathrm{d}^2\Theta(z)}{\mathrm{d}z^2} \tag{5-3}$$

由于方程(5-3)左边仅与时间 t 有关，方程右边又只与坐标 z 有关，那么，要保持上式成立，方程左、右两边必须等于同一个常数。设此常数为 ω_n^2，于是便得到两个 2 阶常微分方程：

$$\begin{cases}\dfrac{\mathrm{d}^2T(t)}{\mathrm{d}t^2}+\omega_n^2T(t)=0\\[2ex]\dfrac{\mathrm{d}^2\Theta(z)}{\mathrm{d}z^2}+\dfrac{\omega_n^2}{a^2}\Theta(z)=0\end{cases} \tag{5-4}$$

方程(5-4)与单自由度自由振动方程在形式上完全一致，且 ω_n 恰为系统的固有角频率，求解方程(5-4)，可得

$$\begin{cases}T(t)=C\sin(\omega_nt+\varphi)\\[1ex]\Theta(z)=A_1\sin\dfrac{\omega_n}{a}z+B_1\cos\dfrac{\omega_n}{a}z\end{cases} \tag{5-5}$$

将方程(5-5)代入方程(5-2)，可得到等直杆扭转振动的解为

$$\theta(z,t)=\left(A\sin\frac{\omega_n}{a}z+B\cos\frac{\omega_n}{a}z\right)\sin(\omega_nt+\varphi) \tag{5-6}$$

式中：A、B、ω_n、φ 为四个待定常数，可由系统的边界条件和初始条件求得。

对于如图 5-1 所示等直杆一端固定，另一端自由的情形，其边界条件为：当 $z=0$ 时，转角为 0；当 $z=l$ 时，扭矩为 0，即

$$\begin{cases}\theta(0,t)=0\\[1ex]\dfrac{\mathrm{d}\theta(l,t)}{\mathrm{d}z}=0\end{cases} \tag{5-7}$$

将式(5-7)描述的边界条件代入方程(5-6)中，若要 θ 有非零解，则只能有

$$B=0 \text{ 且 } \cos\frac{\omega_{ni}}{a}l=0$$

求解可得

$$\omega_{ni}=\frac{(2i-1)\pi}{2l}\sqrt{\frac{G}{\rho}}\quad i=1,2,3,\cdots \tag{5-8}$$

式中：对应每一个 i 就有一个自然角频率，因此就会有无限多个固有角频率，也就意味着有无穷多个主振动。

$$\theta_i(z,t)=A_i\sin\left(\frac{\omega_{ni}}{a}z\right)\sin(\omega_{ni}t+\varphi_i)\quad i=1,2,3,\cdots \tag{5-9}$$

式中：只有 A_i 及 φ_i 为待定常数，其值取决于振动的初始条件。

等直杆的自由扭转振动可以看作无穷多主振动的叠加，即

$$\theta(z, t)=\sum_{i=1}^{\infty} A_i \sin\left(\frac{\omega_{ni}}{a} z\right) \sin(\omega_{ni} t+\varphi_i) \tag{5-10}$$

式中：前半部分为振动的形态，常被称为振型函数。

以如图 5－1 所示等直杆为分析对象，可知该系统的振型函数为

$$\Theta_i(z)=A_i \sin \frac{(2n-1)\pi}{2l} z \tag{5-11}$$

以 $\Theta_i(z)$ 为横坐标，z 为纵坐标，画出等直杆扭转振动的前 3 阶主振型，如图 5－2 所示。

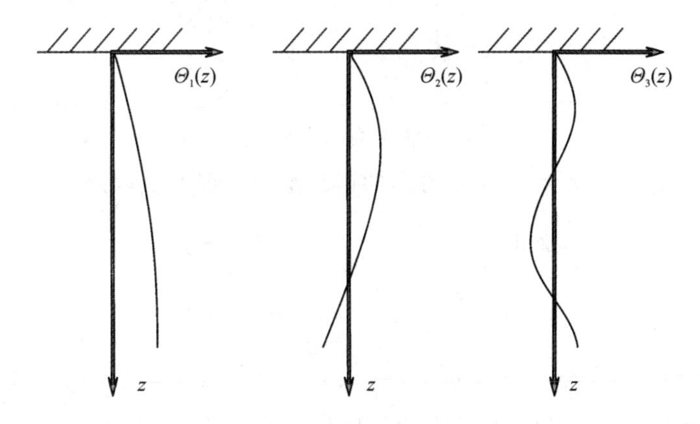

图 5－2　等直杆扭转振动前 3 阶主振型

由图 5－2 可以看出，在阶数 n 大于 1 之后，振型曲线在确定的位置上会与其静平衡位置轴线相交，在交点位置上杆的转角恒为 0。这种现象表明在主振动过程中，转角为 0 的截面永远保持相对静止，这些交点被称为节点，节点的数量 K 与主振动阶数存在如下关系：

$$K=n-1 \tag{5-12}$$

该关系式常用于判断主振动的阶数。

5.2　等直杆的横向振动

对于形状细长的等直杆，其横向变形形式是弯曲变形，故横向振动又称为弯曲振动。选定如图 5－3 所示的 yOz 平面，研究等直杆在该平面内的振动。设杆振动时，其横截面的中心主轴始终保持在该平面内，且满足材料力学中的平面假设，忽略剪切变形的影响。另外，由于截面绕中性轴的转动比横向振动要小得多，故分析时也忽略不计。于是等直杆上各点的运动可简化成只用轴线的横向位移就可以描述，即 $y(z, t)$。同等直杆扭转振动一样，它也是截面位置 z 和时间 t 的二元函数。

设等直杆的密度为 ρ，截面抗弯刚度为 EI，横截面积为 A。另外，设等直杆上还作用有单位长度分布力 $q(z, t)$。在 z 处取微段 $\mathrm{d}z$，如图 5－3 所示，在 $\mathrm{d}z$ 上截面上作用有弯矩 M 和剪力 Q；在 $\mathrm{d}z$ 下截面上作用有弯矩 $M+(\partial M/\partial z)\mathrm{d}z$ 和剪力 $Q+(\partial Q/\partial z)\mathrm{d}z$。

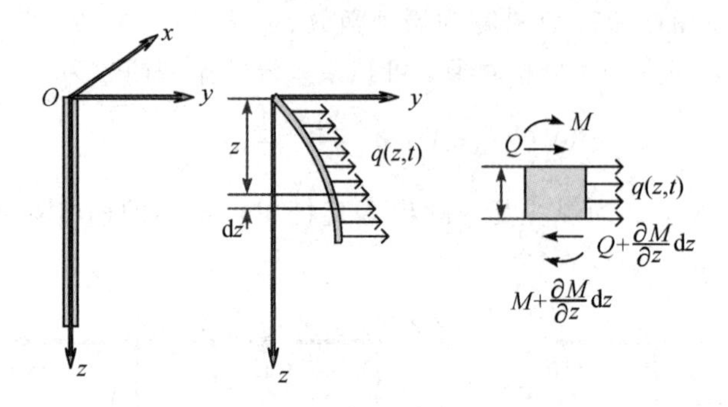

图 5－3　等直杆横向振动受力分析

根据牛顿运动定律，微段 $\mathrm{d}z$ 在 y 方向的运动微分方程可表示为

$$\rho A\,\mathrm{d}z\,\frac{\partial^2 y}{\partial t^2}=Q-\left(Q+\frac{\partial Q}{\partial z}\mathrm{d}z\right)+q\,\mathrm{d}z$$

整理后得到

$$\rho A\,\frac{\partial^2 y}{\partial t^2}+\frac{\partial Q}{\partial z}=q \tag{5-13}$$

由于忽略截面转动，即微段 $\mathrm{d}z$ 无转动，故可得力矩平衡方程为

$$M+\frac{\partial M}{\partial z}\mathrm{d}z-M-Q\mathrm{d}z=0$$

上式略去了 q 引起的高阶微量，经简化后得

$$Q=\frac{\partial M}{\partial z} \tag{5-14}$$

根据材料力学中弯矩与挠度的关系式：

$$M=EI\,\frac{\partial^2 y}{\partial z^2} \tag{5-15}$$

将方程(5－14)和方程(5－15)代入方程(5－13)中，得到

$$\frac{\partial^2}{\partial z^2}\left[EI\,\frac{\partial^2 y}{\partial z^2}\right]+\rho A\,\frac{\partial^2 y}{\partial t^2}=q \tag{5-16}$$

若等直杆无外加干扰力 q，则其自由振动偏微分方程为

$$\frac{\partial^4 y}{\partial z^4}+\frac{\rho A}{EI}\,\frac{\partial^2 y}{\partial t^2}=0 \tag{5-17}$$

同扭转振动一样，根据系统的振动是由各阶主振动叠加而来，且振型与时间 t 无关的

性质，则方程(5 - 17)的解可设为

$$y(z,\ t)=Y(z)T(t) \tag{5-18}$$

在对扭转振动进行分析时，已经得到了 $T(t)$是时间的简谐函数的结论。因此，此处可以把解直接写成如下形式：

$$y(z,\ t)=Y(z)\sin(\omega_{\mathrm{n}}t+\varphi) \tag{5-19}$$

将方程(5 - 19)代入方程(5 - 17)，整理后得

$$\frac{\partial^4 Y(z)}{\partial z^4}-k^4Y(z)=0 \tag{5-20}$$

式中：$k^4=\omega_{\mathrm{n}}^2\dfrac{\rho A}{EI}$。

设方程的解为

$$Y(z)=\mathrm{e}^{sz}$$

代入方程(5 - 20)，整理后得到特征方程为

$$s^4-k^4=0$$

它的四个特征根为

$$s_{1,2}=\pm k,\quad s_{3,4}=\pm \mathrm{i}k$$

因此，方程(5 - 20)的通解可描述为

$$Y(z)=A\sin kz+B\cos kz+C\sinh kz+D\cosh kz \tag{5-21}$$

将方程(5 - 21)代入方程(5 - 19)，即可得到等直杆横向振动的一般解为

$$y(z,\ t)=(A\sin kz+B\cos kz+C\sinh kz+D\cosh kz)\sin(\omega_{\mathrm{n}}t+\varphi) \tag{5-22}$$

式中：共有 A、B、C、D、ω_{n}、φ 六个未知常数。恰好可由等直杆四个端点边界条件和两个振动的初始条件来确定。

仍以等直杆上端完全固定、下端为自由悬臂为例，来说明如何求解等直杆的固有角频率和主振型。由边界条件，$z=0$ 时，挠度、转角为 0；$z=l$ 时，弯矩、剪力等于 0，可知：

$$z=0\ \text{时},\ Y(0)=0,\ Y'(0)=0$$

$$z=l\ \text{时},\ Y''(0)=0,\ Y'''(0)=0$$

将边界条件代入方程(5 - 21)，得

$$\begin{cases}B+D=0\\A+C=0\\(\sin kl+\sinh kl)C+(\cos kl+\cosh kl)D=0\\(\cos kl+\cosh kl)C-(\sin kl-\sinh kl)D=0\end{cases} \tag{5-23}$$

C、D 有非零解的充要条件是下式的系数行列式等于零，即

$$\begin{vmatrix}\sin kl+\sinh kl & \cos kl+\cosh kl\\ \cos kl+\cosh kl & -\sin kl+\sinh kl\end{vmatrix}=0$$

展开并简化后得

$$\cos kl=-\frac{1}{\cosh kl} \tag{5-24}$$

以 kl 为横坐标，分别作出 $\cos kl$ 和 $-1/\cosh kl$ 两条曲线，如图 5-4 所示。两条曲线交点的横坐标即为满足方程(5-24)的解。

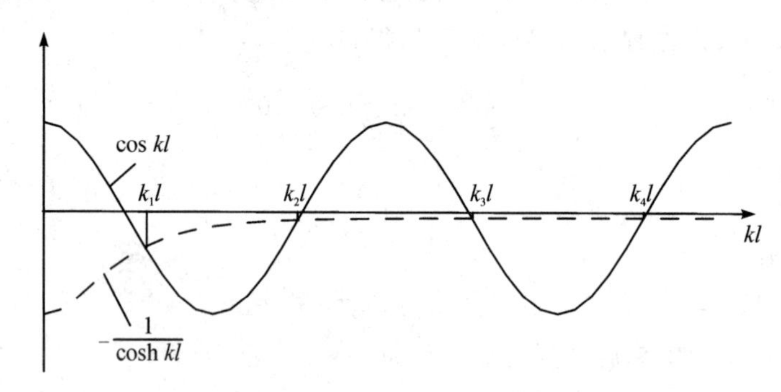

图 5-4　$\cos kl$ 和 $-1/\cosh kl$ 曲线解

现将图 5-4 中描述的系统前 6 阶解列于表 5-1 中。

表 5-1　等直杆横向振动前 6 阶解

k_1l	k_2l	k_3l	k_4l	k_5l	k_6l
1.875	4.694	7.855	10.996	14.137	17.279

由于曲线 $y=-1/\cosh kl$ 的值随着 kl 的增加，很快趋近于 0。不论从表 5-1 中的数值，还是从图 5-4 中均可看出，在 $k_il>k_4l$ 以后，两曲线交点的横坐标已与 $y=\cos kl$ 的零值坐标趋于一体，故可近似用后者代替，即

$$k_nl\approx\frac{1}{2}(2n-1)\pi\quad n\geqslant 4 \tag{5-25}$$

由前文公式推导可知：

$$\omega_{ni}=\frac{(k_il)^2}{l^2}\sqrt{\frac{EI}{\rho A}} \tag{5-26}$$

将求得的 k_il 值代入方程(5-26)，即可求得从 1 阶到无穷阶的固有角频率值。求得固有角频率之后，可着手计算主振型及绘制系统的振型图。由方程(5-23)及方程(5-21)可得到

$$Y(z)=D\left[\cosh kz-\cos kz-\frac{\sinh kl-\sin kl}{\cosh kl+\cos kl}(\sinh kz-\sin kz)\right] \tag{5-27}$$

将表 5-1 内求得的各阶 k_il 值代入方程(5-27)中，就可求出相应的主振型。现以 1 阶

主振动为例，将表 5-1 内 $k_1 l=1.875$ 代入方程(5-27)可得

$$Y_1(z)=D\left[\cosh\left(1.875\frac{z}{l}\right)-\cos\left(1.875\frac{z}{l}\right)-0.7341\sinh\left(1.875\frac{z}{l}\right)+0.7341\sin\left(1.875\frac{z}{l}\right)\right]$$

由于 D 是一个由振动初始条件决定的常数，与振幅有关，但它取任何值都不影响振动的形态。因此在分析振型时，可取 $D=1$。沿等直杆轴线取不同的 z 值，代入上式求出相应的 $Y_1(z)$ 值，然后按点连线，即可得到 1 阶振型图。用同样的方法可以求出任意一阶主振型图。如图 5-5 所示为等直杆横向振动前 3 阶的主振型。

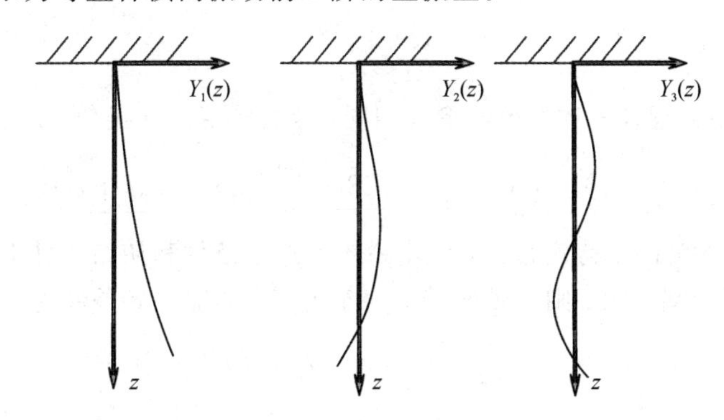

图 5-5　等直杆横向振动前 3 阶主振型

由图 5-5 中可以看出，在阶数 n 大于 1 之后，振型曲线与 z 坐标轴的交点(节点)位置上杆的横向位移恒为 0，表明在主振动过程中，轴在节点处保持静止。节点的数量 K 与主振动阶数关系也与扭转振动一样，此处不再赘述。

以上讨论了等直杆在 yOz 平面内的振动。由于杆在水平截面上具有对称性，由此可以推断在 xOz 平面内也必将有同样形式的解。因此等直杆在空间中的实际振动情况可以视为两坐标平面上振动的合成，此时杆上各点的轨迹一般较为复杂，只有在作主振动时，才可能是椭圆、圆或直线。

5.3　等直杆的轴向振动

如图 5-6 所示，设细长等直杆长为 L，截面积为 A，密度为 ρ，材料的弹性模量为 E，等直杆轴向位移为 $u(x, t)$，由加速度定律可知：

$$\ddot{u}=\frac{\mathrm{d}F}{\mathrm{d}m} \tag{5-28}$$

式中：$\mathrm{d}F$ 为 $\mathrm{d}x$ 段等直杆两端的拉力差；$\mathrm{d}m$ 为 $\mathrm{d}x$ 段等直杆的质量。

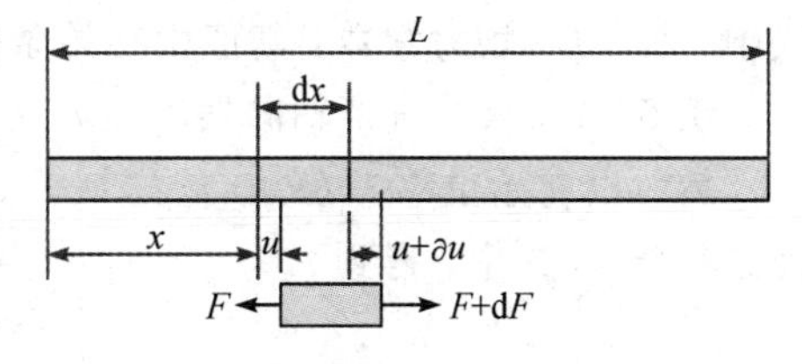

图 5-6　等直杆轴向振动受力分析

它们又可以分别表示为

$$dF = \frac{\partial^2 u}{\partial x^2} EA\,dx$$

$$dm = \rho A\,dx$$

把它们代入方程(5－28)中，整理后得到

$$\frac{\partial^2 u}{\partial t^2} = C^2 \frac{\partial^2 u}{\partial z^2} \tag{5-29}$$

式中：$C^2 = \frac{E}{\rho}$。

方程(5－29)与方程(5－1)的数学形式相同，故其解形式亦类似，即

$$u(x, t) = \left(A\sin\frac{\omega_n}{C}x + B\cos\frac{\omega_n}{C}x\right)\sin(\omega_n t + \varphi) \tag{5-30}$$

式中：A、B、ω_n、φ 为四个待定常数，可由系统的边界条件和初始条件求得。

如假设等直杆两端自由，则其轴两端应变量为零，亦即边界条件为

$$\frac{\partial u}{\partial x} = 0 \quad x = 0 \text{ 或 } x = l$$

将边界条件代入方程(5－30)中，得到 $\sin\frac{\omega_n}{C}l = 0$，求解固有角频率可得

$$\omega_{ni} = \frac{i\pi}{l}\sqrt{\frac{E}{\rho}} \quad i = 1, 2, 3, \cdots$$

将固有角频率代入方程(5－30)中，得到 i 阶主振动为

$$u_i(x, t) = B_i\cos\frac{\omega_{ni}}{C}x\sin(\omega_{ni}t + \varphi_i) \tag{5-31}$$

进而可得到方程(5－29)的通解为

$$u(x, t) = \sum_{i=1}^{\infty} B_i\cos\frac{\omega_{ni}}{C}x\sin(\omega_{ni}t + \varphi_i) \tag{5-32}$$

也可将方程(5－32)写为

$$u(x, t) = \sum_{i=1}^{\infty}\cos\frac{i\pi x}{l}\left(A_i\cos\frac{i\pi Ct}{l} + D_i\sin\frac{i\pi Ct}{l}\right) \quad i = 1, 2, 3, \cdots \tag{5-33}$$

式中：A_i、D_i 均为常数，其值由初始条件确定。

例 5－1 求等直杆轴向振动在 $t = 0$ 时刻的初始位移与速度。

解 设初始位移 $u(x, t)|_{t=0} = f_1(x)$，初始速度 $\dot{u}(x, t)|_{t=0} = f_2(x)$，把它们代入到方程(5－33)中，得到

$$f_1(x) = \sum_{i=1}^{\infty} A_i\cos\frac{i\pi x}{l} \tag{5-34}$$

将方程(5－34)对时间 t 求导，并代入初始速度条件，可以求得

$$f_2(x)=\sum_{i=1}^{\infty}\frac{i\pi C}{l}D_i\cos\frac{i\pi x}{l} \tag{5-35}$$

则方程(5－33)的常数解可表示为

$$A_i=\frac{2}{l}\int_0^l f_1(x)\cos\frac{i\pi x}{l}\mathrm{d}x$$

$$D_i=\frac{2}{i\pi C}\int_0^l f_2(x)\cos\frac{i\pi x}{l}\mathrm{d}x$$

例 5－2　设等直杆两端受压力作用，在 $t=0$ 时刻压力突然解除，求其纵向位移 $u(x, t)$。

解　设等直杆受压时，杆中点处保持静止，并设初始位移、速度分别为

$$u(x, t)\big|_{t=0}=f_1(x)=\frac{\varepsilon_0 l}{2}-\varepsilon_0 x$$

$$f_2(x)=0$$

式中，ε_0 为 $t=0$ 时杆的初始压缩应变，由方程(5－34)及方程(5－35)可知

$$A_i=\frac{4\varepsilon_0 l}{\pi^2 i^2}\quad i\text{ 为奇数}$$

$$A_i=0\qquad i\text{ 为偶数}$$

$$D_i=0$$

则等直杆的纵向位移可以表示为

$$u(x, t)=\frac{4\varepsilon_0 l}{\pi^2}\sum_{i=1,3,5,\cdots}^{\infty}\frac{1}{i^2}\cos\frac{i\pi x}{l}\cos\frac{i\pi Ct}{l} \tag{5-36}$$

例 5－3　设等直杆一端固定，另一端自由，求其轴向自由振动。

解　在此情况下，其边界条件可以表示为

$$u(x, t)\big|_{x=0}=0$$

$$\left.\frac{\mathrm{d}u(x, t)}{\mathrm{d}x}\right|_{x=l}=0$$

将边界条件代入方程(5－33)中，可得

$$u(x, t)=\sum_{i=1,3,5,\cdots}^{\infty}\sin\frac{i\pi x}{2l}\left(A_i\cos\frac{i\pi Ct}{2l}+D_i\sin\frac{i\pi Ct}{2l}\right) \tag{5-37}$$

式中：A_i、D_i 由初始条件确定。如设等直杆自由端受到压力作用，其静变形为 ε_0，在 $t=0$ 时刻突然移去压力，则初始条件可以表示为

$$u(x, t)\big|_{t=0}=\varepsilon_0$$

$$\dot{u}(x, t)\big|_{t=0}=0$$

将初始条件代入方程(5-37)中，可得

$$u(x, t)=\frac{8\varepsilon_0 l}{\pi^2}\sum_{i=1,3,5,\cdots}^{\infty}\frac{(-1)^{(i-1)/2}}{i^2}\sin\frac{i\pi x}{2l}\cos\frac{i\pi Ct}{2l} \tag{5-38}$$

5.4 铁木辛柯梁的横向振动

前文在分析等直杆横向振动时是基于如下假设的：等直杆横截面在变形前和变形后都垂直于中心轴，并未发生角度偏转，如图 5-7 所示。

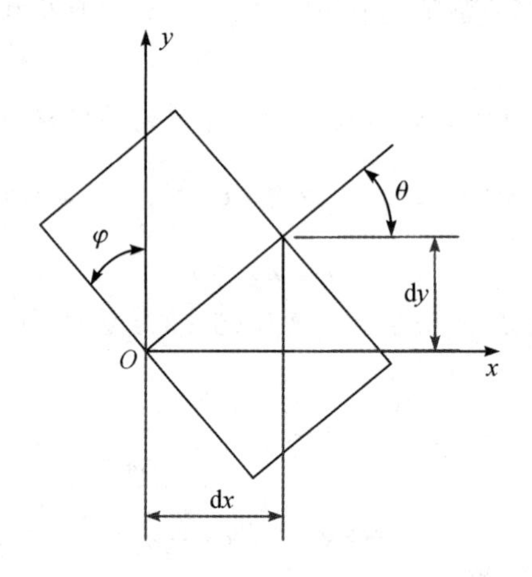

图 5-7 不考虑剪切应变的梁

这些假设对细长杆是有效的，翘曲和横向剪切变形的影响对横向应变来说非常小，因此可以忽略不计。此时微段 dx、截面偏转角 φ 与梁的挠度曲线在该微段的切线斜率相等，即

$$\frac{d^2 y}{dx^2}=\frac{\partial\varphi}{\partial x}$$

但对于横向剪切变形很大的短粗梁，就需要考虑梁的剪应力和转动惯量的影响，从而需要用到铁木辛柯梁理论来解决问题。如图 5-8 所示，若考虑了剪切应力的影响，则有

$$\frac{dy}{dx}=\theta=\varphi-\gamma$$

式中：γ 为中性层处的剪切变形，即最大剪切变形。

$$\gamma=\frac{\tau_{\max}}{G}=\frac{Q}{KAG}$$

式中：G 为剪切弹性模量；A 为截面面积。K 为截面折减系数，对于矩形截面，$K=2/3$；而对于圆形截面，$K=3/4$。

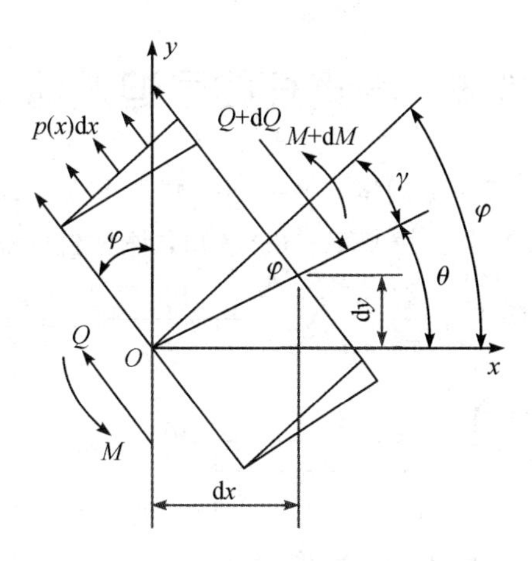

图 5-8　铁木辛柯梁的受力分析

如图 5-8 所示，设梁在单位长度上受到的外载荷为 $p(x)$，则考虑截面转动惯量和剪切变形时，根据力与力矩平衡原理，可得到微段 $\mathrm{d}x$ 的运动微分方程：

$$\begin{cases} J_{\mathrm{p}}\mathrm{d}x\ddot{\varphi}-\mathrm{d}M+Q\mathrm{d}x=0 \\ m\mathrm{d}x\ddot{y}+\mathrm{d}Q-p(x)\mathrm{d}x=0 \end{cases} \tag{5-39}$$

式中：J_{p} 和 m 分别为单位长度上梁的转动惯量和质量。

由材料力学知识可知：

$$\frac{\mathrm{d}M}{\mathrm{d}x}=\frac{\mathrm{d}\left(EI\dfrac{\partial\varphi}{\partial x}\right)}{\mathrm{d}x}$$

$$Q=KAG\left(\varphi-\frac{\mathrm{d}y}{\mathrm{d}x}\right)$$

将上面两个式子代入方程(5-39)，整理后得到

$$EI\frac{\partial^4 y}{\partial x^4}+m\frac{\partial^2 y}{\partial t^2}-\left(J_{\mathrm{p}}+\frac{EIm}{KAG}\right)\frac{\partial^4 y}{\partial x^2\partial t^2}+\frac{J_{\mathrm{p}}}{KAG}\frac{\partial^4 y}{\partial t^4}=p(x,t)+\frac{J_{\mathrm{p}}}{KAG}\frac{\partial^2 p}{\partial t^2}-\frac{EI}{KAG}\frac{\partial^2 p}{\partial x^2} \tag{5-40}$$

方程(5-40)就是铁木辛柯梁横向振动时的偏微分方程。

若假设 $J_{\mathrm{p}}\to 0$，$G\to\infty$，则方程(5-40)可简化为

$$EI\frac{\partial^4 y}{\partial x^4}+m\frac{\partial^2 y}{\partial t^2}=p(x,t) \tag{5-41}$$

方程(5-41)即外载荷作用下的欧拉方程。

5.5 等直杆的强迫振动

如图 5-9 所示，一等直杆一端固定，另一端受到一个大小为 $F(t)$ 的力作用，其轴向强迫振动可由其自由振动的解推出。由式(5-38)可知，该杆自由振动的第 i 阶主振型为

$$U_i(x)=\frac{8\varepsilon_0 l}{\pi^2}\sum_{i=1,3,5,\cdots}^{\infty}\frac{(-1)^{(i-1)/2}}{i^2}\sin\frac{i\pi x}{2l}$$

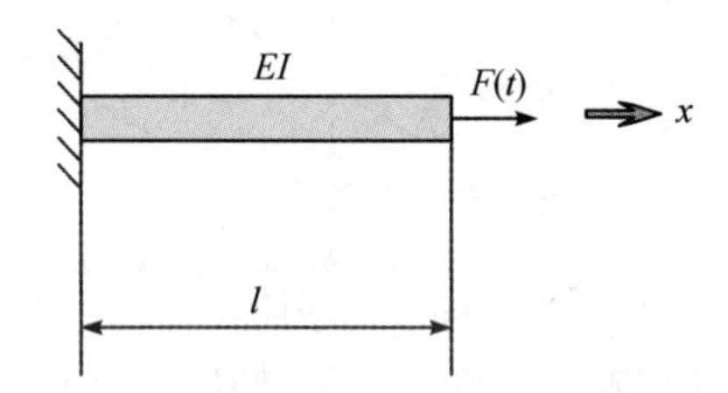

图 5-9 等直杆强迫振动的动力学模型

由坐标变换理论可知，在干扰力 $F(t)$ 作用下的位移响应为

$$u(x,t)=\sum_{i=1,3,5,\cdots}^{\infty}q_i(t)\sin\frac{i\pi x}{2l} \tag{5-42}$$

式中：$q_i(t)$ 为时间 t 的函数，对于自由振动 $q_i(t)$ 即为 i 阶主振动，对于强迫振动则可由虚功原理求得。虚功原理需要考虑杆受到的三个力作用，即杆振动时作用在每个单元上的惯性力，杆变形引起的弹性力，以及作用在端点的外力。计算选择振型函数作为虚位移，即

$$\delta u_i=U_i(x)=\frac{8\varepsilon_0 l}{\pi^2}\sum_{i=1,3,5,\cdots}^{\infty}\frac{(-1)^{(i-1)/2}}{i^2}\sin\frac{i\pi x}{2l}=D_i\sin\frac{i\pi x}{2l}$$

则惯性力对虚位移所做的功 δW_1 为

$$\delta W_1=-\int_0^l\rho A\,\mathrm{d}x\ddot{u}\delta u_i=-\rho A\int_0^l\ddot{u}D_i\sin\frac{i\pi x}{2l}\mathrm{d}x$$

将方程(5-42)代入上式，整理后得到

$$\delta W_1=-\frac{\rho Al}{2}D_i\ddot{q}_i$$

弹性力对虚位移所作的功 δW_2 为

$$\delta W_2=\int_0^l EA\,\frac{\partial^2 u}{\partial x^2}\mathrm{d}x\delta u_i$$

将方程(5-42)代入上式，整理后得到

$$\delta W_2=-\frac{i^2\pi^2 EA}{8l}D_i q_i$$

外力对虚位移所作的功 δW_3 为

$$\delta W_3 = FD_i \sin\frac{i\pi}{2} = FD_i(-1)^{\frac{i-1}{2}}$$

由虚功原理可知：

$$\delta W_1 + \delta W_2 + \delta W_3 = 0$$

即

$$-\frac{\rho A l}{2}D_i\ddot{q}_i - \frac{i^2\pi^2 EA}{8l}D_i q_i + FD_i(-1)^{\frac{i-1}{2}} = 0$$

或改写为

$$\ddot{q}_i + p_i^2 q_i = \frac{2}{\rho A l}F(-1)^{\frac{i-1}{2}}$$

式中：

$$c^2 = \frac{E}{\rho},\quad p_i = \frac{i\pi c}{2l}\quad i = 1, 3, 5, \cdots, \infty$$

只考虑外力所产生的强迫振动，忽略瞬态自由振动，按杜哈梅积分可以得到激励力 F 作用于杆端时的位移响应：

$$u(x, t) = \frac{4}{\pi c p_i A}\sum_{i=1,3,5,\cdots}^{\infty}\frac{(-1)^{\frac{i-1}{2}}}{i}\sin\frac{i\pi x}{2l}\int_0^t F\sin\left[\frac{i\pi c}{2l}(t-\zeta)\right]\mathrm{d}\zeta \tag{5-43}$$

习　题

5-1　试分析连续系统与离散系统有什么不同。

5-2　一个连续系统有多少个固有角频率？

5-3　边界条件在离散系统中重要吗？为什么？

5-4　考虑了剪切变形与转动惯量后，为什么杆的固有角频率会下降？

5-5　一根垂直放置的均质梁长为 l，质量为 m_1，一端固定，另一端装有一个集中质量 m_2，试求出其轴向振动的固有角频率。

5-6　试求题 5-6 图所示一根两端固定的均质梁横向振动的角频率。

5-7　试求题 5-7 图所示一个两端自由的均质杆横向振动时的固有角频率。

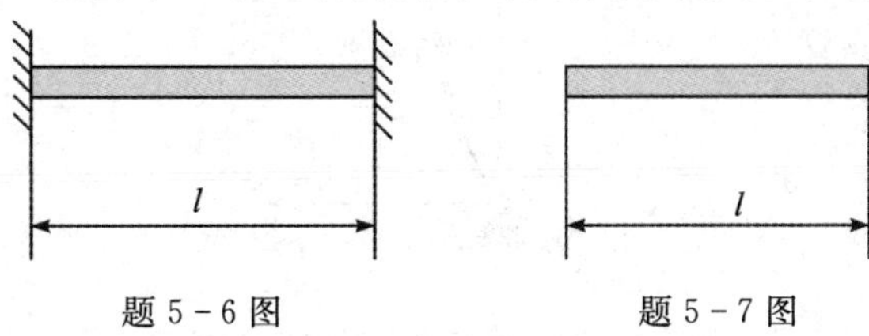

题 5-6 图　　　　题 5-7 图

第6章　转子动力学

把机器中的旋转部件称为转子，转子连同支承轴承和支座统称为转子系统。旋转起来的转子由于受到离心力的作用，会发生弯曲振动，转子动力学就是研究转轴的弯曲振动的科学。生活中常见的旋转机械，如各种机床的主轴、电动机等，它们的工作转速都小于转轴的最小临界转速，把这种转子称为刚性转子。对于这种转子，使用力平衡理论及动平衡技术就可以完成设计。

随着科学技术的进步，越来越多的机械结构都朝着大型、高速、大功率以及轻量化的方向发展，使得转子不仅在形状上越来越细长，转速也越来越高，比如高速离心机、大型汽轮发电机组等，它们的工作转速均高于系统的低阶临界转速，把这种转子称为挠性转子。对于这种转子，就需要使用转子动力学知识进行结构设计。

6.1　转子动力学的基本概念

6.1.1　转子的涡动

如图 6-1 所示，为了简化计算及更清晰地说明概念，把转子看作圆盘且安装在无重量的弹性轴中间位置上，转轴的两端由刚度无穷大的轴承进行支承，动力学上把这种模型称

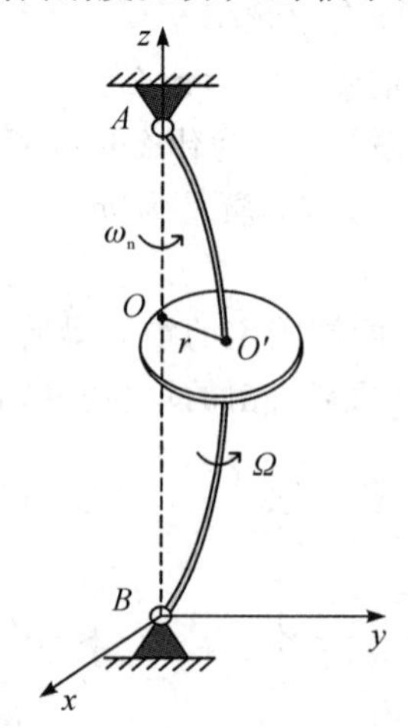

图 6-1　圆盘转子系统的动力学模型

为刚性支承转子。为了避免重力影响，该转子系统采用垂直放置。O 点是转子系统静平衡时(没有发生变形时)圆盘的形心，O'点是转轴转动时(圆盘发生横向移动时)圆盘的形心，支承轴正好通过该点。定义一个固定坐标系 $Bxyz$，设圆盘以角速度 Ω 作等速转动，如果圆盘的质心正好也在 O'上，那么圆盘转子系统工作时，转轴是垂直的。这时，如果在圆盘一侧加一个横向冲击，因支承轴有弹性而发生弯曲自由振动，自由振动的频率就是系统的固有角频率 ω_1，该振动的轨迹，即 O'点的轨迹，一般是椭圆，O'的这种运动，在转子动力学中称为“涡动”或“进动”，ω_1 为涡动的角速度。为了区别涡动角速度，本书中用 Ω 代表转子的自转角速度，以 ω 代表转子系统的进动角速度。

设圆盘的质量为 m，当它在某一角速度下稳定运转时，由达朗伯原理可知，它将在支承轴弹性支承力 F 及惯性力作用下平衡，由此可得转子的运动微分方程如下：

$$\begin{cases} m\ddot{x} = -kx \\ m\ddot{y} = -ky \end{cases} \tag{6-1}$$

式中：k 为支承轴的刚度系数。

方程组(6-1)中的两个方程分别代表在 Bxz 及 Byz 两个平面内的单自由度系统的振动。由本书第 2 章知识可知，两个方程的解可分别表示为

$$\begin{cases} x = X\cos(\omega_{\mathrm{n}}t + \varphi_1) \\ y = Y\cos(\omega_{\mathrm{n}}t + \varphi_2) \end{cases} \tag{6-2}$$

式中：X、Y 分别为Bxz 及Byz 两个平面内振动的最大振幅；φ_1、φ_2 分别为 Bxz 及Byz 两个平面内振动的初始相位角，它们都是由初始条件决定的。

需要注意的是，在 Bxz 及 Byz 两个平面内振动的振幅 X、Y 一般是不相等的，但在两个平面内振动的角频率 ω_{n} 却是相等的，它们均可表示为

$$\omega_{\mathrm{n}} = \sqrt{\frac{k}{m}} \tag{6-3}$$

在转子动力学中，常将位移响应 x、y 表示在复平面上，并定义 $r = x + \mathrm{i}y$。以方程组(6-1)为例，将虚数 i 乘以方程组中的下式后再与上式相加，整理后可得

$$\ddot{r} + \omega_{\mathrm{n}}^2 r = 0 \tag{6-4}$$

由前文的知识可知，方程(6-4)的通解可表示为

$$r = B_1 \mathrm{e}^{\mathrm{i}\omega_{\mathrm{n}}t} + B_2 \mathrm{e}^{-\mathrm{i}\omega_{\mathrm{n}}t} \tag{6-5}$$

式中：B_1、B_2 均为复数，其值由系统初始条件决定。

设$|B_1|$、$|B_2|$为复数的模，则方程(6-5)中的第一项表示振幅为$|B_1|$的逆时针运动，即进动角速度与自转角速度 Ω 方向一致的进动，故称其为正进动；第二项表示振幅为$|B_2|$的顺时针运动，即进动角速度与自转角速度 Ω 方向相反的进动，故称其为反进动。实际圆

盘中心 O' 的涡动就是这两种正、反进动的合成。由于初始条件不同，圆盘中心 O' 的运动可能出现以下几种情况：

(1) $B_1 \neq 0$，$B_2 = 0$；涡动为正进动，O' 轨迹为圆，其半径为 $|B_1|$。

(2) $B_1 = 0$，$B_2 \neq 0$；涡动为反进动，O' 轨迹为圆，其半径为 $|B_2|$。

(3) $B_1 = B_2$；O' 轨迹为直线，即 O' 作直线简谐振动。

(4) $B_1 \neq B_2$；O' 轨迹为椭圆，当 $|B_1| > |B_2|$ 时，O' 作正进动；当 $|B_1| < |B_2|$ 时，O' 作反进动。

正进动、反进动与合成涡动的关系如图 6-2 所示。从图中可以看出，B_1 代表的是正进动，其单独作用时轨迹是一个半径为 $|B_1|$ 的圆；B_2 代表反进动，其单独作用时轨迹是一个半径为 $|B_2|$ 的圆；由于 $|B_1| > |B_2|$，两个正、反进动合成的涡动是一个作正进动的椭圆；φ_0 代表在 $t=0$ 的初始状态时，复坐标系的角度，也是合成涡动的初始相位角，任一时刻，向量 $\boldsymbol{B}_1$、$\boldsymbol{B}_2$ 与该角度线的夹角均为 $\omega_n t$。

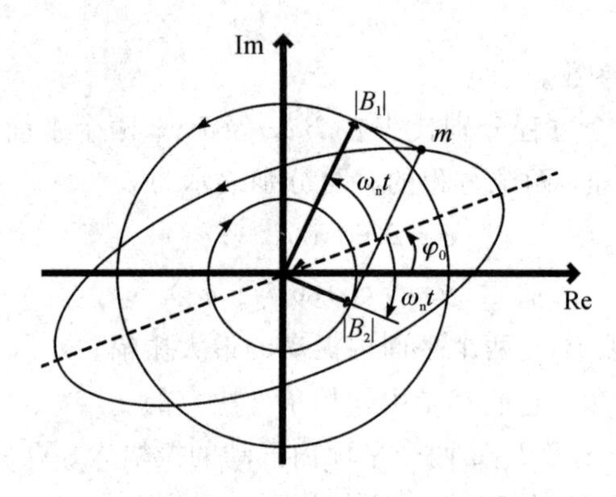

图 6-2　正进动、反进动与合成涡动的关系

由上面的分析可知：圆盘转子系统有两个转动角速度，一个是自转角速度 Ω，一个是进动(公转)角速度 ω_n，其中进动属于自由振动，其振动频率等于系统的固有频率，也等于在圆盘没有转动时，转轴弯曲振动的固有频率；各种形状的振动都是由两种基本形态——正、反圆振动合成的，故在转子动力学中常把它们称为圆模态，它们代表简谐振动。

假设图 6-1 所示圆盘转子系统受到一个黏性较小的阻尼作用，比如空气阻力，则该系统的运动微分方程将变为

$$\ddot{r} + 2\xi\omega_n\dot{r} + \omega_n^2 r = 0 \tag{6-6}$$

设方程的解为 $r = R_0 e^{st}$，代入方程(6-6)中，得到特征方程：

$$s^2 + 2\xi s\omega_n + \omega_n^2 = 0 \tag{6-7}$$

解方程(6-7)得到两个特征值：

$$s_{1,2} = \left(-\xi \pm \sqrt{\xi^2 - 1}\right)\omega_n$$

当 $\xi<1$ 时，系统方程的解可表示为

$$r=\mathrm{e}^{-\xi\omega_n t}\left(B_1\mathrm{e}^{\mathrm{i}\sqrt{1-\xi^2}\omega_n t}+B_2\mathrm{e}^{-\mathrm{i}\sqrt{1-\xi^2}\omega_n t}\right) \tag{6-8}$$

式中：$\sqrt{1-\xi^2}\omega_n$ 为有阻尼系统的固有角频率，常采用 ω_d 来表示。

方程(6-8)括号前面部分表示振幅随时间 t 按指数函数衰减的规律。括号内表示两个圆模态的线性组合。此时，涡动是衰减的，圆盘形心轨迹是围绕固定中心 O 并最后趋向 O 点的曲线，如图 6-3 所示。另外，从方程(6-8)中还可以看到，有阻尼时振动的固有角频率 ω_d 总比无阻尼的固有角频率 ω_n 小，这是因为阻尼的存在阻碍了转子系统的进动。

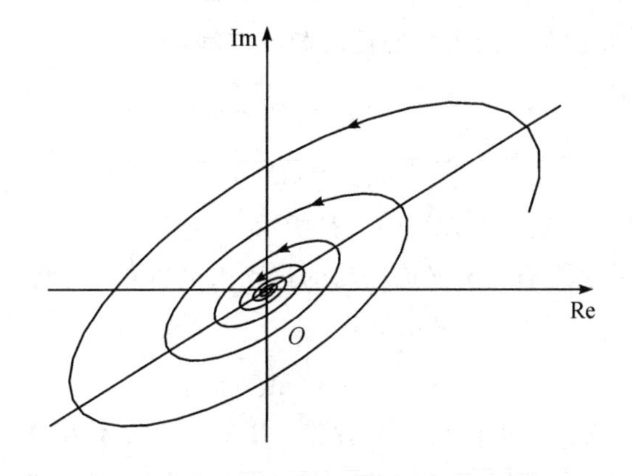

图 6-3　有阻尼系统的涡动轨迹图

6.1.2　临界转速

上文在讲到转子的涡动时，曾假设圆盘的质心与形心重合，但在工程实际中，由于材料的不均匀、工艺制造以及安装误差等原因，转子总是或大或小地存在不平衡量，即圆盘的质心总是会偏离形心一定距离 e，称其为偏心距。

如图 6-4 所示，O 为圆盘形心的静平衡位置，O' 点为圆盘的形心，C 点为圆盘的质

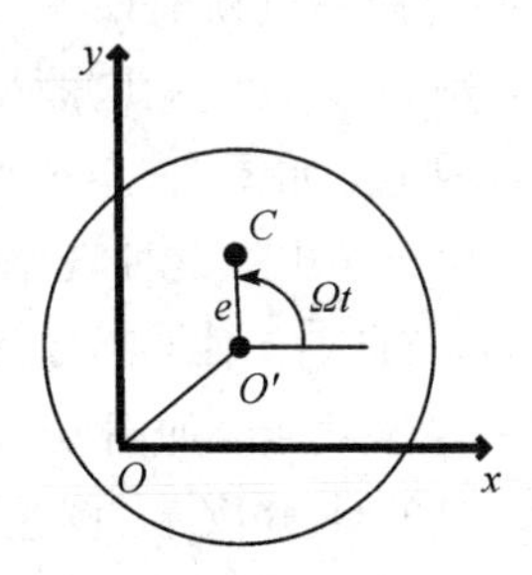

图 6-4　刚性圆盘静平衡位置、形心、质心的关系

心，设初始时，圆盘质心与圆盘形心的连线与 x 轴平行，即初始相位角为 0，当圆盘以角速度 Ω 自转时，质心坐标可表示为

$$\begin{cases} x_c = x + e\cos\Omega t \\ y_c = y + e\sin\Omega t \end{cases} \tag{6-9}$$

对方程(6－9)两边求 2 阶导数，可得

$$\begin{cases} \ddot{x}_c = \ddot{x} - e\Omega^2\cos\Omega t \\ \ddot{y}_c = \ddot{y} - e\Omega^2\sin\Omega t \end{cases} \tag{6-10}$$

根据力平衡原则，可建立该圆盘质心运动微分方程：

$$\begin{cases} \ddot{x} + \omega_n^2 x = e\Omega^2\cos\Omega t \\ \ddot{y} + \omega_n^2 y = e\Omega^2\sin\Omega t \end{cases} \tag{6-11}$$

式中：ω_n 为固有角频率，其定义如方程(6－3)所示。

方程(6－11)就是圆盘转轴系统强迫振动的运动微分方程，方程右边为不平衡量引起的激振力，也可将方程(6－11)改写为复数形式：

$$\ddot{r} + \omega_n^2 r = e\Omega^2 e^{i\Omega t} \tag{6-12}$$

方程(6－12)为 2 阶常系数非齐次微分方程，其解应为齐次方程的通解加上非齐次方程的一个特解。对于齐次方程通解，前文已经讲过，由于实际机械振动中总有阻尼存在，该部分自由振动的响应会随着时间很快耗散掉。剩下就是非齐次方程的特解，即离心激振力引起的稳态强迫振动。此处只讨论这部分稳态响应。

设方程的特解为 $r = Ae^{i\Omega t}$，代入方程(6－12)后，求得方程的解为

$$r = Ae^{i\Omega t} = \frac{e(\Omega/\omega_n)^2}{1-(\Omega/\omega_n)^2}e^{i\Omega t} \tag{6-13}$$

由方程(6－13)可知，在圆盘转子无阻尼系统作稳态强迫振动时，有如下性质：

(1) 轴心 O' 的响应角频率与离心激振力角频率 Ω 始终相同。

(2) 当 $\Omega < \omega_n$ 时，$A > 0$。此时，轴心 O' 位移响应的相位与激振力相位相同，O' 点和 C 点在 O 点的同一侧，且始终在一条直线上，如图 6－5(a)所示。此时，圆盘转子系统作涡动运动，质心 C 始终位于最外侧，转子动力学中把这种现象称为“重边向外”。

(3) 当 $\Omega > \omega_n$ 时，$A < 0$ 且 $|A| > e$。此时，轴心 O' 位移响应的相位与激振力相位相反，C 点在 O' 点和 O 点之间，三点仍在一条直线上，如图 6－5(b)所示。

(4) 当 $\Omega \gg \omega_n$ 时，$|A| \approx -e$(即 $OO' \approx -O'C$)。圆盘质心 C 近似位于转轴静平衡位置 O，此时振动的振幅非常小，因此转动反而更加平稳，这种现象在转子动力学中称为“自动定心”。

(5) 当 $\Omega=\omega_n$ 时，A 为无穷大，即系统发生了共振。实际上由于阻尼的存在，振幅不可能为无穷大，只是较大的有限值。此时的自转角速度 Ω 称为“临界角速度”。如使用每分钟的转数(r/min)作为单位，以符号 n 表示，则称其为“临界转速”。

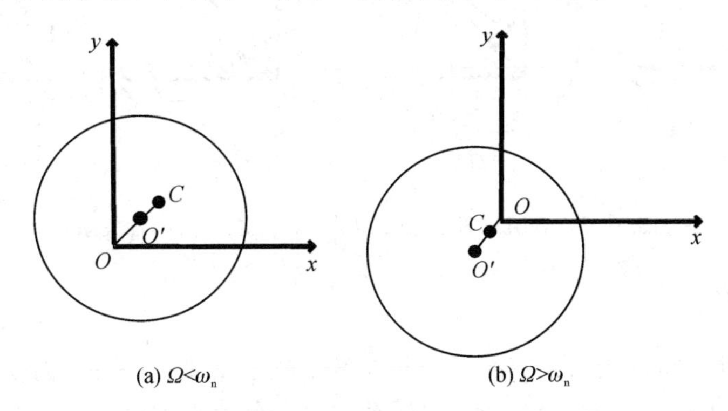

图 6-5　自转角速度的改变对 O' 点、O 点、C 点位置关系的影响

转子动力学中把转子工作转速小于系统 1 阶临界转速的转轴，称为刚性轴；把工作转速高于系统低临界转速的转轴称为柔性轴(或挠性轴)。柔性轴运转时更为平稳，但在起动和关停时，都要经过临界转速。如果缓慢经过临界转速，就会发生剧烈振动，所以工程中都是加速通过临界转速，以降低过临界转速时的剧烈振动。

如在方程(6-12)中加入黏性小阻尼的影响，则其运动微分方程变为

$$\ddot{r}+2\xi\omega_n\dot{r}+\omega_n^2 r=e\Omega^2 e^{i\Omega t} \tag{6-14}$$

设其特解为 $r=Ae^{i(\Omega t-\varphi)}$，代入方程(6-14)，可得

$$\begin{cases} A=\dfrac{e\Omega^2}{m\sqrt{(1-\lambda^2)^2+(2\xi\lambda)^2}} \\ \tan\varphi=\dfrac{2\xi\lambda}{1-\lambda^2} \end{cases} \tag{6-15}$$

式中：λ 为频率比，$\lambda=\Omega/\omega_n$。

方程(6-15)所表示的物理意义，在本书第 2 章黏性阻尼系统的强迫振动中已有详细论述，此处不再赘述。这里重点谈一下转子自转角速度变化对相位角的影响：此时相位差不再只是无阻尼系统时的 0 或者 π，说明由于阻尼的存在，转轴静平衡位置 O 点、圆盘形心 O' 点以及圆盘质心 C 点已经不在一条直线上；如图 6-6 所示，当 $\Omega<\omega_n$ 时，质心仍在最外侧，但此时相位角 φ 为小于 90°的锐角；当 $\Omega=\omega_n$ 时，相位角为 90°，此时系统发生共振；当 $\Omega>\omega_n$ 时，相位角 φ 为大于 90°的钝角，质心位于 O' 点与 O 点之间；当 $\Omega\gg\omega_n$ 时，$\varphi\approx\pi$，此时仍可认为三点在同一条直线上，“自动定心”现象依然存在。

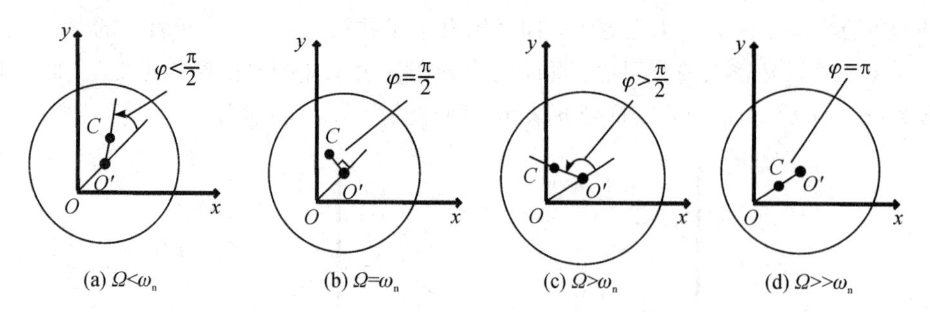

图 6-6　有阻尼时 O'点、O 点、C 点之间的位置关系

6.1.3　陀螺力矩

在工程实际中，圆盘往往并不一定安装在两个轴承支承的中间，而是偏向一边。如图 6-7 所示，圆盘偏置放置在一个转轴上，转轴在 A、B 两点处受到轴承支承，当圆盘工作时，转轴由于受到离心力作用发生弯曲，此时圆盘自转角速度为 Ω，进动角速度为 ω，两个角速度矢量之间的夹角为 ψ，如设圆盘的极转动惯量为 J_p，则圆盘进动时会受到一个陀螺力矩的作用，该力矩矢量可以表示为

$$\boldsymbol{M}_c = \boldsymbol{J}_p \boldsymbol{\Omega} \times \boldsymbol{\omega} \tag{6-16}$$

陀螺力矩方向垂直于 $O'AB$ 平面，考虑到圆盘的振动为微幅横向振动，因此 ψ 角很小，故可近似认为 $\sin\psi \approx \psi$，则力矩的大小可表示为

$$M_c = J_p \Omega \omega \psi \tag{6-17}$$

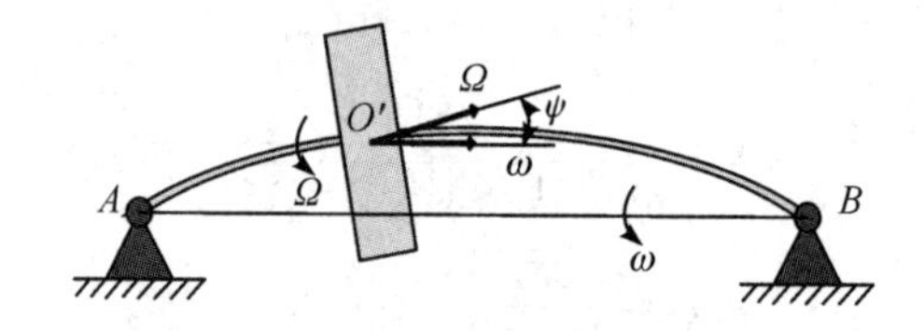

图 6-7　偏置圆盘所受到的陀螺力矩

由公式(6-17)可知，陀螺力矩与 ψ 大小成正比，相当于弹性力矩。在正进动，即 $0<\psi<\pi/2$ 时，该力矩的方向垂直于 $O'AB$ 平面向内，它使转轴的横向变形减小，相当于提高了转轴的弹性刚度，进而提高了转子的临界转速；在反进动时，即 $\pi/2<\psi<\pi$，该力矩的方向垂直于 $O'AB$ 平面向外，它使转轴的横向变形增大，相当于降低了转轴的弹性刚度，进而降低了转子的临界转速。这就是转子动力学与前文结构动力学最大的区别之一。

下面采用拉格朗日方程来建立圆盘的运动微分方程，并在此基础上分析陀螺力矩与转子系统的临界转速的关系。

设圆盘的质心与圆盘的形心重合，即没有不平衡量。另外，由于实际转速远低于圆盘自身的固有频率，因此可把圆盘看作刚体。由理论力学知识可知，刚体的一般运动总是可以分解为平动(牵连运动)和绕质心的转动(相对运动)。由于转子仅作横向振动，因此对于平动，只需要用形心位置坐标 x、y 描述就可以了。而对于刚体质心的转动，在转子动力学中，常采用赖柴尔坐标系 θ_x、θ_y、φ 表示。

因此要完整地描述一个刚性圆盘在空间中的运动，共需要三个坐标系，如图 6－8 所示，分别为：空间固定坐标系 $OXYZ$；原点在圆盘质心上的平动坐标系 $o'xyz$(oz 轴与圆盘轴线方向重合，xoy 平面位于圆盘横截面上)；摆动坐标系 $o'\xi\eta\zeta$。在圆盘未运动时，三个坐标系重合在一起。下面具体分析一下圆盘是如何运动的。首先，平动坐标系 $o'xyz$ 随着圆盘在 XOY 平面内移动了 x 及 y 距离，然后圆盘中心轴线 $o'\zeta$ 又相对于平动坐标系 $o'xyz$，在 $xo'z$ 平面内绕 y 轴转动了 θ_y 角度，这时与平动坐标系 $o'xyz$ 重合的摆动坐标系到达 $o'\xi y\zeta_1$ 位置，接着圆盘再绕 $o'\xi$ 轴转 θ_ξ 角度到达 $o'\xi\eta\zeta$，最后圆盘绕 $o'\zeta$ 轴自转 φ 角度到达 $o'\xi\eta\zeta$ 最终位置。采用赖柴尔坐标系来描述圆盘绕质心转动的优点是，可把圆盘的运动分解为转子轴线 $o'\zeta$ 绕质心的摆动和圆盘绕 $o'\zeta$ 轴的自转，因此有 $\dot{\varphi}=\Omega$。

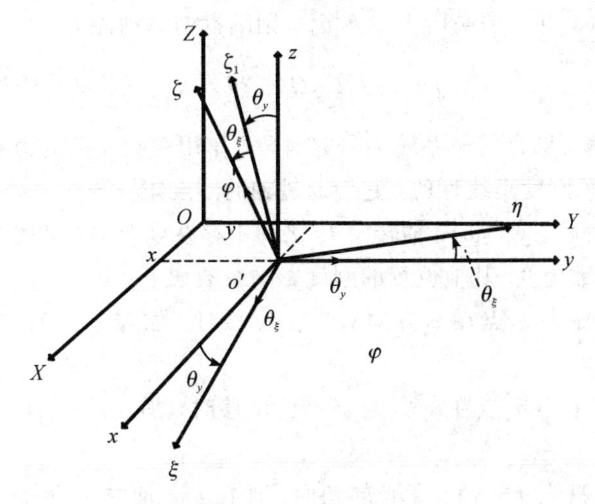

图 6－8　刚性圆盘运动分析及使用的坐标系

由理论力学知识可知，一个刚体绕质心转动的动能可表示为

$$T_1=\frac{1}{2}J_{\mathrm{d}}(\omega_\eta^2+\omega_\xi^2)+\frac{1}{2}J_{\mathrm{p}}\omega_\zeta^2 \qquad (6-18)$$

式中：J_{p} 为圆盘绕自转轴 $o'\zeta$ 的极转动惯量；J_{d} 是圆盘绕垂直于 $o'\zeta$ 轴并过质心的直径转动惯量；ω_ξ、ω_η、ω_ζ 分别为圆盘角速度在 $o'\xi$、$o'\eta$、$o'\zeta$ 方向上的分量。由图 6－8 所示的关系可推导出

$$\begin{cases}\omega_\eta = \dot{\theta}_y \cos\theta_\xi \\ \omega_\xi = \dot{\theta}_\xi \\ \omega_\zeta = \Omega + \dot{\theta}_y \sin\theta_\xi\end{cases} \tag{6-19}$$

由于我们讨论的是转轴的横向微幅振动，故可认为 θ_y、θ_ξ 均为小量，于是有 $\cos\theta_\xi \approx 1$，$\sin\theta_\xi \approx \theta_\xi \approx \theta_x$。将它们代入方程(6-19)，并注意 $\dot{\varphi} = \Omega$，可得到

$$\begin{cases}\omega_\eta = \dot{\theta}_y \\ \omega_\xi = \dot{\theta}_x \\ \omega_\zeta = \Omega + \dot{\theta}_y \theta_x\end{cases} \tag{6-20}$$

而圆盘平动动能可表示为

$$T_2 = \frac{1}{2}(x^2 + y^2)$$

将 T_1 与 T_2 相加，并略去高阶小量 $\dot{\theta}_y^2\theta_x^2$，则圆盘的总动能为

$$T = \frac{1}{2}(x^2 + y^2) + \frac{1}{2}J_p\Omega(\Omega + 2\dot{\theta}_y\theta_x) + \frac{1}{2}J_d(\dot{\theta}_y^2 + \dot{\theta}_x^2) \tag{6-21}$$

以图6-7所示偏置圆盘转子系统为研究对象，作用在圆盘上的力和力矩均来自轴段弹性支承。假设轴的支承刚度是线性的，它们通过轴的刚度矩阵与广义坐标相连。横向位移 x 与 y、x 与 $o'x$ 轴转角 θ_x、y 与 $o'y$ 轴转角 θ_y 之间不存在耦合关系，因此在刚度矩阵中相应位置处的刚度影响系数为0，其他位置的刚度影响系数如下：

(1) k_{11}——圆盘中心 o' 点在 x 方向有单位位移时，加在 o' 点且沿 x 方向的力的影响系数。

(2) k_{22}——圆盘中心 o' 点在 y 方向有单位位移时，加在 o' 点且沿 y 方向的力的影响系数。

(3) k_{33}——在圆盘绕 $o'x$ 轴有单位转角时，加在 $o'x$ 轴方向的力矩的影响系数。

(4) k_{44}——在圆盘绕 $o'y$ 轴有单位转角时，加在 $o'y$ 轴方向的力矩的影响系数。

(5) k_{14}——在圆盘绕 $o'y$ 轴有单位转角时，加在 o' 点且沿 x 方向的力的影响系数。

(6) k_{23}——在圆盘绕 $o'x$ 轴有单位转角时，加在 o' 点且沿 y 方向的力的影响系数。

(7) k_{32}——圆盘中心 o' 点在 y 方向有单位位移时，加在 $o'x$ 轴方向的力矩的影响系数。

(8) k_{41}——圆盘中心 o' 点在 x 方向有单位位移时，加在 $o'y$ 轴方向的力矩的影响系数。

该系统的势能 $\boldsymbol{U}$ 可以由下式求得

$$
\boldsymbol{U}=\frac{1}{2}\begin{bmatrix}x & y & \theta_x & \theta_y\end{bmatrix}\begin{bmatrix}k_{11} & 0 & 0 & k_{14}\\ 0 & k_{22} & -k_{23} & 0\\ 0 & -k_{23} & k_{33} & 0\\ k_{41} & 0 & 0 & k_{44}\end{bmatrix}\begin{bmatrix}x\\ y\\ \theta_x\\ \theta_y\end{bmatrix} \tag{6-22}
$$

式中：k_{23} 为负值，原因是当圆盘绕 $o'x$ 轴有单位转角且为正值时，加在 o'点且沿 y 轴的力应为负值；同理，k_{32} 为负值，原因是当圆盘中心 o'点在 y 方向有单位正位移时，加在 $o'x$ 轴方向的力矩应为负值。

以轴心 o'的坐标 x、y、θ_x、θ_y 作为系统的广义坐标，将方程(6－21)及方程(6－22)代入拉格朗日方程：

$$
\frac{\mathrm{d}}{\mathrm{d}t}\left(\frac{\partial T}{\partial \dot{q}_i}\right)-\frac{\partial T}{\partial q_i}+\frac{\partial U}{\partial q_i}=0 \quad i=1,2,3,4 \tag{6-23}
$$

整理后可以得到圆盘的质心运动微分方程如下：

$$
\begin{cases}
m\ddot{x}+k_{11}x+k_{14}\theta_y=0\\
m\ddot{y}+k_{22}y-k_{23}\theta_x=0\\
J_{\mathrm{d}}\ddot{\theta}_x+J_{\mathrm{p}}\Omega\dot{\theta}_y-k_{32}y+k_{33}\theta_x=0\\
J_{\mathrm{d}}\ddot{\theta}_y+J_{\mathrm{p}}\Omega\dot{\theta}_x+k_{41}x+k_{44}\theta_y=0
\end{cases} \tag{6-24}
$$

如果圆盘的支承轴截面是圆形的，各个刚度系数还可以进一步简化为

$$
k_{11}=k_{22}=k_{rr}
$$

$$
k_{33}=k_{44}=k_{\theta\theta}
$$

$$
k_{14}=k_{41}=k_{23}=k_{32}=k_{r\theta}=k_{\theta r}
$$

同时引入两个复变量 $r=x+y\mathrm{i}$，$\theta=\theta_y-\theta_x\mathrm{i}$，进一步简化方程(6－24)：

$$
\begin{cases}
m\ddot{r}+k_{rr}r+k_{r\theta}\theta=0\\
J_{\mathrm{d}}\ddot{\theta}-\mathrm{i}J_{\mathrm{p}}\Omega\dot{\theta}+k_{r\theta}r+k_{\theta\theta}\theta=0
\end{cases} \tag{6-25}
$$

设方程(6－25)的解为

$$
r=R_0\mathrm{e}^{\mathrm{i}\omega_{\mathrm{n}}t}
$$

$$
\theta=\theta_0\mathrm{e}^{\mathrm{i}\omega_{\mathrm{n}}t}
$$

代入方程(6－25)，整理后得到

$$
\begin{cases}
(\omega_{rr}^2-\omega_{\mathrm{n}}^2)R_0+\omega_{r\theta}^2\theta_0=0\\
\omega_{r\theta}^2R_0+\left[-\omega_{\mathrm{n}}^2+\dfrac{J_{\mathrm{p}}}{J_{\mathrm{d}}}\Omega\omega_{\mathrm{n}}+\omega_{\theta\theta}^2\right]\theta_0=0
\end{cases} \tag{6-26}
$$

式(6-26)的特征方程为

$$(\omega_{rr}^2-\omega_n^2)\left(-\omega_n^2+\frac{J_p}{J_d}\Omega\omega_n+\omega_{\theta\theta}^2\right)-\omega_{r\theta}^2\omega_{\theta r}^2=0 \tag{6-27}$$

式中：$\omega_{rr}^2=k_{rr}/m$，$\omega_{r\theta}^2=k_{r\theta}/m$，$\omega_{\theta\theta}^2=k_{\theta\theta}/m$，$\omega_{\theta r}^2=k_{\theta r}/J_d$。

方程(6-27)是固有角频率 ω_n 的 4 次方方程，因而有 4 个根，说明由于陀螺力矩的影响，转子有 4 个固有角频率，即两个正进动和两个反进动。另外，由方程(6-27)还可以看出，由于陀螺力矩的影响，固有角频率 ω_n 成为自转角速度 Ω 的函数，换句话说，每一个自转角速度值都对应 4 个固有角频率，固有角频率不再是一个常数。这种情况不利于工程应用，因此在转子动力学中提出了“临界转速”的概念：当转子进动角速度与转子自转角速度大小相等且系统发生共振时，将系统的自转角速度 Ω 所对应的每分钟转子的转数 n(r/min)称作临界转速。其具体计算公式如下：

$$n=60\,\frac{\Omega}{2\pi} \tag{6-28}$$

转轴对应各个进动角速度的振型可表示为

$$\left(\frac{R_0}{\theta_0}\right)_i=-\frac{\omega_{r\theta}^2}{\omega_{rr}^2-\omega_{ni}^2}\quad i=1,\ 2,\ 3,\ 4 \tag{6-29}$$

例 6-1　在如图 6-7 所示偏置圆盘转子系统中，如圆盘的质量 $m=20$ kg，半径 $R=0.12$ m，转轴跨度 $l=0.75$ m，半径 $r=0.015$ m，圆盘距离左端固定支承点的距离为 0.25 m。求该转子系统的临界转速及振型。

解　先计算圆盘的极转动惯量和直径转动惯量：

$$J_p=\frac{1}{2}mR^2=0.144\ \mathrm{kg/m^2},\quad J_d=\frac{1}{2}J_p=0.072\ \mathrm{kg/m^2}$$

转轴的截面惯性矩：

$$I=\frac{1}{64}\pi d^4=3.976\times10^{-8}\ \mathrm{m^4}$$

使用直接法求解转轴的柔度影响系数：

当转轴的 o' 点受到单位力作用时，此点处的挠度及截面转角可以分别表示为

$$a_{rr}=\frac{4l^3}{243EI},\quad a_{\theta r}=\frac{2l^2}{81EI}$$

同理，当 o' 点处受到单位力矩作用时，o' 点的挠度及截面转角可以分别表示为

$$a_{r\theta}=\frac{2l^2}{81EI},\quad a_{\theta\theta}=\frac{l}{9EI}$$

由前文可知，柔度矩阵与刚度矩阵互为逆矩阵，因此可以通过如下计算间接求出系统的刚度矩阵：

$$\begin{bmatrix} k_{rr} & k_{r\theta} \\ k_{\theta r} & k_{\theta\theta} \end{bmatrix} = \begin{bmatrix} a_{rr} & a_{r\theta} \\ a_{\theta r} & a_{\theta\theta} \end{bmatrix}^{-1} = \frac{81EI}{l^3}\begin{bmatrix} \frac{9}{8} & -\frac{l}{4} \\ -\frac{l}{4} & \frac{l^2}{6} \end{bmatrix} = \begin{bmatrix} 1.804\times10^6 & -3.006\times10^5 \\ -3.006\times10^5 & 1.503\times10^5 \end{bmatrix}$$

继而求出其他参数

$$\omega_{rr}^2 = 9.0175\times10^4\ \text{rad}^2/\text{s}^2$$

$$\omega_{\theta\theta}^2 = 2.0874\times10^6\ \text{rad}^2/\text{s}^2$$

$$\omega_{r\theta}^2 = -1.503\times10^4\ \text{N}^2\cdot\text{m}^2/(\text{kg}^2\cdot\text{rad}^2)$$

$$\omega_{\theta r}^2 = -4.175\times10^6\ \text{N}^2\cdot\text{m}^2/(\text{kg}^2\cdot\text{rad}^2)$$

将上述参数代入方程(6-27)后，可得到系统的特征方程为

$$\omega_\text{n}^4 - 2\Omega\omega_\text{n}^3 - 2.1776\times10^6\omega_\text{n}^2 + 1.8035\times10^5\Omega\omega_\text{n} + 1.2548\times10^{11} = 0$$

对于每一个给定的自转角速度 Ω 值，上述方程都可以得到 4 个固有角频率 ω_n：两个大于零的解为正进动固有角频率，分别以 ω_{F1}、ω_{F2} 表示；两个小于零的解为反进动固有角频率，分别以 ω_{B1}、ω_{B2} 表示。转子动力学中常采用坎贝尔(Campbell)图来描述它们之间的变化关系，并以此为基础求出系统的临界转速。

如图 6-9 所示，纵坐标轴上两点 243.4 rad/s 及 1455.5 rad/s 代表自转角速度 $\Omega=0$ 时，系统的固有角频率。随着 Ω 不断增大，在 243.4 rad/s 及 1455.5 rad/s 两点分别分出两条曲线，向上的代表正进动，向下的代表反进动。图 6-9 说明，由于陀螺力矩的影响，正进动的固有角频率不断增大，而反进动的固有角频率不断减小。在图 6-9 中绘制一条

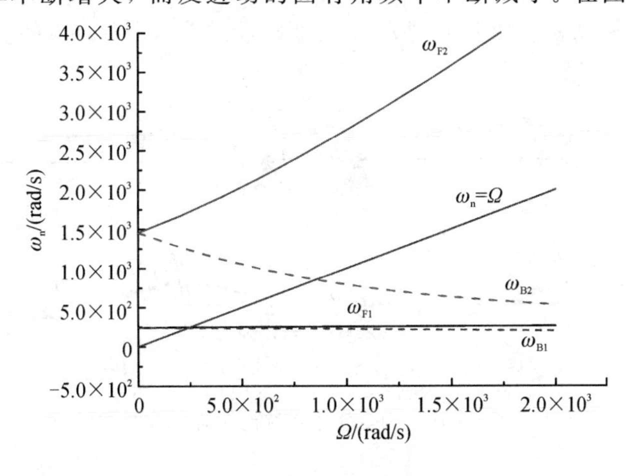

图 6-9　圆盘转子系统的坎贝尔图

$\omega_n=\Omega$ 的直线，该直线与 4 条曲线的交点处的自转角速度就是转子的临界角速度，从图中可知，$\omega_n=\Omega$ 直线和曲线 ω_{F1}、ω_{B1}、ω_{B2} 都有交点，而与 ω_{F2} 没有交点，说明系统有三个临界角速度，分别为

$$\Omega_{c1}=239.3\ \text{rad/s}$$

$$\Omega_{c2}=247.1\ \text{rad/s}$$

$$\Omega_{c3}=856.9\ \text{rad/s}$$

如果圆盘的长度足够长，且满足 $J_d>J_p$，则 $\omega_n=\Omega$ 直线和曲线 ω_{F2} 也会有交点，这个交点的频率对应的转速值即为系统的第 4 阶临界转速；但当圆盘是本计算实例所示的扁平形状时，即 $J_d<J_p$，两者没有交点，此时可以认为系统没有第 4 阶临界转速，也可以认为系统第 4 阶临界转速值为无穷大。

令 $\Omega=200$ rad/s，转轴对应的正进动或反进动的振型可以由方程(6-29)确定：

$$\left(\frac{R_0}{\theta_0}\right)_{\omega_n=246.3}=-\frac{\omega_{r\theta}^2}{\omega_{rr}^2-\omega_{ni}^2}=0.5093$$

$$\left(\frac{R_0}{\theta_0}\right)_{\omega_n=1666.6}=-\frac{\omega_{r\theta}^2}{\omega_{rr}^2-\omega_{ni}^2}=-0.0056$$

$$\left(\frac{R_0}{\theta_0}\right)_{\omega_n=-240.3}=-\frac{\omega_{r\theta}^2}{\omega_{rr}^2-\omega_{ni}^2}=0.4634$$

$$\left(\frac{R_0}{\theta_0}\right)_{\omega_n=-1272.6}=-\frac{\omega_{r\theta}^2}{\omega_{rr}^2-\omega_{ni}^2}=-0.0098$$

将振型绘制于图 6-10 中，由图中可看出，图 6-10(a)、(b)、(c)、(d)分别表示 1 阶正进动 ω_{F1}、1 阶反进动 ω_{B1}、2 阶正进动 ω_{F2}、2 阶反进动 ω_{B2} 所对应的振型图。

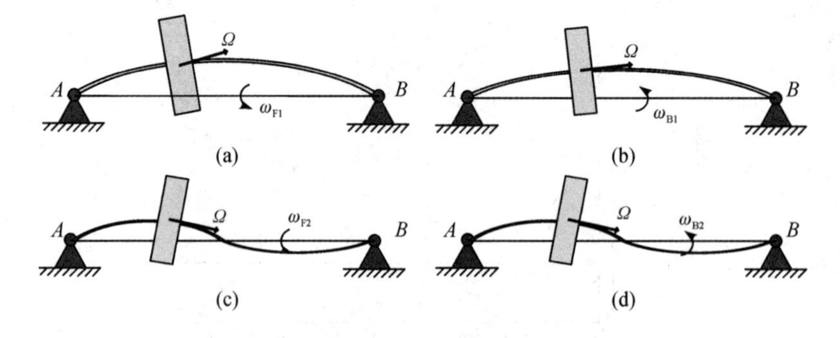

图 6-10　圆盘转子系统前 4 阶振型图

6.1.4　弹性支承转子的涡动分析

在前文分析计算中，常将模型中的轴承支承按刚性支承处理。当转轴本身的刚度远小于支承轴承的刚度时，这样处理是可行的。但实际上支承轴承不是刚性的，而是具有一定弹性，尤其是当轴承支承刚度与转轴刚度相差不大时，在对转子的涡动进行分析时，必须计及支承轴承的刚度。

为了简化计算，突出主要问题，假设一个无质量弹性轴两端安装在弹性支承上，轴的中间安装一薄圆盘，如图 6-11 所示。为了计算方便，转子两端支承的刚度、阻尼、质量等参数均乘以 0.5，采用 x_b、y_b 表示支承处轴段参振质量的位移，采用 x、y 表示圆盘的位移，则由方程(6-9)可知，圆盘的动能可表示为

$$T_d = \frac{1}{2} m_d \left[(\dot{x} - e\Omega \sin\Omega t)^2 + (\dot{y} + e\Omega \cos\Omega t)^2 \right] \tag{6-30}$$

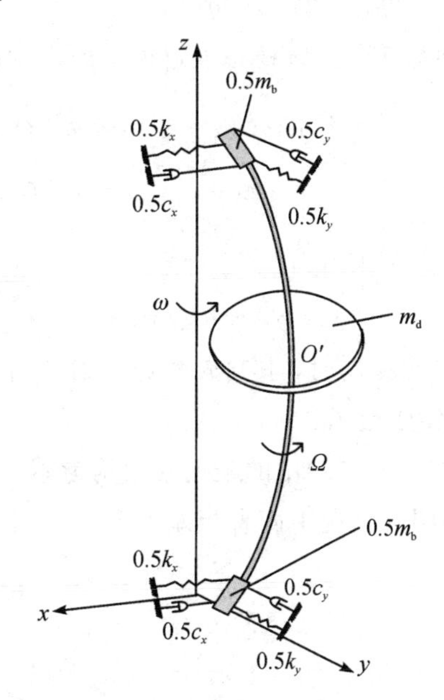

图 6-11　弹性支承转子系统的动力学模型

弹性支承处轴段参振质量的动能为

$$T_b = \frac{1}{2} m_b (\dot{x}_b^2 + \dot{y}_b^2) \tag{6-31}$$

圆盘的势能为

$$U_d = \frac{1}{2} k \left[(x - x_b)^2 + (y - y_b)^2 \right] \tag{6-32}$$

弹性支承的势能为

$$U_{\mathrm{b}}=\frac{1}{2}(k_x x_{\mathrm{b}}^2+k_y y_{\mathrm{b}}^2) \tag{6-33}$$

阻尼在圆盘处的耗散能量为

$$Z_{\mathrm{d}}=\frac{1}{2}c\left[(\dot{x}-\dot{x}_{\mathrm{b}})^2+(\dot{y}-\dot{y}_{\mathrm{b}})^2\right] \tag{6-34}$$

阻尼在支承处的耗散能量为

$$Z_{\mathrm{b}}=\frac{1}{2}(c_x\dot{x}_{\mathrm{b}}^2+c_y\dot{y}_{\mathrm{b}}^2) \tag{6-35}$$

将方程(6-30)～方程(6-35)代入如下拉格朗日方程：

$$\frac{\mathrm{d}}{\mathrm{d}t}\left(\frac{\partial T}{\partial \dot{q}_i}\right)-\frac{\partial T}{\partial q_i}+\frac{\partial U}{\partial q_i}+\frac{\partial Z}{\partial \dot{q}_i}=0 \quad i=1,2,3,4 \tag{6-36}$$

整理后可得到弹性支承圆盘转子系统稳态强迫振动的运动微分方程：

$$\begin{cases} m_{\mathrm{d}}\ddot{x}+c(\dot{x}-\dot{x}_{\mathrm{b}})+k(x-x_{\mathrm{b}})=m_{\mathrm{d}}e\Omega^2\cos\Omega t \\ m_{\mathrm{d}}\ddot{y}+c(\dot{y}-\dot{y}_{\mathrm{b}})+k(y-y_{\mathrm{b}})=m_{\mathrm{d}}e\Omega^2\sin\Omega t \\ m_{\mathrm{b}}\ddot{x}_{\mathrm{b}}+c_x\dot{x}_{\mathrm{b}}+k_x x_{\mathrm{b}}-k(x-x_{\mathrm{b}})=0 \\ m_{\mathrm{b}}\ddot{y}_{\mathrm{b}}+c_y\dot{y}_{\mathrm{b}}+k_y y_{\mathrm{b}}-k(y-y_{\mathrm{b}})=0 \end{cases} \tag{6-37}$$

前文讲过，在转子系统稳态振动时，其自转角速度 Ω 等于其进动角速度 ω，故在方程(6-37)中，将角速度统一采用 Ω 表示。

为进一步简化计算，令方程(6-37)中的阻尼系数均为零，无阻尼系统的临界转速虽然比有阻尼系统的偏大，但在小阻尼情况下两者相差不大。

设方程的解为

$$\begin{cases} x=X\cos\Omega t \\ y=Y\sin\Omega t \\ x_{\mathrm{b}}=X_{\mathrm{b}}\cos\Omega t \\ y_{\mathrm{b}}=Y_{\mathrm{b}}\sin\Omega t \end{cases}$$

将其代入方程(6-37)中，忽略阻尼的影响，整理后得到

$$X=\frac{m_{\mathrm{d}}e\Omega^2}{k-m_{\mathrm{d}}\omega^2-\dfrac{k^2}{k+k_x-m_{\mathrm{b}}\Omega^2}} \tag{6-38}$$

由式(6-38)可知，当其分母等于零时，振幅 X 将达到无穷大，这时的自转角速度就是

转子在 OXZ 平面振动的临界角速度 Ω_{cx}，即

$$k - m_d\Omega^2 - \frac{k^2}{k + k_x - m_b\Omega^2} = 0 \tag{6-39}$$

也可将方程(6-39)改写为

$$k(k_x - m_b\Omega^2 - m_d\Omega^2) - k_x m_d\Omega^2 + m_b m_d\Omega^4 = 0 \tag{6-40}$$

下面分两种极端情况对其临界角速度进行分析。第一种极端情况，假设支承为刚性支承，即 k_x 为无穷大，则支承处不会发生振动，支承处参与振动的质量便为 0，即 $m_b=0$，于是由方程(6-39)可以推导出：

$$k - m_d\Omega_{cx}^2 = 0 \Rightarrow \Omega_{cx} = \sqrt{\frac{k}{m_d}}$$

上式计算出的临界角速度就是转子系统在 OXZ 平面内挠性转子(转轴发生挠曲变形)振型的临界角速度。

第二种极端情况，转轴对圆盘的支承刚度无穷大，即 k 为无穷大，此时转轴与圆盘两者都作为一个不变形的刚体参与振动，从方程(6-40)可以推导出：

$$k_x - (m_d + m_b)\Omega_{cx}^2 = 0 \Rightarrow \Omega_{cx} = \sqrt{\frac{k_x}{m_d + m_b}}$$

此时的 Ω_{cx} 就是转子系统在 OXZ 平面内刚性转子(转轴与圆盘均未变形)振型的临界角速度。

现在重新回到方程(6-38)，在更一般的情况下，求解该方程会得到两个临界角速度 Ω_{cx1}、Ω_{cx2}，它们分别对应着以刚性转子涡动和以挠性转子涡动为主的两个振型。

上面的讨论只局限于 OXZ 平面内的振动，由于转子系统为轴对称结构，使得在 OYZ 平面内也有与 OXZ 平面内相似的振动，且两者互不耦合，于是可以快速写出 OYZ 平面内振动的振幅为

$$Y = \frac{m_d e\Omega^2}{k - m_d\Omega^2 - \dfrac{k^2}{k + k_y - m_b\Omega^2}} \tag{6-41}$$

相应的临界转速可由下面的特征方程求得

$$k - m_d\Omega^2 - \frac{k^2}{k + k_y - m_b\Omega^2} = 0 \tag{6-42}$$

当 $k_x = k_y$ 时，圆盘 O' 的轨迹为一个圆；更为一般的情况，当 $k_x \neq k_y$ 时，$\Omega_{cx} \neq \Omega_{cy}$，圆盘 O' 的轨迹为一个椭圆。

总之，考虑了弹性支承之后，转子的圆盘形心进动轨迹一般是一个椭圆，出现两个临

界角速度 Ω_{cx}、Ω_{cy}。当转子以这两个临界角速度以外的角速度运行时，发生正涡动；在它们之间运行时，发生反涡动。但在实际转子运行中，大多只能观测到正涡动，其原因是支承虽然在 OXZ、OYZ 平面内有差别，但差别不大，即 Ω_{cx}、Ω_{cy} 靠得很近。加上转子系统有很大的惯性，反涡动很难克服正涡动的惯性而得以呈现。另外，工程中为了运行安全，常采用加速通过这两个临界角速度的措施，进一步使反涡动只是一种理论上的可能。

6.2 临界转速的计算

临界转速的分析与计算是转子动力学研究的最重要内容之一，其主要目的在于确定转子系统各阶临界转速，并遵循一定的原则，对它们进行调整，使其适当远离机械的工作转速，以得到可靠的设计。

要想准确地计算出转子系统的临界转速，必须选用合适的计算方法。前文介绍的特征方程法(将通用指数(或正弦、余弦)解代入运动微分方程中，得到转子系统的特征方程，再通过求解特征方程得到转子系统的临界转速)在实际工程中用得并不多，原因是真实转子系统的特征方程往往都是高阶的多项式，求解十分困难。目前，传递矩阵法是各类旋转机械制造中最为通用的临界转速计算方法，它的最大优点是传递矩阵的阶数不随系统自由度的增加而增大，可以在感兴趣的范围内求出所有需要的临界转速。

6.2.1 Prohl 传递矩阵法

使用传递矩阵法计算转子系统临界转速的前提是要把转轴分成许多单元。凡是圆盘、集中质量、联轴器、轴承等所在位置，以及轴径或材料有变化的地方，都应取为单元。然后取不同的转速值，从一侧端面开始，按顺序对各单元截面的状态参数进行推算，直至满足转子系统另一端的边界条件。

转子系统通常都是轴对称的，当轴承是各向同性且不计阻尼时，轴心运动轨迹是圆。此时可以通过一个 Oxz 平面内的运动来研究转子的运动。如图 6－12 所示，将圆盘、集中质量或支承等均集中于截面 i 上，并以 x_i、θ_i、M_i、Q_i 分别代表第 i 个单元左截面 i 上的位移、转角、弯矩、剪力，同样以 x_{i+1}、θ_{i+1}、M_{i+1}、Q_{i+1} 分别表示第 i 个单元右端截面上(即 $i+1$ 截面上)的位移、转角、弯矩、剪力。

根据力和力矩平衡原则，可以得到如下方程：

$$\begin{cases} Q_{i+1} = Q_i + m_i \Omega^2 x_i \\ M_{i+1} = M_i + Q_{i+1} l_i \end{cases} \tag{6-43}$$

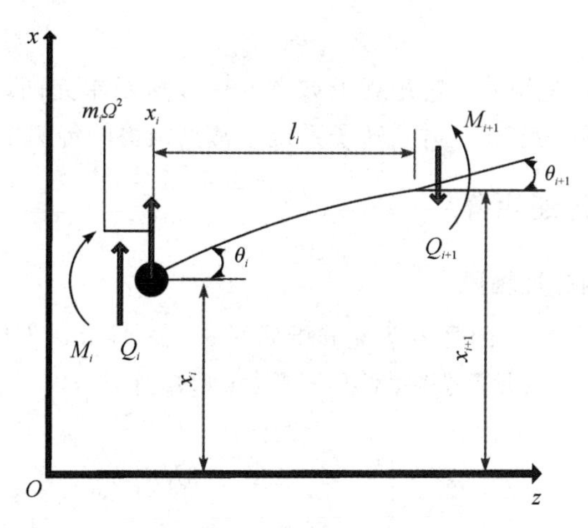

图 6-12　第 i 个单元所受的力与力矩

在如图 6-12 所示的轴段 l_i 内，任意一点 z 坐标处的弯矩可以表示为

$$M(z)=M_i+\frac{M_{i+1}-M_i}{l_i}z \tag{6-44}$$

由材料力学知识可知轴段弯曲变形公式为

$$\frac{\mathrm{d}^2 x}{\mathrm{d}z^2}=\frac{M}{EI} \tag{6-45}$$

将方程(6-44)代入方程(6-45)，一次积分可以得到转角计算公式(6-46)，二次积分可以得到位移计算公式(6-47)，两公式的表达式如下：

$$\theta_{i+1}=\frac{l_i}{EI}M_i+\frac{l_i}{2EI}(M_{i+1}-M_i)+\theta_i \tag{6-46}$$

$$x_{i+1}=\frac{l_i^2}{2EI}M_i+\frac{l_i^2}{6EI}(M_{i+1}-M_i)+\theta_i l_i+x_i \tag{6-47}$$

将方程(6-43)、方程(6-46)及方程(6-47)组合在一起，等号左边为 $i+1$ 截面的参数，等号右边为 i 截面参数，这样就得到一组由 i 截面上 4 个参数到 $i+1$ 截面上 4 个参数的矩阵递推公式：

$$\begin{bmatrix} x \\ \theta \\ M \\ Q \end{bmatrix}_{i+1}=\begin{bmatrix} 1+\dfrac{m_i\Omega^2 l_i^3}{6EI} & l_i & \dfrac{l_i^2}{2EI} & \dfrac{l_i^3}{6EI} \\ \dfrac{m_i\Omega^2 l_i^2}{2EI} & 1 & \dfrac{l_i}{EI} & \dfrac{l_i^2}{2EI} \\ m_i\Omega^2 l_i & 0 & 1 & l_i \\ m_i\Omega^2 & 0 & 0 & 1 \end{bmatrix}\begin{bmatrix} x \\ \theta \\ M \\ Q \end{bmatrix}_i \tag{6-48}$$

式(6-48)可以简写为

$$\boldsymbol{Z}_{i+1} = \boldsymbol{U}_i \boldsymbol{Z}_i \tag{6-49}$$

$\boldsymbol{U}_i$ 为 4×4 阶单元传递矩阵，它建立了如图 6－12 所示单元两端截面状态向量之间的传递关系。下面以此矩阵为基础，讨论转子系统中常见结构的传递矩阵。

6.2.2　常见结构的传递矩阵

1. 无质量等截面的弹性轴段

无质量等截面的弹性轴段的受力情况分析如图 6－13 所示，只需将方程(6－48)描述的 $\boldsymbol{U}_i$ 传递矩阵中与质量有关的元素去除就可获得其传递矩阵：

$$\boldsymbol{U}_i = \begin{bmatrix} 1 & l_i & \dfrac{l_i^2}{2EI} & \dfrac{l_i^3}{6EI} \\ 0 & 1 & \dfrac{l_i}{EI} & \dfrac{l_i^2}{2EI} \\ 0 & 0 & 1 & l_i \\ 0 & 0 & 0 & 1 \end{bmatrix} \tag{6-50}$$

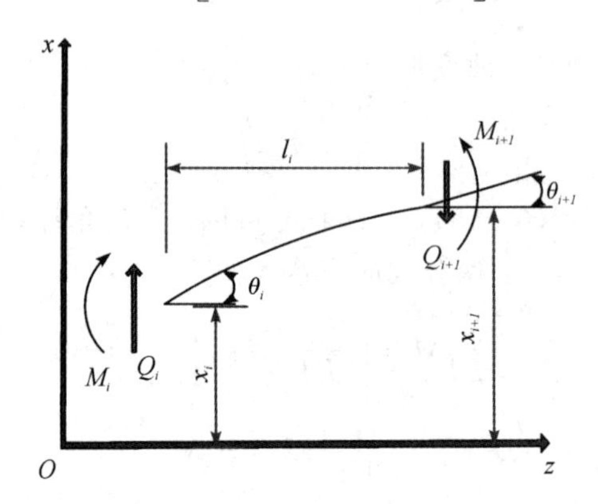

图 6－13　无质量等截面的弹性轴段受力情况分析

对于细长轴段，方程(6－50)描述的矩阵 $\boldsymbol{U}_i$ 是适合的；在轴段形状“短粗”的情况下，还需要考虑截面的剪切变形对轴段变形的影响。由材料力学知识可知，考虑了剪切变形的无质量等截面弹性轴段两端状态向量之间的传递关系为

$$\begin{bmatrix} x \\ \theta \\ M \\ Q \end{bmatrix}_{i+1} = \begin{bmatrix} 1 & l_i & \dfrac{l_i^2}{2EI} & \dfrac{l_i^3}{6EI}(1-\nu) \\ 0 & 1 & \dfrac{l_i}{EI} & \dfrac{l_i^2}{2EI} \\ 0 & 0 & 1 & l_i \\ 0 & 0 & 0 & 1 \end{bmatrix} \begin{bmatrix} x \\ \theta \\ M \\ Q \end{bmatrix}_i \tag{6-51}$$

式中：$\nu=\dfrac{6EI}{k_i GAl^2}$，$k_i$ 为横截面形状系数，对于实心圆截面 $k_i=0.9$，对于空心薄壁圆截面 $k_i=2/3$，A 为轴段横截面面积，G 为轴段的剪切弹性模量。

2. 点质量

如果在图 6－12 所示的结构中，只有点质量而没有轴段，因为点质量没有长度，所以此处只有一个 i 截面，设点质量同时受到剪力与力矩作用，并分左、右进行分析，如图 6－14(a)所示。从图中的受力情况可知，只需将方程(6－48)描述的 $\boldsymbol{U}_i$ 传递矩阵中与轴段长度 l_i 有关的元素去除就可获得点质量的传递矩阵，即：

$$\begin{bmatrix} x \\ \theta \\ M \\ Q \end{bmatrix}_i^{\mathrm{R}} = \begin{bmatrix} 1 & 0 & 0 & 0 \\ 0 & 1 & 0 & 0 \\ 0 & 0 & 1 & 0 \\ m_i\Omega^2 & 0 & 0 & 1 \end{bmatrix} \begin{bmatrix} x \\ \theta \\ M \\ Q \end{bmatrix}_i^{\mathrm{L}} \tag{6-52}$$

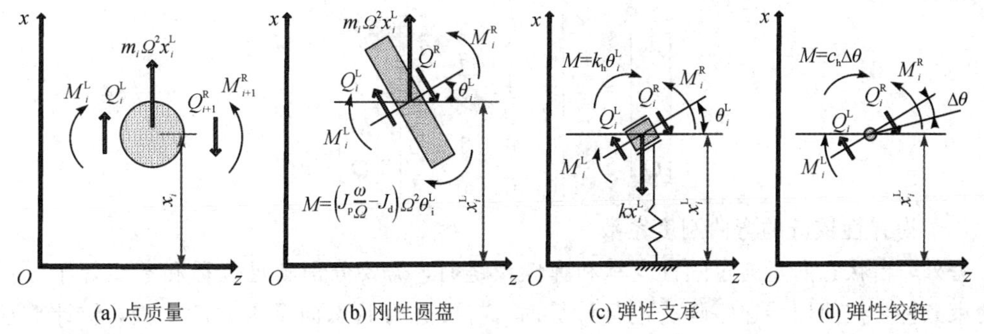

图 6－14　转子系统常见结构的受力情况分析

3. 刚性圆盘

如图 6－14(b)所示，刚性圆盘与点质量有些类似，状态向量经过刚性圆盘后，位移 x 与转角 θ 值保持不变，只有弯矩 M 与剪力 Q 发生了变化。它与点质量不同之处在于，传递矩阵中需要考虑陀螺力矩。由理论力学知识可知，刚性圆盘的左、右两端截面之间的传递关系可表示为

$$\begin{bmatrix} x \\ \theta \\ M \\ Q \end{bmatrix}_i^{\mathrm{R}} = \begin{bmatrix} 1 & 0 & 0 & 0 \\ 0 & 1 & 0 & 0 \\ 0 & \left(J_{\mathrm{p}}\dfrac{\omega}{\Omega}-J_{\mathrm{d}}\right)\Omega^2 & 1 & 0 \\ m_i\Omega^2 & 0 & 0 & 1 \end{bmatrix} \begin{bmatrix} x \\ \theta \\ M \\ Q \end{bmatrix}_i^{\mathrm{L}} \tag{6-53}$$

当转子作同步正进动时，由于 $\Omega=\omega$，所以上式中的陀螺力矩项也常写为 $(J_{\mathrm{p}}-J_{\mathrm{d}})\Omega^2$。

4. 弹性支承

如图 6-14(c)所示，状态向量经过弹性支承后，位移 x 与转角 θ 值同样保持不变，弯矩 M 与剪力 Q 会发生变化。由力学知识可知，弹性支承的左、右两端截面间的传递关系可表示为

$$\begin{bmatrix} x \\ \theta \\ M \\ Q \end{bmatrix}_i^{\mathrm{R}} = \begin{bmatrix} 1 & 0 & 0 & 0 \\ 0 & 1 & 0 & 0 \\ 0 & k_{\mathrm{h}} & 1 & 0 \\ -k & 0 & 0 & 1 \end{bmatrix} \begin{bmatrix} x \\ \theta \\ M \\ Q \end{bmatrix}_i^{\mathrm{L}} \tag{6-54}$$

式中：k 为弹性支承的刚度系数；k_{h} 为弹性支承角刚度系数，若弹性支承没有转动约束，令 $k_{\mathrm{h}}=0$ 即可。

5. 弹性铰链

如图 6-14(d)所示，状态向量经过弹性铰链后，左、右状态向量之间关系为

$$\begin{bmatrix} x \\ \theta \\ M \\ Q \end{bmatrix}_i^{\mathrm{R}} = \begin{bmatrix} 1 & 0 & 0 & 0 \\ 0 & 1 & \dfrac{1}{c_{\mathrm{h}}} & 0 \\ 0 & 0 & 1 & 0 \\ 0 & 0 & 0 & 1 \end{bmatrix} \begin{bmatrix} x \\ \theta \\ M \\ Q \end{bmatrix}_i^{\mathrm{L}} \tag{6-55}$$

式中：c_{h} 为弹性铰链的弯曲刚度系数。

另外，当状态向量通过刚性支承和弹性铰链时，需要分别满足位移和弯矩等于零这两个约束条件，在使用传递矩阵法进行计算时，就要进行状态向量参数的变换，使计算程序变得复杂。为了避免这种情况的出现，常把刚性支座处理为刚度很大的弹性支承，把弹性铰链处理为弯曲刚度系数很小的弹性铰链。

6. 单元传递矩阵

为了方便应用，常将方程(6-51)～方程(6-54)中的传递矩阵组合成为一个单元(见图 6-15)，则该单元的传递矩阵为

$$\boldsymbol{U}_i = \begin{bmatrix} 1+\dfrac{l^3}{6EI}(1-\nu)(m\Omega^2-k) & l+\dfrac{l^2}{2EI}\left(J_{\mathrm{p}}\dfrac{\omega}{\Omega}-J_{\mathrm{d}}\right)\Omega^2 & \dfrac{l^2}{2EI}+\dfrac{1}{c_{\mathrm{h}}} & \dfrac{l^3}{6EI}(1-\nu) \\ \dfrac{l^2}{2EI}(m\Omega^2-k) & 1+\dfrac{l}{EI}\left(J_{\mathrm{p}}\dfrac{\omega}{\Omega}-J_{\mathrm{d}}\right)\Omega^2 & \dfrac{l}{EI}+\dfrac{1}{c_{\mathrm{h}}} & \dfrac{l^2}{2EI} \\ (m\Omega^2-k)l & \left(J_{\mathrm{p}}\dfrac{\omega}{\Omega}-J_{\mathrm{d}}\right)\Omega^2 & 1 & l \\ (m\Omega^2-k) & 0 & 0 & 1 \end{bmatrix} \tag{6-56}$$

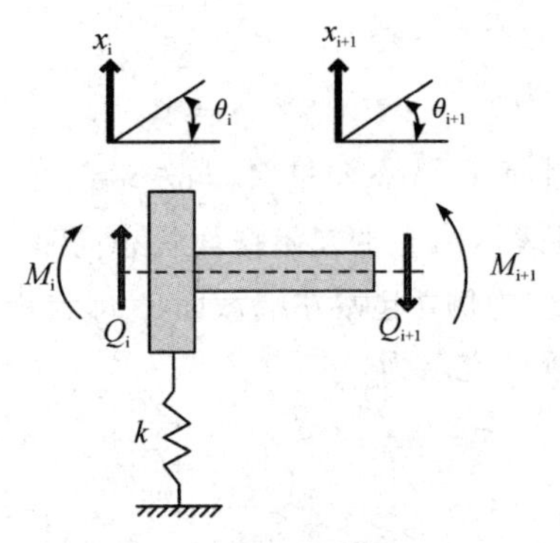

图 6－15　组合单元受力分析

该单元传递矩阵同时也适用于单元不含弹性支承、不含无质量弹性轴段、不含点质量、或不考虑陀螺力矩的情形，此时只需分别将 $\boldsymbol{U}_i$ 传递矩阵中相关元素中的 k、l、m、J_{p} 和 J_{d} 设置为零即可。

6.2.3　临界转速与振型的计算

将转子系统集总化为 N 个单元，设每个单元均由刚性圆盘、弹性轴段和刚性支承等组成，正如前文讲到的，如果实际转子系统中该单元处没有弹性支承，或不计轴段的剪切变形，或没有弹性轴段，或不计圆盘的陀螺力矩和摆动惯性，只需分别令 $\boldsymbol{U}_i$ 传递矩阵中元素的 k_i 或 ν，或 l_i，或 J_{p} 和 J_{d} 等于零即可。

如图 6－16 所示，把转子系统分成 N 个单元，从左到右依次编号为 1，2，…，N，以及 $N+1$ 个依次编号的截面。

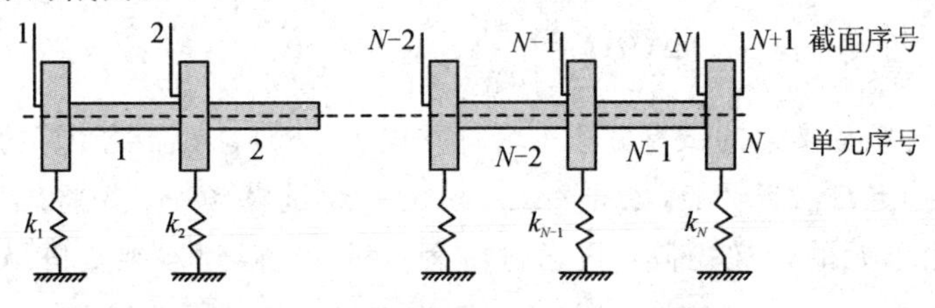

图 6－16　转子系统集总化动力学模型

通过方程(6－56)描述的单元矩阵，可以得到

$$\begin{cases} \boldsymbol{Z}_2 = \boldsymbol{U}_1 \boldsymbol{Z}_1 = \boldsymbol{A}_1 \boldsymbol{Z}_1 \\ \boldsymbol{Z}_3 = \boldsymbol{U}_2 \boldsymbol{U}_1 \boldsymbol{Z}_1 = \boldsymbol{A}_2 \boldsymbol{Z}_1 \\ \quad \vdots \\ \boldsymbol{Z}_i = \boldsymbol{U}_{i-1} \boldsymbol{U}_{i-2} \cdots \boldsymbol{U}_2 \boldsymbol{U}_1 \boldsymbol{Z}_1 = \boldsymbol{A}_i \boldsymbol{Z}_1 \\ \quad \vdots \\ \boldsymbol{Z}_{N+1} = \boldsymbol{U}_N \boldsymbol{U}_{N-1} \cdots \boldsymbol{U}_2 \boldsymbol{U}_1 \boldsymbol{Z}_1 = \boldsymbol{A}_N \boldsymbol{Z}_1 \end{cases} \tag{6-57}$$

式中：

$$\boldsymbol{A}_i = \boldsymbol{U}_i \boldsymbol{U}_{i-1} \cdots \boldsymbol{U}_2 \boldsymbol{U}_1 \quad (i = 1, 2, \cdots, N)$$

方程(6－57)描述了各个截面的状态向量 $\boldsymbol{Z}_i$ 与左端起始截面状态向量 $\boldsymbol{Z}_1$ 之间的关系，换言之，各截面状态向量均可表示为左端起始截面状态向量的函数。

以图(6－16)所示转子系统为例，起始左端截面1(即自由悬臂端)的边界条件为 $M=0$，$Q=0$，则任意截面的状态向量可表示为

$$\boldsymbol{Z}_i = \boldsymbol{A}_i \boldsymbol{Z}_1 = \begin{bmatrix} a_{11} & a_{12} & a_{13} & a_{14} \\ a_{21} & a_{22} & a_{23} & a_{24} \\ a_{31} & a_{32} & a_{33} & a_{34} \\ a_{41} & a_{42} & a_{43} & a_{44} \end{bmatrix}_{i-1} \begin{bmatrix} x \\ \theta \\ 0 \\ 0 \end{bmatrix}_1 = \begin{bmatrix} a_{11} & a_{12} \\ a_{21} & a_{22} \\ a_{31} & a_{32} \\ a_{41} & a_{42} \end{bmatrix}_{i-1} \begin{bmatrix} x \\ \theta \end{bmatrix}_1 \tag{6-58}$$

由于最右端截面 $N+1$ 与最左端的截面1边界条件相同，都是自由悬臂结构，故其边界条件亦为 $M=0$，$Q=0$。则截面 $N+1$ 的状态向量可以表示为

$$\begin{bmatrix} x \\ \theta \\ 0 \\ 0 \end{bmatrix}_{N+1} = \begin{bmatrix} a_{11} & a_{12} \\ a_{21} & a_{22} \\ a_{31} & a_{32} \\ a_{41} & a_{42} \end{bmatrix}_N \begin{bmatrix} x \\ \theta \end{bmatrix}_1 \Rightarrow \begin{bmatrix} 0 \\ 0 \end{bmatrix}_{N+1} = \begin{bmatrix} a_{31} & a_{32} \\ a_{41} & a_{42} \end{bmatrix}_N \begin{bmatrix} x \\ \theta \end{bmatrix}_1 \tag{6-59}$$

由线性代数知识可知，方程(6－59)有非零解的充分必要条件是 $\boldsymbol{A}_N$ 矩阵的行列式等于零。另外，由于转子临界转速的计算通常都是指正同步进动情况下的解，故令转子自转角速度等于涡动角速度，即 $\Omega=\omega$，由此可得转子系统作同步正进动时的临界转速计算公式为

$$\Delta(\Omega^2) = \begin{vmatrix} a_{31} & a_{32} \\ a_{41} & a_{42} \end{vmatrix}_N = 0 \tag{6-60}$$

下面介绍一种频率搜索的试算方法来求解方程(6－60)。在需要计算的频率范围内，按一定的步长 $\Delta\Omega$ 选定 Ω，$\Omega+\Delta\Omega$，$\Omega+2\Delta\Omega$，… 为一组试算频率。先将轴段参数代入方程(6－56)计算各个单元的传递矩阵，再通过方程(6－59)得到连乘矩阵 $\boldsymbol{A}_N$，最后由方程(6－60)计算出频率 $\Delta(\Omega^2)$ 的数值。试算中如果发现相邻的两个数值 $\Delta(\Omega^2)$ 异号，则说明在这两个频率之间一定存在一个频率满足方程(6－60)，可以近似取这两个频率的算术平均值作为转子系统的临界转速。如此继续下去，就可以在指定范围内把频率方程的根一个个搜索出来，这些根对应着系统的各阶临界转速。

另外，需要指出的是，如果步长 $\Delta\Omega$ 太大，不能够满足计算精度，可以在两个相邻异号频率范围内，选择更小的能够满足计算精度的步长 $\Delta\Omega$，搜索更为精确的转子系统的临界转速值。

如图6－17所示是转子同步正进动频率方程 $\Delta(\Omega^2)$ 与试算频率 Ω 的关系曲线，曲线与

横坐标的交点就是频率方程的根，即转子系统的各阶临界角速度。由于曲线是连续的，所以只要步长选取合适，就可以用搜索法找到指定范围内的全部临界角速度值。

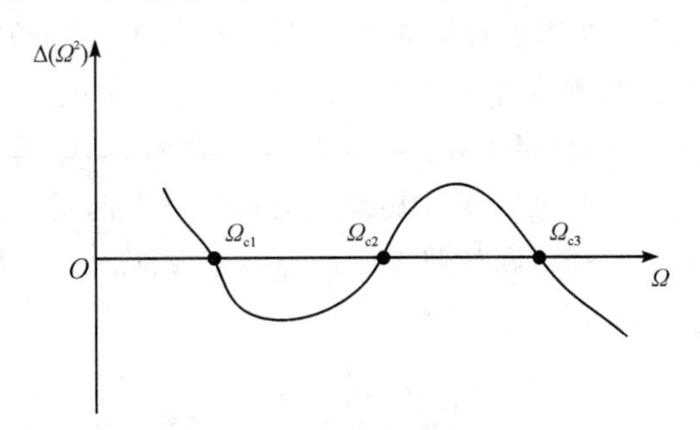

图 6-17　转子同步正进动频率方程 $\Delta(\Omega^2)$ 曲线

求得某一阶临界角速度后，可以使用方程(6-59)求出 $\mu=\theta_1/x_1$，再由下式得到各截面的状态向量比例解

$$Z_i=\begin{bmatrix}x\\\theta\\M\\Q\end{bmatrix}_i=\begin{bmatrix}a_{11}&a_{12}\\a_{21}&a_{22}\\a_{31}&a_{32}\\a_{41}&a_{42}\end{bmatrix}_{i-1}\begin{bmatrix}1\\\mu\end{bmatrix}\tag{6-61}$$

通过式(6-61)，可以求出各个截面的位移 x_i 的比例解，即为对应该临界角速度的振型。

例 6-2　在如图 6-18(a)所示转子系统中，一根等截面实心轴(直径 $d=0.04$ m，长度 $l=1.56$ m)，在轴上相应位置布置了 8 个相同的刚性圆盘(直径 $D=0.5$ m，宽度 $h=0.025$ m)，共有 3 个轴承对转子系统进行支承，试用传递矩阵法计算系统前 3 阶临界转速及振型。

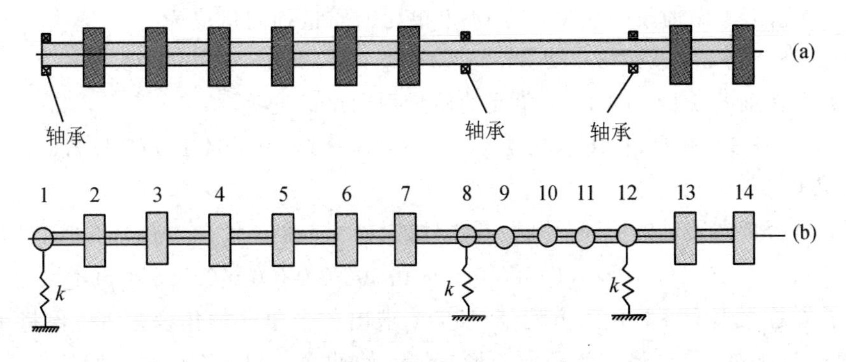

图 6-18　转子系统结构及动力学模型

为了使用传递矩阵法进行计算，将图 6 - 18(a)所示的转子系统结构图简化为如图 6 - 18(b)所示动力学模型，具体方法如下：

(1) 为了方便建模，使用两个刚性圆盘之间的距离(即 0.12 m)将转轴分成 13 个轴段；

(2) 为了考虑轴段部分的质量对转子系统的影响，将轴段进行集总化处理。如图 6 - 19(a)所示，设图示等截面轴段的直径为 d，长度为 l，密度为 ρ，则其质量 $m=\pi\rho l\mathrm{d}^2/4$；将质量均匀分布的轴段，以两个点质量的形式集总到轴段左、右两端，大小按整个轴段质量的一半处理；位于点质量中间的轴段则按照无质量等截面弹性轴段进行处理，如图 6 - 19(b)所示；

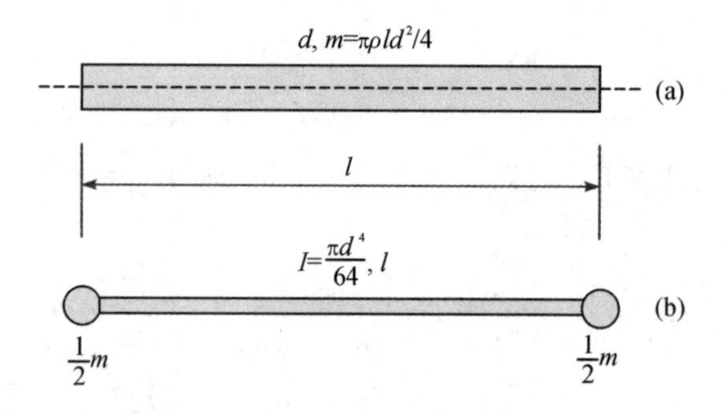

图 6 - 19　轴段的集总质量模型

(3) 为了方便使用传递矩阵法进行计算，将 3 个滚动轴承的固定支承看作刚度值很大($k=5\times10^7$ N/m)的弹性支承。

如此便将转子系统转化为具有 14 个单元、14 个截面的集总化动力学模型，如图 6 - 18(b)所示。模型在左、右两个端面(即起始与终止截面)的边界条件相同，都是自由悬臂结构，即此处弯矩 $M=0$，剪力 $Q=0$。

需要注意：轴段的集总化，只是增加分析截面上圆盘的质量，并不改变圆盘的转动惯量。如果本例题不考虑轴段的质量，则 14 个单元的质量列向量应为

$\boldsymbol{M}=[0\ 38.288\ 38.288\ 38.288\ 38.288\ 38.288\ 38.288\ 0\ 0\ 0\ 0\ 0\ 38.288\ 38.288]^{\mathrm{T}}$

如果考虑转轴的质量，则 14 个单元的质量列向量改变为

$\boldsymbol{M}=[0.5881\ 39.464\ 39.464\ 39.464\ 39.464\ 39.464\ 39.464\ 1.176\ 1.176\ 1.176\ 1.176\ 1.176\ 39.464\ 39.464]^{\mathrm{T}}$

但不论是否考虑转轴的质量，刚性圆盘处的转动惯性($J=J_{\mathrm{p}}-J_{\mathrm{d}}$)的列向量始终为

$$\boldsymbol{J}=[0\ 0.598\ 0.598\ 0.598\ 0.598\ 0.598\ 0\ 0\ 0\ 0\ 0\ 0.598\ 0.598]^{\mathrm{T}}$$

将转子集总化模型参数代入方程(6 - 56)，求出各个单元的传递矩阵，再将 14 个矩阵按方程(6 - 57)连乘，得到最右端截面与最左端起始截面之间状态向量之间的传递关系矩阵 $\boldsymbol{A}_{14}$，最后利用方程(6 - 60)，使用频率搜索法求出系统的前 3 阶临界转速如下：

$$n_{c1}=1530.7\ \mathrm{r/min},\quad n_{c2}=2384.7\ \mathrm{r/min},\quad n_{c3}=5988.4\ \mathrm{r/min}$$

将求得的前 3 阶临界转速代入方程(6-59)，求出 $\mu=\theta_1/x_1$，再设左端起始截面的状态向量为$[1,\ \mu,\ 0,\ 0]^{\mathrm{T}}$，将其代入方程(6-61)，得到各截面位移 x_i 的比例解，进而得到各个临界转速对应的振型。如将该比例解用图形表示，即可得到该系统的前 3 阶振型图，如图 6-20 所示。

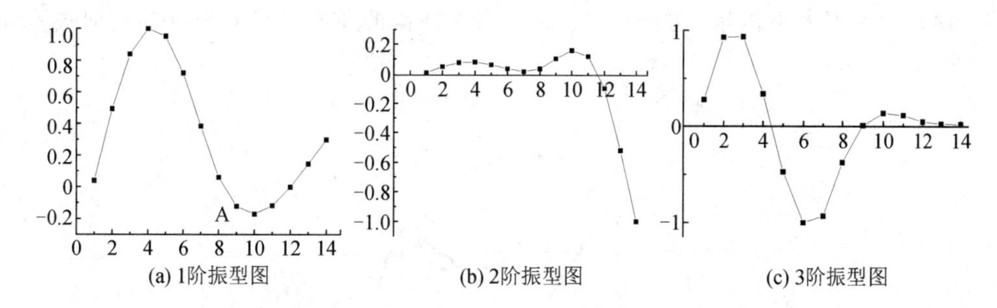

图 6-20　转子系统第 1、2、3 阶临界转速处的振型图

从图 6-20 可知，1 阶振型发生时，转子系统截面 4 处圆盘的振幅最大，位于两轴承之间的轴段在截面 10 处以及最右侧截面 14 处有两个局部极值振幅；2 阶振型发生时，最右端截面 14 处振幅最大，且远大于截面 4、截面 10 两处的局部极值振幅；3 阶振型最大振幅则发生在截面 2、3 处的刚性圆盘，此时最右端截面 14 处圆盘几乎不振动。

6.3　转子不平衡响应的计算

前文在讲述转子临界转速及振型的计算时，均假设转子的质心与其回转中心重合，转子的极惯性主轴与转子的几何中心线完全重合。但在实际工程中，由于材料的不均匀和工艺制造的误差，转子总是或大或小地存在静、动不平衡量，即转子质心偏离旋转轴线或极惯性主轴偏离旋转轴线的情况。这时，转子系统将受到由它们产生的不平衡力或力矩的作用，进而发生强迫振动。

在转子动力学中，把转子在不平衡力或力矩作用下所产生的振动物理量称作不平衡响应，因此，不平衡响应的计算内容就是在给定的转速下，在给定的转子不平衡量分布的情况下，计算转子上各点轨迹的有关参数。对于一个工程实际中的转子来说，其不平衡量的大小与分布通常是未知的，但对转子不平衡响应的分析却可以得出不平衡量在转子上不同位置的影响程度，这有助于在动平衡工作中选择合适的平衡面。此外，不平衡响应的计算也可以用于确定转子在计及阻尼影响时的临界转速。

轴类结构特别适合采用传递矩阵法来建立动力学模型，进而完成稳态不平衡响应分析。但当转轴的支承轴承出现各向异性时，其支承力在两个相互垂直的方向会存在耦合关系，振动特性就不能像前文一样在一个平面内描述，必须用两个相互垂直的平面内的振动来共同描述。针对这种情况，我们需要重新推导刚性圆盘与弹性轴段的传递矩阵。

6.3.1 刚性圆盘的传递矩阵

在由转子不平衡量引起稳态强迫振动时，激振力与转子自转同步，且转子自转角速度与转子涡动角速度大小相等、方向相同。此时刚性圆盘的质心与形心坐标的几何关系如图6-21所示。

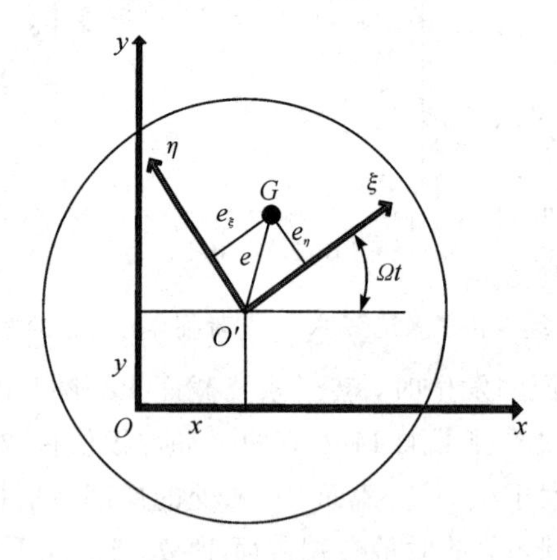

图6-21　圆盘上固定坐标系 Oxy 与旋转坐标系 $O'\xi\eta$ 之间的位置关系

取固定坐标系 $Oxyz$，坐标原点取在圆盘的静平衡位置，z 轴与圆盘静平衡时轴向中心线重合，圆盘的形心为 O' 点，则圆盘的横向振幅可以用 x、y 表示。在圆盘形心上固定一个动坐标系 $O'\xi\eta$，圆盘的质心为 G 点，即圆盘的偏心距为 e，e 在动坐标系上的投影分别 e_ξ、e_η。设在某一时刻 t，动坐标系的 ξ 轴与静坐标系的 x 轴的夹角为 Ωt。

在不平衡力的作用下，转子的涡动与转子的自转是正同步的。由图6-21可以方便地写出刚性圆盘的质心坐标 x_G、y_G 与其形心坐标 x、y 之间的关系如下：

$$\begin{cases} x_G = x + e_\xi \cos\Omega t - e_\eta \sin\Omega t \\ y_G = y + e_\xi \sin\Omega t + e_\eta \cos\Omega t \end{cases} \tag{6-62}$$

现在假设该圆盘支承在油膜轴承上，油膜轴承不仅能为圆盘提供径向支承刚度，还能通过油膜起到阻尼的作用。一般把弹性力、阻尼力按 x、y 方向统称为 x、y 方向的油膜力 $F_x(\mathrm{sfd})$、$F_y(\mathrm{sfd})$，则刚性圆盘在 x、y 方向的受力大小可分别表示为

$$\begin{cases} F_x(\mathrm{sfd}) = -k_{xx}x - k_{xy}y - c_{xx}\dot{x} - c_{xy}\dot{y} \\ F_y(\mathrm{sfd}) = -k_{yx}x - k_{yy}y - c_{yx}\dot{x} - c_{yy}\dot{y} \end{cases} \tag{6-63}$$

式中：$k_{xx} = -\dfrac{\partial F_x}{\partial x}$、$k_{yy} = -\dfrac{\partial F_y}{\partial y}$ 分别为 x、y 方向的油膜刚度系数，例如，k_{xx} 表示圆盘中

心 O' 点在 x 方向有单位位移时，加在 O' 点且沿 x 方向的力；$k_{xy}=-\dfrac{\partial F_x}{\partial y}$、$k_{yx}=-\dfrac{\partial F_y}{\partial x}$ 分别为耦合油膜刚度系数，例如，k_{xy} 表示圆盘中心 O' 点在 y 方向有单位位移时，加在 O' 点且沿 x 方向的力；$c_{xx}=-\dfrac{\partial F_x}{\partial \dot{x}}$、$c_{yy}=-\dfrac{\partial F_y}{\partial \dot{y}}$ 分别为 x、y 方向的油膜阻尼系数，例如，c_{xx} 表示圆盘中心 O' 点在 x 方向有单位速度时，加在 O' 点且沿 x 方向的力；$c_{xy}=-\dfrac{\partial F_x}{\partial \dot{y}}$、$c_{yx}=-\dfrac{\partial F_y}{\partial \dot{x}}$ 分别为耦合油膜阻尼系数，例如，c_{xy} 表示圆盘中心 O' 点在 y 方向有单位速度时，加在 O' 点且沿 x 方向的力。

当支承轴承出现各向异性时，其支承力在 x、y 方向就会存在耦合关系，振动特性就不能像前文一样在一个平面内描述，此时必须用两个相互垂直的平面(即 Oxz 及 Oyz 两个坐标平面)内的振动来共同描述，如图 6-22 所示。

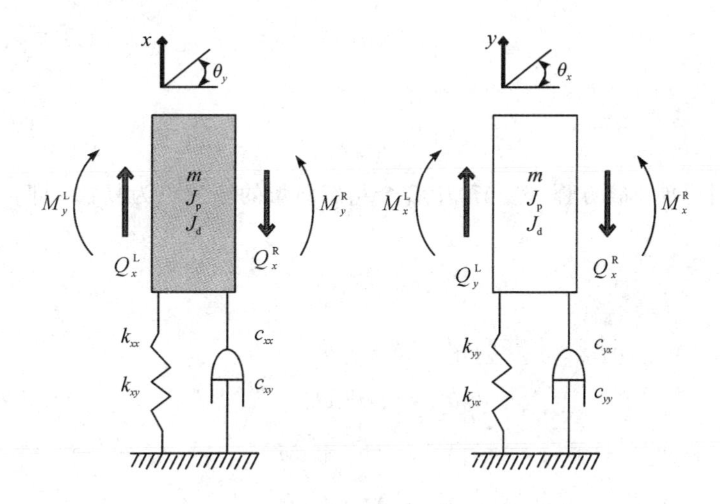

图 6-22　刚性圆盘在 Oxz 及 Oyz 平面内的运动与受力分析

由动量与动量矩定理，可得圆盘质心 G 的运动方程如下：

$$\begin{cases} m\ddot{x}_G = Q_x^L - Q_x^R - k_{xx}x - k_{xy}y - c_{xx}\dot{x} - c_{xy}\dot{y} \\ m\ddot{y}_G = Q_y^L - Q_y^R - k_{yy}y - k_{yx}x - c_{yy}\dot{y} - c_{yx}\dot{x} \\ J_d\ddot{\theta}_x + J_p\omega\dot{\theta}_y = M_x^R - M_x^L \\ J_d\ddot{\theta}_y + J_p\omega\dot{\theta}_x = M_y^R - M_y^L \end{cases} \tag{6-64}$$

令 $U=m(e_{\xi}+\mathrm{i}e_{\eta})$，则有

$$\begin{cases}U\omega^{2}\mathrm{e}^{\mathrm{i}\Omega t}=m\Omega^{2}\left[(e_{\xi}\cos\Omega t-e_{\eta}\sin\Omega t)+\mathrm{i}(e_{\xi}\sin\Omega t+e_{\eta}\cos\Omega t)\right]\\-\mathrm{i}U\Omega^{2}\mathrm{e}^{\mathrm{i}\omega t}=m\Omega^{2}\left[(e_{\xi}\sin\Omega t+e_{\eta}\cos\Omega t)-\mathrm{i}(e_{\xi}\cos\Omega t-e_{\eta}\sin\Omega t)\right]\end{cases}\tag{6-65}$$

将方程(6-62)的 2 阶导数以及方程(6-65)代入方程(6-64)，整理后得到

$$\begin{cases}m\ddot{x}=Q_{x}^{\mathrm{L}}-Q_{x}^{\mathrm{R}}-k_{xx}x-k_{xy}y-c_{xx}\dot{x}-c_{xy}\dot{y}+\mathrm{Re}(\omega^{2}U\mathrm{e}^{\mathrm{i}\Omega})\\m\ddot{y}=Q_{y}^{\mathrm{L}}-Q_{y}^{\mathrm{R}}-k_{yy}y-k_{yx}x-c_{yy}\dot{y}-c_{yx}\dot{x}+\mathrm{Re}(-\mathrm{i}\omega^{2}U\mathrm{e}^{\mathrm{i}\Omega})\end{cases}\tag{6-66}$$

方程(6-66)表示在自转角频率为 Ω 时，刚性圆盘在不平衡力作用下的简谐振动。设方程的解为

$$\begin{cases}x=\bar{x}\mathrm{e}^{\mathrm{i}\Omega t}\\y=\bar{y}\mathrm{e}^{\mathrm{i}\Omega t}\\\theta_{x}=\bar{\theta}_{x}\mathrm{e}^{\mathrm{i}\Omega t}\\\theta_{y}=\bar{\theta}_{y}\mathrm{e}^{\mathrm{i}\Omega t}\\M_{x}=\overline{M}_{x}\mathrm{e}^{\mathrm{i}\Omega t}\\M_{y}=\overline{M}_{y}\mathrm{e}^{\mathrm{i}\Omega t}\end{cases}\tag{6-67}$$

由于含有阻尼项，故方程(6-67)中各个状态向量的幅值也为复数，即：

$$\begin{cases}\bar{x}=x_{c}+\mathrm{i}x_{s}\\\bar{y}=y_{c}+\mathrm{i}y_{s}\\\bar{\theta}_{x}=\theta_{xc}+\mathrm{i}\theta_{xs}\\\bar{\theta}_{y}=\theta_{yc}+\mathrm{i}\theta_{ys}\\\overline{M}_{x}=M_{xc}+\mathrm{i}M_{xs}\\\overline{M}_{y}=M_{yc}+\mathrm{i}M_{ys}\end{cases}\tag{6-68}$$

引入状态向量：

$$\boldsymbol{z}=\begin{bmatrix}\bar{x} & \bar{\theta}_{x} & \overline{M}_{x} & \overline{Q}_{x} & \bar{y} & \bar{\theta}_{y} & \overline{M}_{y} & \overline{Q}_{y} & 1\end{bmatrix}^{\mathrm{T}}$$

设方程(6-66)的解为

$$\boldsymbol{z}=\bar{\boldsymbol{z}}\mathrm{e}^{\mathrm{i}\Omega t}=(\boldsymbol{z}_{\mathrm{c}}+\mathrm{i}\boldsymbol{z}_{\mathrm{s}})\mathrm{e}^{\mathrm{i}\Omega t}\tag{6-69}$$

将式(6-69)代入方程(6-66)中，并将其写为矩阵形式：

$$
\begin{bmatrix} \bar{x} \\ \bar{\theta}_x \\ \bar{M}_x \\ \bar{Q}_x \\ \bar{y} \\ \bar{\theta}_y \\ \bar{M}_y \\ \bar{Q}_y \\ 1 \end{bmatrix}_i^{\mathrm{R}} = \begin{bmatrix} 1 & 0 & 0 & 0 & 0 & 0 & 0 & 0 & 0 \\ 0 & 1 & 0 & 0 & 0 & 0 & 0 & 0 & 0 \\ 0 & -\Omega^2 J_{\mathrm{d}} & 1 & 0 & 0 & \mathrm{i}\Omega^2 J_{\mathrm{p}} & 0 & 0 & 0 \\ m\Omega^2 - s_{xx} & 0 & 0 & 1 & -s_{xy} & 0 & 0 & 0 & \Omega^2 U \\ 0 & 0 & 0 & 0 & 1 & 0 & 0 & 0 & 0 \\ 0 & 0 & 0 & 0 & 0 & 1 & 0 & 0 & 0 \\ 0 & -\mathrm{i}\Omega^2 J_{\mathrm{p}} & 0 & 0 & 0 & -\Omega^2 J_{\mathrm{d}} & 1 & 0 & 0 \\ -s_{yx} & 0 & 0 & 0 & m\Omega^2 - s_{yy} & 0 & 0 & 1 & -\mathrm{i}\Omega^2 U \\ 0 & 0 & 0 & 0 & 0 & 0 & 0 & 0 & 1 \end{bmatrix}_i \begin{bmatrix} \bar{x} \\ \bar{\theta}_x \\ \bar{M}_x \\ \bar{Q}_x \\ \bar{y} \\ \bar{\theta}_y \\ \bar{M}_y \\ \bar{Q}_y \\ 1 \end{bmatrix}_i^{\mathrm{L}} \tag{6-70}
$$

为了简化计算，可暂时略去方程中实部符号 Re，等计算出结果后，再取其实部即可。或简写为

$$
\boldsymbol{z}_i^{\mathrm{R}} = \boldsymbol{D}_i \boldsymbol{z}_i^{\mathrm{L}} \tag{6-71}
$$

式中：$s_{xx} = k_{xx} + \mathrm{i}\Omega c_{xx}$；$s_{xy} = k_{xy} + \mathrm{i}\Omega c_{xy}$；$s_{yx} = k_{yx} + \mathrm{i}\Omega c_{yx}$；$s_{yy} = k_{yy} + \mathrm{i}\Omega c_{yy}$。

由此便得到了当支承出现各向异性时，刚性圆盘左、右两个端面之间的传递矩阵 $\boldsymbol{D}_i$。

6.3.2　弹性轴段的传递矩阵

前文讲述了考虑剪切变形的无质量等截面弹性轴段两端状态向量在 Oxz 平面之间传递的关系矩阵，在 Oyz 平面也可以推导出相似的传递关系矩阵。将它们的参数按状态向量 $\boldsymbol{z}$ 的顺序合并在一起，即可得到弹性轴段在左、右两端面之间的传递矩阵：

$$
\begin{bmatrix} \bar{x} \\ \bar{\theta}_x \\ \bar{M}_x \\ \bar{Q}_x \\ \bar{y} \\ \bar{\theta}_y \\ \bar{M}_y \\ \bar{Q}_y \\ 1 \end{bmatrix}_{i+1} = \begin{bmatrix} 1 & l & \dfrac{l^2}{2EI} & \dfrac{l^3}{6EI}(1-\nu) & 0 & 0 & 0 & 0 & 0 \\ 0 & 1 & \dfrac{l}{EI} & \dfrac{l^2}{2EI} & 0 & 0 & 0 & 0 & 0 \\ 0 & 0 & 1 & l & 0 & 0 & 0 & 0 & 0 \\ 0 & 0 & 0 & 1 & 0 & 0 & 0 & 0 & 0 \\ 0 & 0 & 0 & 0 & 1 & l & \dfrac{l^2}{2EI} & \dfrac{l^3}{6EI}(1-\nu) & 0 \\ 0 & 0 & 0 & 0 & 0 & 1 & \dfrac{l}{EI} & \dfrac{l^2}{2EI} & 0 \\ 0 & 0 & 0 & 0 & 0 & 0 & 1 & l & 0 \\ 0 & 0 & 0 & 0 & 0 & 0 & 0 & 1 & 0 \\ 0 & 0 & 0 & 0 & 0 & 0 & 0 & 0 & 1 \end{bmatrix}_i \begin{bmatrix} \bar{x} \\ \bar{\theta}_x \\ \bar{M}_x \\ \bar{Q}_x \\ \bar{y} \\ \bar{\theta}_y \\ \bar{M}_y \\ \bar{Q}_y \\ 1 \end{bmatrix}_i \tag{6-72}
$$

或简写为

$$\boldsymbol{z}_{i+1}=\boldsymbol{B}_i\boldsymbol{z}_i \tag{6-73}$$

6.3.3 转子不平衡响应的计算

把圆盘和轴段合成为一个单元，则该单元的传递矩阵为

$$\boldsymbol{z}_{i+1}^{\mathrm{R}}=\boldsymbol{B}_i\boldsymbol{D}_i\boldsymbol{z}_i^{\mathrm{L}}=\boldsymbol{T}_i\boldsymbol{z}_i^{\mathrm{L}} \tag{6-74}$$

得到典型单元部件在有不平衡量情况下的传递矩阵 $\boldsymbol{T}_i(\boldsymbol{T}_i=\boldsymbol{B}_i\boldsymbol{D}_i)$后，就可以使用公式(6－57)描述的递推关系建立各个截面的状态向量与起始截面状态向量之间的关系。

下面仍以图 6－16 所示转子系统为例，说明如何使用传递矩阵法求解转子系统的不平衡响应。

转子系统在左、右两个端面(即起始与终止截面)的边界条件相同，都是自由悬臂结构(即此处的弯矩 $M_x=M_y=0$，剪力 $Q_x=Q_y=0$)。则最右端截面 $N+1$ 与最左端起始截面间状态向量之间的关系如下：

$$\begin{bmatrix}\bar{x}\\ \bar{\theta}_x\\ 0\\ 0\\ \bar{y}\\ \bar{\theta}_y\\ 0\\ 0\\ 1\end{bmatrix}_{N+1}=\begin{bmatrix}a_{11}&a_{12}&a_{13}&a_{14}&a_{15}&a_{16}&a_{17}&a_{18}&a_{19}\\ a_{21}&a_{22}&a_{23}&a_{24}&a_{25}&a_{26}&a_{27}&a_{28}&a_{29}\\ a_{31}&a_{32}&a_{33}&a_{34}&a_{35}&a_{36}&a_{37}&a_{38}&a_{39}\\ a_{41}&a_{42}&a_{43}&a_{44}&a_{45}&a_{46}&a_{47}&a_{48}&a_{49}\\ a_{51}&a_{52}&a_{53}&a_{54}&a_{55}&a_{56}&a_{57}&a_{58}&a_{59}\\ a_{61}&a_{62}&a_{63}&a_{64}&a_{65}&a_{66}&a_{67}&a_{68}&a_{69}\\ a_{71}&a_{72}&a_{73}&a_{74}&a_{75}&a_{76}&a_{77}&a_{78}&a_{79}\\ a_{81}&a_{82}&a_{83}&a_{84}&a_{85}&a_{86}&a_{87}&a_{88}&a_{89}\\ a_{91}&a_{92}&a_{93}&a_{94}&a_{95}&a_{96}&a_{97}&a_{98}&a_{99}\end{bmatrix}_N\begin{bmatrix}\bar{x}\\ \bar{\theta}_x\\ 0\\ 0\\ \bar{y}\\ \bar{\theta}_y\\ 0\\ 0\\ 1\end{bmatrix}_1 \tag{6-75}$$

方程(6－75)中的截面 $N+1$ 与截面 1 的状态向量中弯矩($M_x=M_y=0$)与剪力($Q_x=Q_y=0$)均为 0，如果我们只考虑它们之间的传递关系，略去两截面之间的位移与转角传递关系，整理后可以得到如下方程：

$$\begin{bmatrix}a_{31}&a_{32}&a_{35}&a_{36}\\ a_{41}&a_{42}&a_{45}&a_{46}\\ a_{71}&a_{72}&a_{75}&a_{76}\\ a_{81}&a_{82}&a_{85}&a_{86}\end{bmatrix}\begin{bmatrix}\bar{x}\\ \bar{\theta}_x\\ y\\ \bar{\theta}_y\end{bmatrix}_1=-\begin{bmatrix}a_{39}\\ a_{49}\\ a_{79}\\ a_{89}\end{bmatrix} \tag{6-76}$$

由方程(6－76)可以求出起始截面 1 的复数位移、角位移；再把起始截面 1 的状态向量代入方程(6－57)，推导出其他所有截面的位移向量；通过改变角速度 Ω 值，反复计算各个截面在不同角速度下的复数位移向量，并取其实部，就可以得到各截面的稳态不平衡响

应，即：

$$\begin{bmatrix} \bar{x} \\ \bar{\theta}_x \\ \bar{y} \\ \bar{\theta}_y \end{bmatrix}_{i+1} = \begin{bmatrix} a_{31} & a_{32} & a_{35} & a_{36} \\ a_{41} & a_{42} & a_{45} & a_{46} \\ a_{71} & a_{72} & a_{75} & a_{76} \\ a_{81} & a_{82} & a_{85} & a_{86} \end{bmatrix}_i \begin{bmatrix} \bar{x} \\ \bar{\theta}_x \\ \bar{y} \\ \bar{\theta}_y \end{bmatrix}_i \quad i=1, 2, \cdots, N \tag{6-77}$$

注意，方程(6－77)等号左边的位移、角位移还不是第 $i+1$ 截面的稳态位移向量，真正的位移响应还要通过取实部获得，即：

$$[x \quad \theta_x \quad y \quad \theta_y]_i^{\mathrm{T}} = \mathrm{Re}\left([\bar{x} \quad \bar{\theta}_x \quad \bar{y} \quad \bar{\theta}_y]_i^{\mathrm{T}} \mathrm{e}^{\mathrm{i}\Omega t}\right) \tag{6-78}$$

下面以位移 x、y 为例，说明真实稳态位移向量如何获得。

$$\begin{aligned} x_i &= \mathrm{Re}[(x_{ci} + \mathrm{i}x_{si})\mathrm{e}^{\mathrm{i}\Omega t}] = x_{ci}\cos\Omega t + x_{si}\sin\Omega t \\ &= \sqrt{x_{ci}^2 + x_{si}^2}\cos(\Omega t + \varphi_{xi}) \end{aligned} \tag{6-79}$$

同理可以求得：

$$y_i = \sqrt{y_{ci}^2 + y_{si}^2}\sin(\Omega t + \varphi_{yi}) \tag{6-80}$$

其中：

$$\varphi_{xi} = \arctan\left(\frac{x_{si}}{x_{ci}}\right); \quad \varphi_{yi} = \arctan\left(\frac{y_{ci}}{-y_{si}}\right)$$

方程(6－79)与方程(6－80)就是第 i 个圆盘的位移运动方程，消去时间 t 后，可得轨迹方程为

$$\frac{(y_{ci}^2 + y_{si}^2)x_i^2 + (x_{ci}^2 + x_{si}^2)y_i^2 - 2(x_{ci}y_{ci} + c_{si}y_{si})x_i y_i}{(x_{si}y_{ci} - x_{ci}y_{si})^2} = 1 \tag{6-81}$$

方程(6－81)是一个椭圆方程，椭圆的主轴一般不与 x、y 轴重合。通过计算可以得到椭圆的长半轴 a、短半轴 b、长半轴与 x 轴的夹角 α 的计算公式如下：

$$\begin{aligned} a = \frac{1}{2}\Big[&\sqrt{(x_{ci}^2 + x_{si}^2) + (y_{ci}^2 + y_{si}^2) + 2(x_{si}y_{ci} - x_{ci}y_{si})} \\ &+ \sqrt{(x_{ci}^2 + x_{si}^2) + (y_{ci}^2 + y_{si}^2) - 2(x_{si}y_{ci} - x_{ci}y_{si})}\Big] \end{aligned} \tag{6-82}$$

$$\begin{aligned} b = \frac{1}{2}\Big[&\sqrt{(x_{ci}^2 + x_{si}^2) + (y_{ci}^2 + y_{si}^2) + 2(x_{si}y_{ci} - x_{ci}y_{si})} \\ &- \sqrt{(x_{ci}^2 + x_{si}^2) + (y_{ci}^2 + y_{si}^2) - 2(x_{si}y_{ci} - x_{ci}y_{si})}\Big] \end{aligned} \tag{6-83}$$

$$\tan 2\alpha = \frac{2(x_{ci}y_{ci} + c_{si}y_{si})}{(x_{ci}^2 + x_{si}^2) - (y_{ci}^2 + y_{si}^2)} \tag{6-84}$$

当 $b>0$ 时(即当 $x_{si}y_{ci} - x_{ci}y_{si} > 0$ 时)，表示转子正进动；当 $b<0$ 时(即当 $x_{si}y_{ci}-$

$x_{ci}y_{si}<0$ 时），表示转子反进动，而椭圆的短半轴则用 b 的绝对值表示。

综上所述，当支承为各向异性时，转子的稳态不平衡响应有以下性质：

(1) 各圆盘中心的轨迹是具有不同大小及方位的椭圆；

(2) 不同的圆盘中心，具有不同的 φ_{xi}、φ_{yi}，因此轴线弯曲成一条空间曲线。只有在不计阻尼，轴承各向同性，且不平衡量分布在同一个平面内时，变形后的轴线才为一条平面曲线；

(3) 这一空间曲线不是作等角速度转动，但其旋转一周的时间为 $2\pi/\Omega$。

另外，当支承为各向同性时，转子形心涡动的运动轨迹为圆，此时对转子系统的不平衡响应的分析只需要在 Oxz 一个坐标平面内进行就可以了，相应的 9×9 阶传递矩阵 $\boldsymbol{A}_i$ 也将简化为 5×5 阶矩阵。此时状态向量为

$$\boldsymbol{z}=\begin{bmatrix}\bar{x} & \bar{\theta}_x & \overline{M}_x & \overline{Q}_x & 1\end{bmatrix}^{\mathrm{T}}$$

例 6-3　如图 6-23 所示为一垂直放置的转子-轴承系统，该系统上端采用滚动轴承支承(支承刚度系数为 6.8×10^7 N/m)，下端采用鼠笼式挤压油膜阻尼器支承(结构参数：鼠笼支承刚度系数为 3.94×10^4 N/m、油膜间隙 $C=2$ mm、润滑油动力润滑黏度 $\mu=0.1$ N·s·m^{-2}、油膜半径 $R=23.5$ mm、油膜长度 $L=40$ mm)。根据图 6-23 左侧视图中转子系统的实际结构与尺寸，经过简化，获得该系统的动力学计算模型，如图 6-23 右侧视图所示。模型由 2 个支承、4 个刚性薄圆盘、11 个点质量和 14 个无质量等截面弹性轴段组成。表 6-1 列出了各

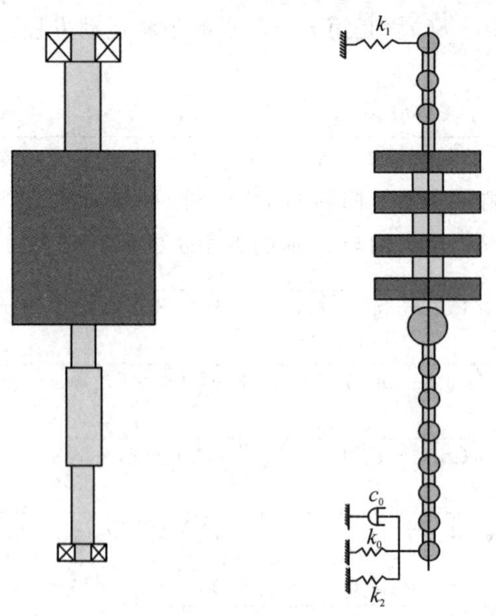

图 6-23　转子-轴承系统结构及其动力学模型

个轴段与刚性圆盘的几何、物理参数。设刚性圆盘上、下端面处均有 0.0015 kg·m 的不平衡量，试计算转速在 0～3000 r/min 范围内时，刚性圆盘上、下端面处的幅频特性曲线。

表 6-1　转子系统的几何、物理参数表

单元编号	轴密度/(kg/m^3)	轴外径/m	轴长度/m	盘直径/m	盘厚度/m	盘密度/(kg/m^3)
1	7850	0.02	0.01	0	0	0
2	7850	0.018	0.01	0	0	0
3	7850	0.019	0.042	0	0	0
4	0	0.1	0.05	0.3	0.05	7850
5	0	0.1	0.05	0.3	0.05	7850
6	0	0.1	0.05	0.3	0.05	7850
7	0	0.1	0.05	0.3	0.05	7850
8	7850	0.017	0.0115	0	0	0
9	7850	0.02	0.034	0	0	0
10	7850	0.02	0.034	0	0	0
11	7850	0.02	0.034	0	0	0
12	7850	0.019	0.016	0	0	0
13	7850	0.017	0.022	0	0	0
14	7850	0.017	0.022	0	0	0
15	7850	0.02	0.01	0	0	0

由于阻尼器的长径比 $L/D=0.89$，油膜刚度与阻尼系数的计算可以按长轴承近似理论求得(计算公式参看本书第 7 章内容)。油膜阻尼器的刚度系数与阻尼系数均为油膜轴颈偏心率和转子工作转速的函数，而油膜轴颈的偏心率又取决于转子系统的振动量。针对这种情况，可在传递矩阵法中引入迭代算法，来求解转子系统的幅频特性曲线，具体步骤如下：

(1) 确定需要迭代的转速范围以及步长：转速范围为 0～3000 r/min，步长为 1 r/min；

(2) 在给定 $\Omega^{(p)}$ 的转速下，根据刚性圆盘中心的振幅 x、y 初值及阻尼器等效质量的振幅 x_1、y_1 初值(首次计算时振幅可取 0)，计算油膜的刚度系数与阻尼系数；

(3) 计算轴系各单元的传递矩阵 $\boldsymbol{T}_i$，求解转子系统动力学模型，再次得到圆盘中心的振幅 x、y 及阻尼器处轴段的振幅 x_1、y_1，计算前、后两次振幅的算术平均值作为下次迭代计算的已知条件；

(4) 重复迭代步骤(2)、(3)，得到第 k 次刚性圆盘的位移 x、y 及阻尼器的位移 x_1、y_1。用得到的第 k 次的阻尼器位移 x_1、y_1 以及偏心距 e，计算出油膜的刚度系数与阻尼系数，进而得到轴系各单元的传递矩阵 $\boldsymbol{T}_i$，求解转子系统动力学模型，获得刚性圆盘的振幅 x、y 的第 $k+1$ 次的解，与第 k 次计算值相比较，当相对误差小于设定值时，输出 $\Omega^{(p)}$ 转速下轴系上所有单元节点处振幅的收敛解。

(5) 最后将 $\Omega^{(p)}$ 转速下得到的轴系上各个单元及阻尼器处轴段的位移解，作为 $\Omega^{(p+1)}$ 转速下初值，重复步骤(2)～(5)，直到循环计算完转速范围内的所有解为止。

刚性圆盘上、下端面的幅频特性曲线，如图 6-24 及图 6-25 所示。计算结果表示，在转速 0～3000 r/min 以内，该转子系统只有一个临界转速，其大小为 2053 r/min。在转子系统的 1 阶临界转速处，圆盘下端面的振幅 113.38×10^{-6} m 要远大于上端面的振幅 54.1×10^{-6} m，原因是在 1 阶临界转速处，转子系统在以上端轴承为支点作弹支共振。当系统越过 1 阶临界转速之后，由于“自动对中”原因，圆盘上、下端面的振幅都大大降低了，以转速为 1500 r/min 时为例，刚性圆盘上端面振幅为 0.565×10^{-6} m，下端面的振幅为 0.068×10^{-6} m。说明此时刚性圆盘的倾斜方向刚好和 1 阶临界转速振型相反。

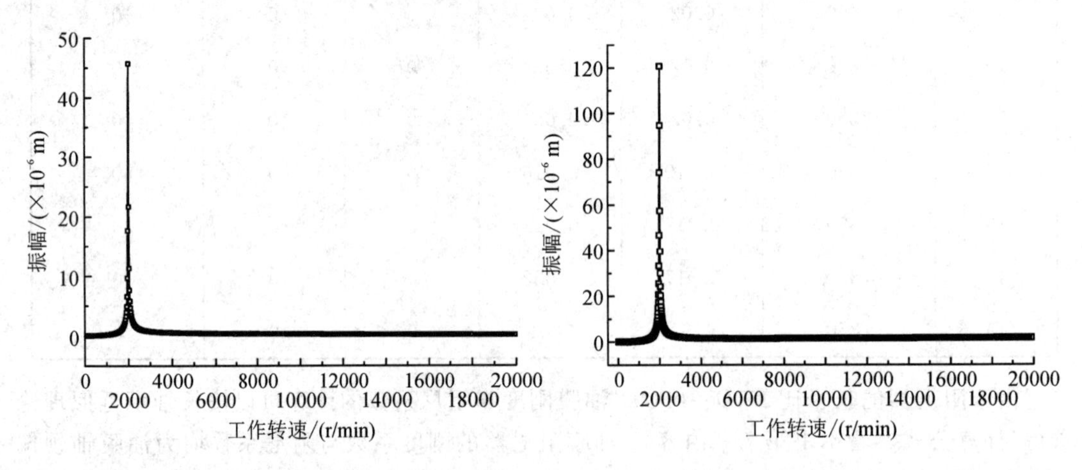

图 6-24 圆盘上端面幅频特性曲线　　图 6-25 圆盘下端面幅频特性曲线

6.4 转子瞬态响应的计算

在本章前文中关于转子不平衡响应的分析计算中，都假定转子受力是平衡的，转子以等角速度自转，所以在分析转子横向振动时，只讨论了转子以不同转速作等速转动时的动挠度。在实际旋转机械运行时，总要经历启动、停机工况和负荷变化等各种瞬态过程。在此过程中，转子的响应比稳态时要复杂得多，许多旋转机械的事故往往就发生在瞬态过程中。因此，转子系统瞬态响应的分析与计算也是轴系动力特性研究的内容之一。

由于在临界转速附近转子的振动要比其他转速范围时大得多，为了避免机组在临界转速附近发生大的振动，工程实际中人们常常采用加速冲过这个区域来降低转子的振动。本节将以转子等加速的方式越过临界转速为例，来讨论如何对转子系统的瞬态响应进行分析。

转子系统瞬态动力响应问题，从数学上可归类为求解初值问题，因此应在固定坐标系下建立瞬态响应的动力学方程。转子系统的位移和速度由初始值开始，取适当时间步长在时域内积分加以求解。

6.4.1 刚性圆盘的受力分析

对于工作转速在临界转速之上的挠性轴，当轴系转速等于临界转速时，系统的弹性支承力接近最大值，且正好与惯性力大小相等、方向相反。此时激励力只能由阻尼力去平衡，才能维持系统的稳定运转，因此阻尼器是挠性转子能够正常工作的必要装置。

本书以最常用的挤压油膜阻尼器(squeeze film damper，简称 sfd)作为刚性圆盘的支承，并对其进行受力分析。但现有文献中有关挤压油膜阻尼器的油膜力的计算公式都是建立在旋转坐标系下的，在分析转子的瞬态响应时，由于动力学方程是在固定坐标系下建立的，原有的在旋转坐标系下建立的油膜动力特性的计算公式已经不再适用。

如图 6-26 所示为刚性圆盘与阻尼器等效质量在 Oxz 及 Oyz 平面的受力分析，其中，m_5 表示阻尼器等效质量，m 表示刚性圆盘的质量，f_x、f_y、L_x、L_y 分别表示作用在刚性圆盘上的外加激励力与力矩，k 为刚性圆盘与阻尼器之间的连接刚度系数，k_4 为阻尼器与固定机架之间的连接刚度系数。

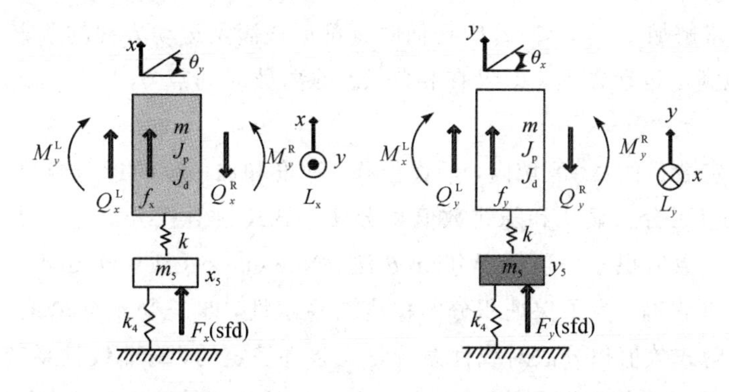

图 6-26　刚性圆盘与阻尼器等效质量在 Oxz 及 Oyz 平面的受力分析

由达朗伯原理，可得到刚性圆盘质心的运动微分方程为

$$\begin{cases} m\ddot{x}_c = -k(x-x_5) + Q_x^L - Q_x^R + f_x \\ m\ddot{y}_c = -k(y-y_5) + Q_y^L - Q_y^R + f_y \\ J_d\ddot{\theta}_y - J_p\omega\dot{\theta}_x - J_p\varepsilon\theta_x = M_y^R - M_y^L + L_y(t) \\ J_d\ddot{\theta}_x + J_p\omega\dot{\theta}_y + J_p\varepsilon\theta_y = M_x^R - M_x^L + L_x(t) \end{cases} \tag{6-85}$$

同理，可得到阻尼器等效质量的运动方程为

$$\begin{cases} m_5\ddot{x}_5 = k(x-x_5) - k_4x_5 + F_x(\text{sfd}) \\ m_5\ddot{y}_5 = k(y-y_5) - k_4y_5 + F_y(\text{sfd}) \end{cases} \tag{6-86}$$

式中：$F_x(\text{sfd})$、$f_y(\text{sfd})$分别为挤压油膜阻尼器作用在轴系 x、y 方向的油膜力。

方程组(6-85)的第三、四式中等号左边第三项与前两项相比是高阶小量，故在分析时可将其忽略不计。正如前文所述，稳态不平衡响应的动力学方程与瞬态动力学方程的不同之处在于，方程(6-85)以及方程(6-86)的解已不能表示为 $a=Ae^{i\omega t}$，并通过将它代入方程中，整理后使方程变成和时间无关的方程组，再进行求解运算。为此，本文通过在方程(6-85)与(6-86)中引入 Wilson-θ 隐式数值积分法，直接对其进行积分求解。

6.4.2 Wilson-θ 隐式数值积分法

为了研究转子系统的瞬态响应，引入了数值积分法，它不对运动方程进行任何变换，而是直接对运动方程进行积分求解。直接积分法的计算精度较高，对质量矩阵、阻尼矩阵、刚度矩阵和载荷没有特别的要求，可以处理线性的和非线性的系统。

在本质上讲，数值积分法基于以下两个基本概念：

(1) 是将在求解域 $0 \leqslant t \leqslant T$ 内任何时刻都应该满足运动方程的要求，代之以仅在一定条件下近似地满足运动方程，即仅在相隔 Δt 的离散时间点 0，Δt，$2\Delta t$，…上满足运动方程；

(2) 是在一定数目的 Δt 区域内，假设位移、速度和加速度的近似函数形式。

直接积分法又可分为显式和隐式数值积分法。显式数值积分法包括中心差分法、4 阶龙格库塔法；隐式数值积分法包括 Wilson-θ 法、Newmark-β 法、Houbolt 法等。显式积分法对步长的要求非常高，为了保证积分的精度与稳定性，步长受到分离系统单元中最小固有频率的限制。隐式数值积分法对线性系统是无条件稳定的，对非线性系统来讲，Wilson-θ 法与 Houbolt 法还具有算法阻尼，而 Newmark-β 法虽精度较高，却没有算法阻尼。

本小节主要介绍 Wilson-θ 隐式数值积分法。Wilson-θ 法是线性加速度的延续，假设在

t 到 $t+\theta\Delta t$ 的时间间隔中，加速度按线性规律变化，由此可以导出在 $t+\theta\Delta t$ 瞬时的广义速度与广义加速度表达式：

$$\begin{cases}\dot{q}_{t+\theta\Delta t}=\dfrac{3}{\theta\Delta t}(q_{t+\theta\Delta t}-q_t)-2\dot{q}_t-\dfrac{1}{2}\theta\Delta t\ddot{q}_t\\ \ddot{q}_{t+\theta\Delta t}=\dfrac{6}{(\theta\Delta t)^2}(q_{t+\theta\Delta t}-q_t)-\dfrac{6}{\theta\Delta t}\dot{q}_t-2\ddot{q}_t\end{cases}\tag{6-87}$$

而在 $t+\Delta t$ 瞬时的广义坐标、速度和加速度可以表示为

$$\begin{cases}\ddot{q}_{t+\Delta t}=\dfrac{6}{\theta^3\Delta t^2}(q_{t+\theta\Delta t}-q_t)-\dfrac{6}{\theta^2\Delta t}\dot{q}_t+\left(1-\dfrac{3}{\theta}\right)\ddot{q}_t\\ \dot{q}_{t+\Delta t}=\dot{q}_t+\dfrac{\Delta t}{2}(\ddot{q}_{t+\Delta t}+\ddot{q}_t)\\ q_{t+\Delta t}=q_t+\dot{q}_t\Delta t+\dfrac{\Delta t^2}{6}(\ddot{q}_{t+\Delta t}+2\ddot{q}_t)\end{cases}\tag{6-88}$$

式(6-88)说明，在 t 瞬时点的位移、速度和加速度已知后，就可以逐步求得 t 瞬时点以后的各点位移、速度和加速度。当 $\theta>1.3$ 时，上述计算是无条件稳定的。为了计算方便，本书在计算时取 $\theta=1.4$。

6.4.3　圆盘与轴段组合单元的瞬态传递矩阵

1. 刚性圆盘的瞬态传递矩阵

在 $t+\theta\Delta t$ 瞬时，方程(6-86)可以表示为

$$\begin{cases}m_5\ddot{x}_{5(t+\theta\Delta t)}=k(x_{(t+\theta\Delta t)}-x_{5(t+\theta\Delta t)})-k_4x_{5(t+\theta\Delta t)}+F_{x(t+\theta\Delta t)}(\mathrm{sfd})\\ m_5\ddot{y}_{5(t+\theta\Delta t)}=k(y_{(t+\theta\Delta t)}-y_{5(t+\theta\Delta t)})-k_4y_{5(t+\theta\Delta t)}+F_{y(t+\theta\Delta t)}(\mathrm{sfd})\end{cases}\tag{6-89}$$

将方程(6-87)代入方程(6-89)中，整理后可得到

$$\begin{cases}\left[\dfrac{6m_5}{(\theta\Delta t)^2}+k+k_4\right]x_{5(t+\theta\Delta t)}=\dfrac{6m_5}{(\theta\Delta t)^2}x_{5(t)}+\dfrac{6m_5}{\theta\Delta t}\dot{x}_{5(t)}+2m_5\ddot{x}_{5(t)}+kx_{(t+\theta\Delta t)}+F_{x(t+\theta\Delta t)}(\mathrm{sfd})\\ \left[\dfrac{6m_5}{(\theta\Delta t)^2}+k+k_4\right]y_{5(t+\theta\Delta t)}=\dfrac{6m_5}{(\theta\Delta t)^2}y_{5(t)}+\dfrac{6m_5}{\theta\Delta t}\dot{y}_{5(t)}+2m_5\ddot{y}_{5(t)}+ky_{(t+\theta\Delta t)}+F_{y(t+\theta\Delta t)}(\mathrm{sfd})\end{cases}\tag{6-90}$$

为了便于书写，令

$$\left[\frac{6m_5}{(\theta\Delta t)^2}+k+k_4\right]=G$$

将方程(6-90)写成矩阵的形式，便得到了在 $t+\theta\Delta t$ 瞬时，阻尼器等效质量的位移 $x_{5(t+\theta\Delta t)}$、$y_{5(t+\theta\Delta t)}$ 与刚性圆盘中心的位移 $x_{(t+\theta\Delta t)}$、$y_{(t+\theta\Delta t)}$ 之间的关系方程：

$$\begin{bmatrix} x_{5(t+\theta\Delta t)} \\ y_{5(t+\theta\Delta t)} \end{bmatrix} = \frac{k}{G}\begin{bmatrix} x_{(t+\theta\Delta t)} \\ y_{(t+\theta\Delta t)} \end{bmatrix} + \frac{1}{G}\begin{bmatrix} \dfrac{6m_5}{(\theta\Delta t)^2}x_{5(t)} + \dfrac{6m_5}{\theta\Delta t}\dot{x}_{5(t)} + 2m_5\ddot{x}_{5(t)} + F_{x(t+\theta\Delta t)}(\mathrm{sfd}) \\ \dfrac{6m_5}{(\theta\Delta t)^2}y_{5(t)} + \dfrac{6m_5}{\theta\Delta t}\dot{y}_{5(t)} + 2m_5\ddot{y}_{5(t)} + F_{y(t+\theta\Delta t)}(\mathrm{sfd}) \end{bmatrix} \tag{6-91}$$

同理，在 $t+\theta\Delta t$ 瞬时，方程(6-85)可表示为

$$\begin{cases} m\ddot{x}_{c(t+\theta\Delta t)} = -k(x_{(t+\theta\Delta t)} - x_{5(t+\theta\Delta t)}) + Q^{L}_{x(t+\theta\Delta t)} - Q^{R}_{x(t+\theta\Delta t)} + f_{x(t+\theta\Delta t)} \\ m\ddot{y}_{c(t+\theta\Delta t)} = -k(y_{(t+\theta\Delta t)} - y_{5(t+\theta\Delta t)}) + Q^{L}_{y(t+\theta\Delta t)} - Q^{R}_{y(t+\theta\Delta t)} + f_{y(t+\theta\Delta t)} \\ J_{d}\ddot{\theta}_{y(t+\theta\Delta t)} - J_{p}\omega\dot{\theta}_{x(t+\theta\Delta t)} = M^{R}_{y(t+\theta\Delta t)} - M^{L}_{y(t+\theta\Delta t)} + L_{y(t+\theta\Delta t)}(t) \\ J_{d}\ddot{\theta}_{x(t+\theta\Delta t)} + J_{p}\omega\dot{\theta}_{y(t+\theta\Delta t)} = M^{R}_{x(t+\theta\Delta t)} - M^{L}_{x(t+\theta\Delta t)} + L_{x(t+\theta\Delta t)}(t) \end{cases} \tag{6-92}$$

将方程(6-87)以及方程(6-62)的 2 阶导数代入方程(6-92)中，整理后可得到

$$\begin{cases} Q^{R}_{x(t+\theta\Delta t)} = Q^{L}_{x(t+\theta\Delta t)} - \dfrac{6m}{(\theta\Delta t)^2}x_{(t+\theta\Delta t)} - kx_{(t+\theta\Delta t)} + f_{x(t+\theta\Delta t)} + kx_{5(t+\theta\Delta t)} + \dfrac{6m}{\theta\Delta t}\dot{x}_t + 2m\ddot{x}_t \\ \qquad + \dfrac{6m}{(\theta\Delta t)^2}x_t + me_{1\xi}\varepsilon\sin\omega t + me_{1\xi}\omega^2\cos\omega t + me_{1\eta}\varepsilon\cos\omega t - me_{1\eta}\omega^2\sin\omega t \\ Q^{R}_{y(t+\theta\Delta t)} = Q^{L}_{y(t+\theta\Delta t)} - \dfrac{6m}{(\theta\Delta t)^2}y_{(t+\theta\Delta t)} - ky_{(t+\theta\Delta t)} + f_{y(t+\theta\Delta t)} + ky_{5(t+\theta\Delta t)} + \dfrac{6m}{(\theta\Delta t)^2}y_t + \dfrac{6m}{\theta\Delta t}\dot{y}_t \\ \qquad + 2m\ddot{y}_t - me_{1\xi}\varepsilon\cos\omega t + me_{1\xi}\omega^2\sin\omega t + me_{1\eta}\varepsilon\sin\omega t + me_{1\eta}\omega^2\cos\omega t \\ M^{R}_{x(t+\theta\Delta t)} = M^{L}_{x(t+\theta\Delta t)} + \dfrac{6J_d}{(\theta\Delta t)^2}\theta_{x(t+\theta\Delta t)} - L_{x(t+\theta\Delta t)} + \dfrac{3J_p\omega}{\theta\Delta t}\theta_{y(t+\theta\Delta t)} - 2J_d\ddot{\theta}_{x(t)} - \dfrac{6J_d}{\theta\Delta t}\dot{\theta}_{x(t)} \\ \qquad - \dfrac{3J_p\omega}{\theta\Delta t}\theta_{y(t)} - \dfrac{6J_d}{(\theta\Delta t)^2}\theta_{x(t)} - 2J_p\omega\dot{\theta}_{y(t)} - \dfrac{1}{2}J_p\omega\theta\Delta t\ddot{\theta}_{y(t)} + J_p\varepsilon\theta_{y(t+\theta\Delta t)} \\ M^{R}_{y(t+\theta\Delta t)} = M^{L}_{y(t+\theta\Delta t)} + \dfrac{6J_d}{(\theta\Delta t)^2}\theta_{y(t+\theta\Delta t)} - L_{y(t+\theta\Delta t)} - \dfrac{3J_p\omega}{\theta\Delta t}\theta_{x(t+\theta\Delta t)} - 2J_d\ddot{\theta}_{y(t)} - \dfrac{6J_d}{\theta\Delta t}\dot{\theta}_{y(t)} \\ \qquad + \dfrac{3J_p\omega}{\theta\Delta t}\theta_{x(t)} - \dfrac{6J_d}{(\theta\Delta t)^2}\theta_{y(t)} + 2J_p\omega\dot{\theta}_{x(t)} + \dfrac{1}{2}J_p\omega\theta\Delta t\ddot{\theta}_{x(t)} - J_p\varepsilon\theta_{x(t+\theta\Delta t)} \end{cases} \tag{6-93}$$

再将方程(6-91)代入方程(6-93)中，同时引入状态向量 Z，并将方程(6-93)写成矩阵形式，得到

$$\boldsymbol{Z}^{R}_{t+\theta\Delta t} = \boldsymbol{D}\boldsymbol{Z}^{L}_{t+\theta\Delta t} \tag{6-94}$$

式中：$\boldsymbol{Z}=[x \quad \theta_x \quad M_x \quad Q_x \quad y \quad \theta_y \quad M_y \quad Q_y \quad 1]^{T}$；

$$
\boldsymbol{D}=\begin{bmatrix}
1 & 0 & 0 & 0 & 0 & 0 & 0 & 0 & 0\\
0 & 1 & 0 & 0 & 0 & 0 & 0 & 0 & 0\\
0 & A_1 & 1 & 0 & 0 & B_1 & 0 & 0 & C_1\\
A_2 & 0 & 0 & 1 & 0 & 0 & 0 & 0 & C_2\\
0 & 0 & 0 & 0 & 1 & 0 & 0 & 0 & 0\\
0 & 0 & 0 & 0 & 0 & 1 & 0 & 0 & 0\\
0 & B_3 & 0 & 0 & 0 & A_3 & 1 & 0 & C_3\\
0 & 0 & 0 & 0 & A_4 & 0 & 0 & 1 & C_4\\
0 & 0 & 0 & 0 & 0 & 0 & 0 & 0 & 1
\end{bmatrix}
$$

矩阵 $\boldsymbol{D}$ 中：

$$A_1=\frac{6J_{\mathrm{d}}}{(\theta\Delta t)^2}$$

$$A_2=-\frac{6m}{(\theta\Delta t)^2}-k+\frac{k^2}{G}$$

$$C_1=-\frac{6J_{\mathrm{d}}}{(\theta\Delta t)^2}\theta_{x(t)}-\frac{6J_{\mathrm{d}}}{\theta\Delta t}\dot{\theta}_{x(t)}-2J_{\mathrm{d}}\ddot{\theta}_{x(t)}-\frac{3J_{\mathrm{p}}\omega}{\theta\Delta t}\theta_{y(t)}-2J_{\mathrm{p}}\omega\dot{\theta}_{y(t)}-\frac{1}{2}J_{\mathrm{p}}\omega\theta\Delta t\ddot{\theta}_{y(t)}-L_{x(t+\theta\Delta t)}$$

$$C_2=\frac{6m}{(\theta\Delta t)^2}x_t+\frac{6m}{\theta\Delta t}\dot{x}_t+2m\ddot{x}_t+f_{x(t+\theta\Delta t)}+me_{1\xi}\varepsilon\sin\omega t+me_{1\xi}\omega^2\cos\omega t+me_{1\eta}\varepsilon\cos\omega t$$
$$-me_{\eta}\omega^2\sin\omega t+\frac{k}{G}\left[\frac{6m_5}{(\theta\Delta t)^2}x_{5(t)}+\frac{6m_5}{\theta\Delta t}\dot{x}_{5(t)}+2m_5\ddot{x}_{5(t)}+F_{x(t+\theta\Delta t)}(\mathrm{sfd})\right]$$

$$A_3=\frac{6J_{\mathrm{d}}}{(\theta\Delta t)^2}$$

$$A_4=-\frac{6m}{(\theta\Delta t)^2}-k+\frac{k^2}{G}$$

$$B_1=\frac{3J_{\mathrm{p}}\omega}{\theta\Delta t}+J_{\mathrm{p}}\varepsilon$$

$$B_3=-\frac{3J_{\mathrm{p}}\omega}{\theta\Delta t}-J_{\mathrm{p}}\varepsilon$$

$$C_3=-\frac{6J_{\mathrm{d}}}{(\theta\Delta t)^2}\theta_{y(t)}-\frac{6J_{\mathrm{d}}}{\theta\Delta t}\dot{\theta}_{y(t)}-2J_{\mathrm{d}}\ddot{\theta}_{y(t)}+\frac{3J_{\mathrm{p}}\omega}{\theta\Delta t}\theta_{x(t)}+2J_{\mathrm{p}}\omega\dot{\theta}_{x(t)}+\frac{1}{2}J_{\mathrm{p}}\omega\theta\Delta t\ddot{\theta}_{x(t)}-L_{y(t+\theta\Delta t)}$$

$$C_4=\frac{6m}{(\theta\Delta t)^2}y_t+\frac{6m}{\theta\Delta t}\dot{y}_t+2m\ddot{y}_t+f_{x(t+\theta\Delta t)}-me_{1\xi}\varepsilon\cos\omega t+me_{1\xi}\omega^2\sin\omega t+me_{1\eta}\varepsilon\sin\omega t$$
$$+me_{1\eta}\omega^2\cos\omega t+\frac{k}{G}\left[\frac{6m_5}{(\theta\Delta t)^2}y_{5(t)}+\frac{6m_5}{\theta\Delta t}\dot{y}_{5(t)}+2m_5\ddot{y}_{5(t)}+F_{y(t+\theta\Delta t)}(\mathrm{sfd})\right]$$

方程中，右上角符号 L、R 分别代表刚性圆盘的左、右截面。

如此便得到了使用 t 时刻的阻尼器等效质量及刚性圆盘中心的位移、速度以及加速度表示的刚性圆盘在 $t+\theta\Delta t$ 时刻的瞬态传递矩阵 $\boldsymbol{D}$。

2. 圆盘与轴段组合单元的瞬态传递矩阵

对于无质量的等截面弹性轴段，其瞬态传递矩阵与稳态传递矩阵相同。轴段两端截面间基于状态向量 $\boldsymbol{Z}$ 的 9×9 阶的传递矩阵 $\boldsymbol{B}$ 为

$$\boldsymbol{B}=\begin{bmatrix}\boldsymbol{B}_1 & 0 & 0\\ 0 & \boldsymbol{B}_2 & 0\\ 0 & 0 & 1\end{bmatrix}\tag{6-95}$$

式中：

$$\boldsymbol{B}_1=\boldsymbol{B}_2=\begin{bmatrix}1 & l & \dfrac{l^2}{2EI} & \dfrac{l^3}{6EI}(1-\nu)\\ 0 & 1 & \dfrac{l}{EI} & \dfrac{l^2}{2EI}\\ 0 & 0 & 1 & l\\ 0 & 0 & 0 & 1\end{bmatrix}$$

刚性圆盘的瞬态传递矩阵 $\boldsymbol{D}$ 右乘无质量等截面的弹性轴段的传递矩阵 $\boldsymbol{B}$，就可以得到圆盘与轴段的组合单元的瞬态传递矩阵 $\boldsymbol{T}$，即

$$\boldsymbol{T}=\boldsymbol{BD}\tag{6-96}$$

其中：

$$\boldsymbol{T}=\begin{bmatrix}\boldsymbol{T}_{11} & \boldsymbol{T}_{12} & \boldsymbol{T}_{13}\\ \boldsymbol{T}_{21} & \boldsymbol{T}_{22} & \boldsymbol{T}_{23}\\ 0 & 0 & 1\end{bmatrix}$$

矩阵 $\boldsymbol{T}$ 中：

$$\boldsymbol{T}_{11}=\begin{bmatrix}1+\dfrac{l^3(1-\nu)}{6EI}A_2 & l+\dfrac{l^2}{2EI}A_1 & \dfrac{l^2}{2EI} & \dfrac{l^3(1-\nu)}{6EI}\\ \dfrac{l^2}{2EI}A_2 & 1+\dfrac{l}{EI}A_1 & \dfrac{l}{EI} & \dfrac{l^2}{2EI}\\ lA_2 & A_1 & 1 & l\\ A_2 & 0 & 0 & 1\end{bmatrix}$$

$$
\boldsymbol{T}_{12}=\begin{bmatrix} 0 & \dfrac{l^2}{2EI}B_1 & 0 & 0 \\ 0 & \dfrac{l}{EI}B_1 & 0 & 0 \\ 0 & B_1 & 0 & 0 \\ 0 & 0 & 0 & 0 \end{bmatrix},\quad \boldsymbol{T}_{13}=\begin{bmatrix} \dfrac{l^2}{2EI}C_1+\dfrac{l^3(1-\nu)}{6EI}C_2 \\ \dfrac{l}{EI}C_1+\dfrac{l^2}{2EI}C_2 \\ C_1+lC_2 \\ C_2 \end{bmatrix}
$$

$$
\boldsymbol{T}_{21}=\begin{bmatrix} 0 & \dfrac{l^2}{2EI}B_3 & 0 & 0 \\ 0 & \dfrac{l}{EI}B_3 & 0 & 0 \\ 0 & B_3 & 0 & 0 \\ 0 & 0 & 0 & 0 \end{bmatrix},\quad \boldsymbol{T}_{23}=\begin{bmatrix} \dfrac{l^2}{2EI}C_3+\dfrac{l^3(1-\nu)}{6EI}C_4 \\ \dfrac{l}{EI}C_3+\dfrac{l^2}{2EI}C_4 \\ C_3+lC_4 \\ C_4 \end{bmatrix}
$$

$$
\boldsymbol{T}_{22}=\begin{bmatrix} 1+\dfrac{l^3(1-\nu)}{6EI}A_4 & l+\dfrac{l^2}{2EI}A_3 & \dfrac{l^2}{2EI} & \dfrac{l^3(1-\nu)}{6EI} \\ \dfrac{l^2}{2EI}A_4 & 1+\dfrac{l}{EI}A_3 & \dfrac{l}{EI} & \dfrac{l^2}{2EI} \\ lA_4 & A_3 & 1 & l \\ A_4 & 0 & 0 & 1 \end{bmatrix}
$$

矩阵 $\boldsymbol{T}$ 是由 t 时刻的阻尼器等效质量及刚性圆盘中心的位移、速度以及加速度表示的刚性圆盘与轴段组合单元在 $t+\theta\Delta t$ 时刻的瞬态传递矩阵。矩阵 $\boldsymbol{T}$ 同样适用于不含滚动轴承、弹性鼠笼支承、挤压油膜阻尼器，或不计圆盘转动惯性与陀螺力矩的传递单元，此时只需将矩阵元素中的 k、k_4、J_d、J_p、F_x 和 F_y 值设为 0 即可。

3. 固定坐标系下油膜力的计算

现有文献中，挤压油膜阻尼器油膜力的计算公式都是建立在旋转坐标系下的，在分析转子的瞬态响应时，由于动力学方程是在固定坐标系下建立的，原有的在旋转坐标系下建立的油膜力的计算公式已经不再适用。为了避免求解异常复杂的固定坐标系下挤压油膜阻尼器的瞬态油膜力，可以从阻尼器等效质量的运动微分方程直接入手进行解决。将方程(6-91)整理后可得到

$$
\begin{bmatrix} F_{x(t+\theta\Delta t)}(\mathrm{sfd}) \\ F_{y(t+\theta\Delta t)}(\mathrm{sfd}) \end{bmatrix}=-\begin{bmatrix} \dfrac{6m_5}{(\theta\Delta t)^2}x_{5(t)}+\dfrac{6m_5}{\theta\Delta t}\dot{x}_{5(t)}+2m_5\ddot{x}_{5(t)} \\ \dfrac{6m_5}{(\theta\Delta t)^2}y_{5(t)}+\dfrac{6m_5}{\theta\Delta t}\dot{y}_{5(t)}+2m_5\ddot{y}_{5(t)} \end{bmatrix}-k\begin{bmatrix} x_{(t+\theta\Delta t)} \\ y_{(t+\theta\Delta t)} \end{bmatrix}+G\begin{bmatrix} x_{5(t+\theta\Delta t)} \\ y_{5(t+\theta\Delta t)} \end{bmatrix} \tag{6-97}
$$

从方程(6-97)可知，在 $t+\theta\Delta t$ 时刻的瞬态油膜力可以用在 $t+\theta\Delta t$ 时刻刚性圆盘与阻

尼器等效质量的位移、阻尼器等效质量在 t 时刻的位移、速度和加速度来表示。

6.4.4 瞬态动力学方程的求解

在传递矩阵法中引入 Taylor 级数及迭代法，即可求解转子系统瞬态动力学特性，具体步骤如下：

(1) 确定瞬态响应数值积分的时间范围 T 和合适的时间步长 Δt。

(2) 在给定的 t 时刻，设置转子轴系各单元节点的位移、速度及加速度初值。如果是积分计算的初始 t 时刻，只有各单元节点的位移、速度初值，可以使用方程(6－85)与方程(6－86)求出各单元节点的初始加速度值。

(3) 用 Taylor 级数预估阻尼器等效质量与刚性圆盘中心在 $t+\theta\Delta t$ 时刻的位移：$e_{t+\theta\Delta t}=e_t+\theta\Delta t\dot{e}_t$，然后用计算获得的阻尼器等效质量和刚性圆盘在 $t+\theta\Delta t$ 瞬时的位移，连同在 t 时刻位移、速度和加速度初值，一并代入方程(6－97)，计算 $t+\theta\Delta t$ 时刻油膜力的大小。

(4) 计算各单元的传递矩阵 $\boldsymbol{T}_i$，求解转子轴系瞬态动力学方程，得到 $t+\theta\Delta t$ 时刻含非线性单元的刚性圆盘中心的位移，再将刚性圆盘中心在 $t+\theta\Delta t$ 时刻的位移值代入方程(6－91)，求出阻尼器等效质量在 $t+\theta\Delta t$ 时刻的位移。

(5) 用预估的 $t+\Delta t$ 时刻位移初值，对比步骤(4)求解得到的含非线性单元的刚性圆盘中心与阻尼器等效质量的位移值，若偏差不满足精度要求，则取它们的算术平均值作为 $t+\theta\Delta t$ 时刻的位移初值，再次计算出油膜力的大小，并重复步骤(4)、(5)直至满足要求的精度为止。输出转子轴系上各单元节点在 $t+\theta\Delta t$ 时刻位移的收敛解。

(6) 将转子轴系各单元节点在 $t+\theta\Delta t$ 时刻的位移代入方程(6－88)，求出在 $t+\Delta t$ 时刻的各单元节点的位移、速度以及加速度值，并作为初值进行下一时刻的计算，重复步骤(3)～(6)，直到求出时间范围 T 内在步长 Δt 的间隔上的所有解为止。

例 6－4 仍以图 6－23 所示转子系统为研究对象，设系统的工作转速为 25 000 r/min，这样转子工作时就需要越过系统的 1 阶临界转速，试分析一下该转子以等加速的方式越过临界转速的瞬态动力学响应。

解 运用上述方法求得的转子形心(在上、下端面处)的振幅随转速变化的瞬态响应曲线如图 6－27、图 6－28 所示。

从图 6－27 和图 6－28 中看到，随着角加速度的增加，1 阶临界转速值逐渐变大，而在临界转速处的振幅却呈现了下降的趋势。表 6－2 列出了几种角加速度下转子形心(上端面处)的 1 阶临界转速值及其对应的振幅。可见，当转子分别以 π rad/s^2、2π rad/s^2、5π rad/s^2、10π rad/s^2、20π rad/s^2 的角加速度通过 1 阶临界转速时，其 1 阶临界转速值相对于匀速启机，分别增加了 0.25％、0.95％、2.40％、4.31％、7.01％，而位于临界转速处的转子形心(上端面处)的振幅分别下降了 42.59％、51.67％、63.52％、71.48％、78.33％。正是由于

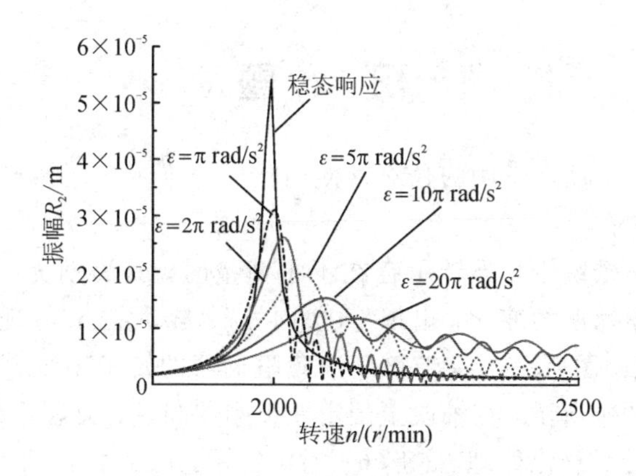

图 6-27　转子上端面的瞬态响应曲线

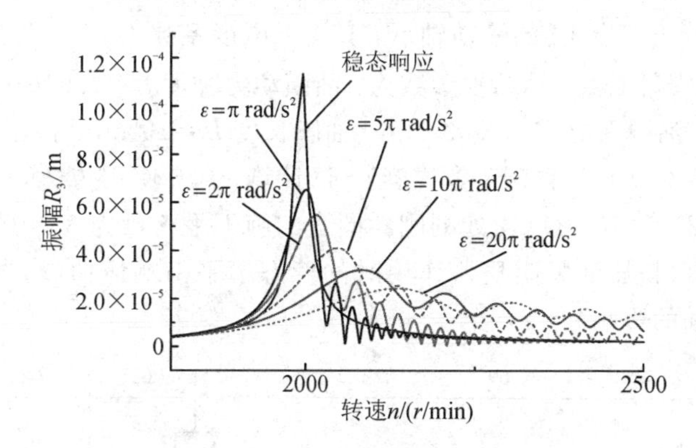

图 6-28　转子下端面的瞬态响应曲线

随着角加速度的增加，转子系统在临界转速处的振幅会逐渐下降，工程实际中一般均采用加速通过临界转速的方法提高转子系统的运行稳定性。

表 6-2　几种角加速度下转子系统 1 阶临界转速及其形心(上端面处)的振幅

角加速度/(rad/s^2)	稳态 ε=0	ε=π	ε=2π	ε=5π	ε=10π	ε=20π
临界转速/(r/min)	1996	2001	2015	2044	2082	2136
振幅/($\times 10^{-5}$ m)	5.40	3.11	2.61	1.97	1.54	1.17

如图 6-27 及图 6-28 所示，转子越过 1 阶临界转速后，出现了振荡和一系列局部极值现象。随着角速度的增加，振荡的幅值与周期也会随着降低，最后与稳态响应曲线重合。正是由于这种振荡的出现，必须降低数值积分的步长，这种振荡会使积分出现不稳定现象。从物理现象上解释，这种振荡是转子系统绕着“自动对中”位置螺旋线运动的结果。从对数值计算结果的分析，表明该转子系统越过临界转速时动态稳定性较好。

习　　题

6-1　试解释在转子动力学中为什么常使用临界转速而不是固有频率来描述一个系统的动力学特性。

6-2　在一个转子系统中，当转子存在不平衡量时，其涡动为一个稳态的简谐振动。试解释随着转子自转角速度的变化，出现“重边向外”“自动定心”等现象的条件及原因。

6-3　如题6-3(a)图所示为一带挤压油膜阻尼器的转子系统，等截面弹性轴段的直径为40 mm，长度如图中所示，在轴段上固定一个刚性圆盘，圆盘的直径为150 mm，厚度为20 mm。将轴段进行集总化处理，如题6-3(b)所示，得到17个集中质量及17个无质量等截面弹性轴段，以及3个支承，它们分别是：位于节点2的滚动轴承，其支承刚度系数为$k_2=1\times10^8$ N/m；位于节点17的滚动轴承，其支承刚度系数为$k_{17}=2.5\times10^7$ N/m；位于节点15处的挤压油膜阻尼器，其结构参数为：油膜动力黏度$\mu=1.2\times10^{-4}$ N·s/m^2，油膜半径$R=36.7$ mm，油膜间隙$C=0.09$ mm，油膜长度$L=19$ mm(挤压油膜阻尼器刚度系数及阻尼系数的计算公式，参看第7章内容)。试计算：(1) 使用传递矩阵法计算转子系统前3阶临界转速；(2) 设在节点14处的刚性圆盘的静不平衡量为3×10^{-7} kg·m，分别计算节点15处无(或有)挤压油膜阻尼器作用时的稳态不平衡响应曲线，并针对计算结果分析阻尼器对系统振幅的影响。

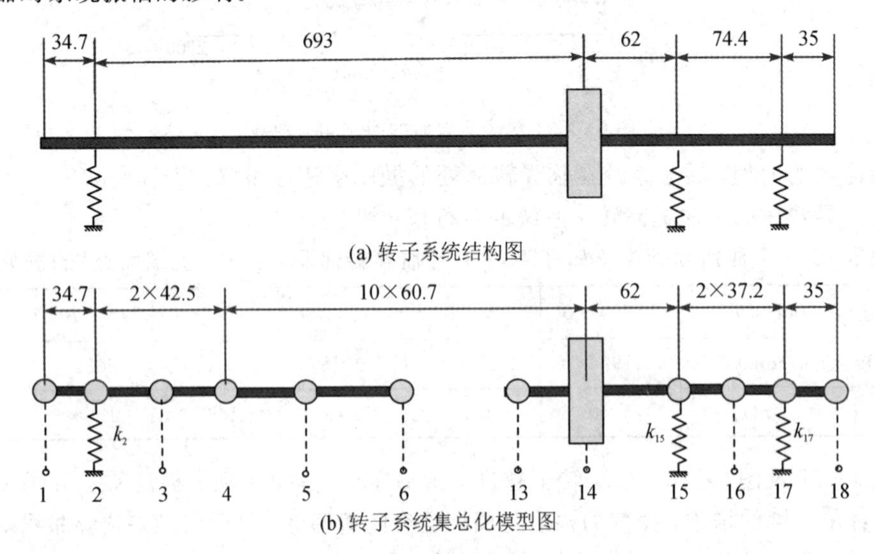

题6-3图

6-4　如题 6-4 图所示为一悬臂转子系统，右端的刚性圆盘与一个弹性轴段连接，轴段的左侧有轴承支承，轴承约束了转子系统的径向及轴向自由度。轴段及刚性圆盘的材料均为 45 号钢，外形尺寸如图中标注。试计算：(1) 该转子系统的坎贝尔图；(2) 设刚性圆盘的偏心距为 1 mm，试绘制该转子系统转速在 1000 r/min 以内的幅频特性曲线。

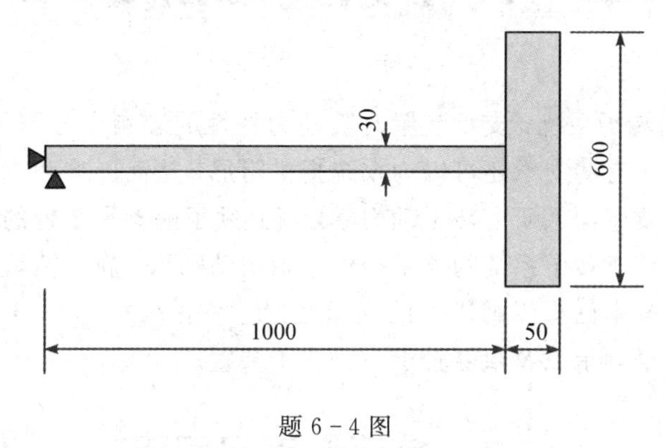

题 6-4 图

第7章 转子系统常用支承装置

对于高速旋转的转子系统，支承装置对其动力特性的影响十分明显。支承的最主要作用是为系统提供刚度，有些支承还可以为系统提供阻尼，从而影响和决定系统的临界转速、响应及稳定性。所以要想深入研究转子动力学，就必须了解支承装置的动力学特性。

一般来说，可以用于转子系统的支承装置包括滚动轴承、静压轴承、动压轴承、磁悬浮轴承等。对于其他文献中已有详细讲述的支承装置，本书不再赘述，这里重点讲述挤压油膜阻尼器、动压螺旋槽轴承以及永磁轴承三种支承装置。

7.1 挤压油膜阻尼器

前文讲过，当系统振动频率等于固有频率而发生共振时，系统的弹性支承力接近最大值，且与惯性力大小相等，方向相反。此时，激励力只能由阻尼力来平衡，才能维持系统的稳定运转，因此阻尼器是挠性转子能够正常工作的必要装置。

挤压油膜阻尼器的使用始于20世纪60年代，在英国的Viper发动机和美国的J-69发动机上率先得到应用。实践表明，阻尼器的使用大大提高了产品的使用寿命。随后，挤压油膜阻尼器就被越来越广泛地应用于各种高速旋转的机械上。又经过数十年的生产与科研实践，证实挤压油膜阻尼器具有体积小、工艺性好、减振效果显著等突出优点。下面重点介绍挤压油膜阻尼器的结构、工作原理及其动力学特性。

7.1.1 阻尼器的结构及工作原理

挤压油膜阻尼器主要有定心型和无定心型两种结构形式，下面分别进行介绍。

1. 定心型挤压油膜阻尼器

如图7-1所示，转轴5通过外径与轴肩安装在滚动轴承3上，滚动轴承的外径与油膜轴颈2之间采用过渡配合进行安装与连接。在油膜轴颈2的左垂直端面上均匀布置着若干个弹性小轴7，弹性小轴的另一端固定在固定板6上，固定板通过螺钉固定在油膜环1上，油膜环再与机架相连，工作时静止不动。

弹性小轴的作用一方面是为转子系统提供一定支承刚度，它与阻尼器呈并联关系，为转轴提供定心功能；另一方面通过调整弹性小轴的数量，可改变系统的临界转速值的分布。

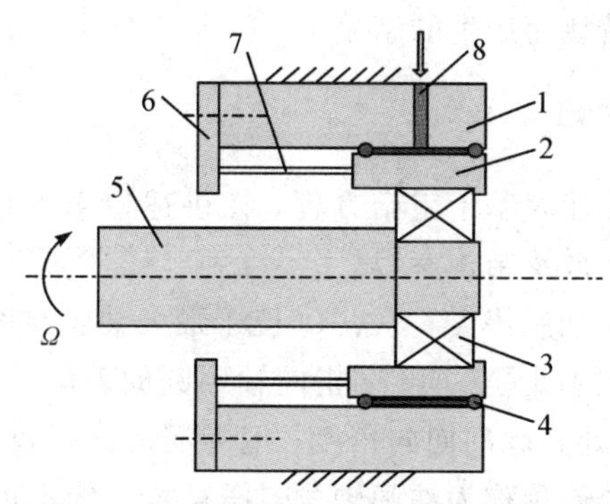

1—油膜环；2—油膜轴颈；3—滚动轴承；4—油封；
5—转轴；6—固定板；7—弹性小轴；8—润滑油

图 7－1　定心型挤压油膜阻尼器结构

由于油膜轴颈受到弹性小轴的约束，不能自转，只能公转，这样可以有效地避免由阻尼器工作时产生油膜振荡引起的自激振动。阻尼器的工作原理是油膜轴颈只能在油膜环内绕油膜环轴线作进动运动，即公转，却不能自转，以此来挤压油膜达到减振的目的。

2. 无定心型挤压油膜阻尼器

如图 7－2 所示，与定心型挤压油膜阻尼器最大的不同是，无定心型挤压油膜阻尼器的油膜轴颈 2 的左垂直端面上均匀布置了若干个限位柱 6，而不再是弹性小轴，限位柱安装在限位板 7 的长槽中，只能作径向运动，而不能作周向运动，其目的是使油膜轴颈工作时不能自转，只能公转。另外，由于缺少了弹性小轴的定心支承，故无定心型挤压油膜阻尼器没有静载能力，也无法影响转子的临界转速值。但其结构更加简单，重量小，占用空间小，也

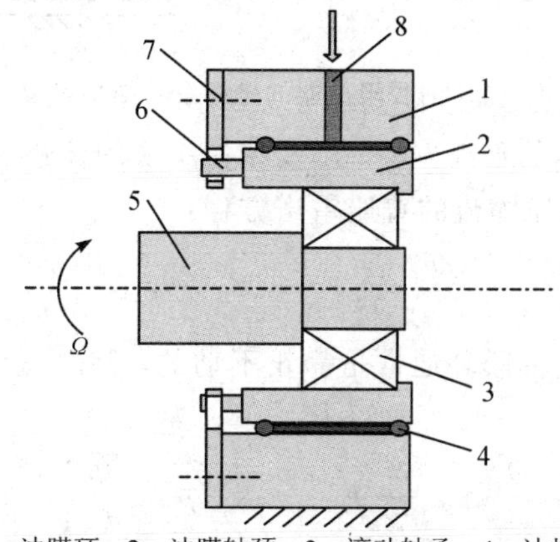

1—油膜环；2—油膜轴颈；3—滚动轴承；4—油封；
5—转轴；6—限位柱；7—限位板；8—润滑油

图 7－2　无定心型挤压油膜阻尼器结构

避免了因为弹性小轴疲劳断裂而产生的事故。

7.1.2　阻尼器的雷诺方程

挤压油膜阻尼器的设计计算基于雷诺方程，在讲述雷诺方程之前，先介绍和定义一下建立雷诺方程所使用的坐标系及结构参数。

如图 7－3 所示，h 表示油膜厚度；原点 O 位于最大油膜厚度 h_{max} 处的轴颈表面轴向中点；x 逆时针指向轴颈表面的圆周方向；y 指向轴颈圆周表面的法线方向；z 指向轴颈轴线方向；θ 为由最大油膜厚度处算起的周向角度；把为润滑油提供油腔的轴承座称为油膜环；把工作时作进动挤压油膜的轴颈称为油膜轴颈；任意角 θ 线上的油膜轴颈上的点 M，在 x 与 y 轴方向的速度分别为 U_2 与 v_2，即该点的切向分速度与法向分速度；任意 θ 角线上的油膜环上的点 M' 在 x 与 y 轴方向的速度分别为 U_1 与 v_1；O_b、R_b 分别为油膜环的圆心和半径；O_j、R_j 分别为油膜轴颈的圆心和半径；L 为油膜轴颈的长度；另设润滑油的压力分布函数为 p，密度为 ρ，润滑油动力润滑黏度为 μ。

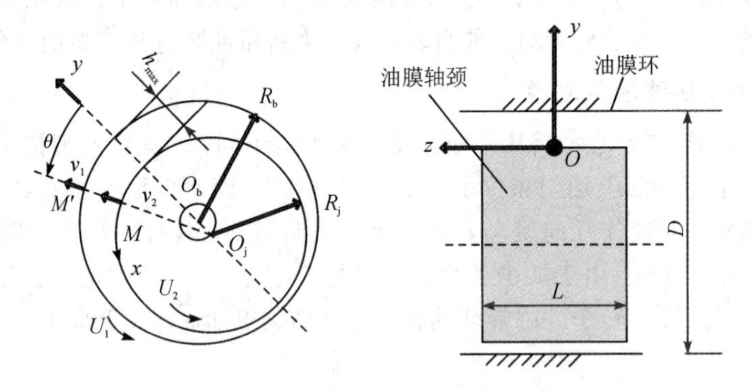

图 7－3　挤压油膜阻尼器的坐标系及结构参数的定义

由油膜间隙内一微元体的平衡方程，以及在任一瞬间流进和流出微元体流量相等的连续条件，可推导出变黏度可压缩流的普遍雷诺方程：

$$\frac{\partial}{\partial x}\left(\frac{\rho h^3}{\mu}\frac{\partial p}{\partial x}\right)+\frac{\partial}{\partial z}\left\{\frac{\rho h^3}{\mu}\frac{\partial p}{\partial z}\right\}=6(U_1+U_2)\frac{\partial(\rho h)}{\partial x}+12\frac{\partial(\rho h)}{\partial t} \tag{7-1}$$

由于挤压油膜阻尼器的油膜环通常是静止不动的，同时假设润滑油是不可压缩的，动力润滑黏度为常数，则方程(7－1)可改写为

$$\frac{\partial}{\partial x}\left(h^3\frac{\partial p}{\partial x}\right)+\frac{\partial}{\partial z}\left\{h^3\frac{\partial p}{\partial z}\right\}=6\mu U_2\frac{\partial h}{\partial x}+12\mu\frac{\partial h}{\partial t} \tag{7-2}$$

方程(7－1)与方程(7－2)常用来分析滑动轴承的压力分布。由于方程中未反映油膜轴颈的进动，所以在阻尼器分析计算中应用十分不便。为此，还需要将方程进行修改。

再次定义几个参数：半径间隙 $C=R_b-R_j$；偏心距 e 为油膜轴颈中心 O_j 与油膜环 O_b

的距离；偏心率 ε 等于偏心距 e 除以半径间隙 C；ω 为油膜轴颈的进动角速度。由图 7－3 中的位置关系可推出

$$h = C(1 + \varepsilon\cos\theta) \tag{7-3}$$

根据方程(7－3)以及阻尼器的结构及运动特性可推出如下方程：

$$\begin{cases} U_2 = \dot{e}\sin\theta - e\omega\cos\theta \\ v_2 = -\dot{e}\cos\theta - e\omega\sin\theta \\ \dfrac{\partial h}{\partial t} = \dot{e}\cos\theta \\ \dfrac{\partial h}{\partial \theta} = -e\sin\theta \end{cases} \tag{7-4}$$

将方程(7－4)代入方程(7－1)中，整理后可得不可压缩的、动力润滑黏度为常数的挤压油膜阻尼器瞬态雷诺方程为

$$\frac{1}{R^2}\frac{\partial}{\partial\theta}\left(h^3\frac{\partial p}{\partial\theta}\right) + \frac{\partial}{\partial z}\left\{h^3\frac{\partial p}{\partial z}\right\} = 6\mu(\Omega_b + \Omega_j - 2\omega)\frac{\partial h}{\partial\theta} + 12\mu\frac{\partial h}{\partial t} \tag{7-5}$$

式中：Ω_b 为油膜环的角速度；Ω_j 为油膜轴颈的角速度。

方程(7－5)等号右端第一项表示由 Ω_b、Ω_j、ω 三种转速在油膜厚度沿圆周变化的腔室内诱发的压力，第二项表示因油膜轴颈挤压作用使油膜厚度变化带来的压力。由数学知识可知，只要油膜边界压力不为负，则方程的右端一定为负，才能使方程左端具有正压力，分析该方程可知：

(1) 当$\partial h/\partial t<0$，即油膜间隙随时间减小时，油膜轴颈向外环挤压，轴颈将得到正压力；反之，轴颈将得到负压力。

(2) 当 $\Omega_b+\Omega_j-2\omega>0$ 时，只有当$\partial h/\partial\theta<0$，且 $\Omega_b+\Omega_j>2\omega$ 时，才能在收敛的腔室内产生正压力，滑动轴承就属于这种情况。

(3) 当 $\Omega_b+\Omega_j-2\omega<0$ 时，只有当$\partial h/\partial\theta>0$，且 $\Omega_b+\Omega_j<2\omega$ 时，才能在油膜发散区间产生正压力，挤压油膜阻尼器恰属于这种情况。

如果阻尼器只作圆进动，即$\partial h/\partial t=0$，且油膜环静止不动，则方程(7－5)可改写为

$$\frac{1}{R^2}\frac{\partial}{\partial\theta}\left(h^3\frac{\partial p}{\partial\theta}\right) + \frac{\partial}{\partial z}\left\{h^3\frac{\partial p}{\partial z}\right\} = -12\mu\omega\frac{\partial h}{\partial\theta} \tag{7-6}$$

方程(7－6)就是定黏度不可压缩的挤压油膜阻尼器的稳态雷诺方程。

7.1.3　阻尼器的油膜刚度和油膜阻尼

根据方程(7－6)描述的阻尼器压力分布情况，理论上只要推导出油膜轴颈在油膜环中作径向运动和进动时产生的油膜力，在此基础上就可以得到阻尼器的油膜刚度系数与油膜阻尼系数。方程(7－6)是一个包含两个变量 θ、z 的 2 阶变系数偏微分方程，也被叫做椭圆

方程。在数学上是无法得到明确解析解的，只能得到数值解。

可以采用有限元法直接求方程(7-6)的数值解，但计算复杂，周期长。在工程实践中，人们更愿意通过一定程度的假设来简化方程(7-6)，以便得到误差不大的解析解，比如短轴承近似理论、长轴承近似理论、有限长轴承近似理论、有限元法等。下面逐一介绍这几种方法。

1. 短轴承近似理论

当阻尼器油膜轴颈的长径比为 $L/D<0.25$，且两端没有油封时，润滑油进入油膜间隙后，很容易从两端流出。此时，可知油膜压力沿轴线方向 z 的变化，要远大于沿圆周 θ 方向的变化，因此可将方程(7-6)中含有 $\partial p/\partial\theta$ 的项略去不计，这就是短轴承理论。实践经验证明，当 $L/D\leqslant 0.25$ 时，短轴承理论是可行的。按此理论，方程(7-6)可简化为

$$\frac{\partial}{\partial z}\left\{h^3\frac{\partial p}{\partial z}\right\}=-12\mu\omega\frac{\partial h}{\partial\theta} \tag{7-7}$$

将方程(7-4)中 $\partial h/\partial\theta=-C\varepsilon\sin\theta$ 代入方程(7-7)，可得

$$\frac{\partial}{\partial z}\left\{h^3\frac{\partial p}{\partial z}\right\}=12\mu\omega C\varepsilon\sin\theta \tag{7-8}$$

假定油膜厚度 h 沿轴向不变，并有边界条件：

$$p(\theta,\ z)=0\quad 当\ z=\pm L/2\ 时$$

对方程(7-8)积分两次，并代入边界条件，即可得到挤压油膜阻尼器稳态雷诺方程的短轴承近似解为

$$p(\theta,\ z)=-\frac{6\mu\omega C\varepsilon\sin\theta}{h^3}\left(\frac{L^2}{4}-z^2\right) \tag{7-9}$$

如果阻尼器的正压力区为仅在 $\pi\sim 2\pi$ 区域内的油膜，即所谓的半油膜，则其径向油膜力可以表示为

$$F_r=\int_{-\frac{L}{2}}^{\frac{L}{2}}\int_{\pi}^{2\pi}p(\theta,\ z)R\cos\theta\,\mathrm{d}\theta\,\mathrm{d}z$$

将方程(7-9)代入上式，并对 z 进行积分，整理后可以得到稳态响应半油膜径向油膜力及径向刚度计算公式：

$$F_r=-\frac{\mu\omega RL^3}{C^2}\left[\frac{2\varepsilon^2}{(1-\varepsilon^2)^2}\right] \tag{7-10}$$

$$k=-\frac{F_r}{e}=\frac{\mu\omega RL^3}{C^3}\left[\frac{2\varepsilon}{(1-\varepsilon^2)^2}\right] \tag{7-11}$$

同理，可以求出稳态响应半油膜周向油膜力及阻尼系数计算公式：

$$F_t=-\frac{\mu\omega RL^3}{C^2}\left[\frac{\pi\varepsilon}{2(1-\varepsilon^2)^{\frac{3}{2}}}\right] \tag{7-12}$$

$$c=-\frac{F_t}{\omega e}=\frac{\mu RL^3}{C^3}\left[\frac{\pi}{2(1-\varepsilon^2)^{\frac{3}{2}}}\right] \tag{7-13}$$

如果把短轴承理论应用到方程(7-5)(瞬态雷诺方程)，同样假设油膜动力润滑黏度为常数，且不可压缩，则可得到如下方程：

$$\frac{\partial}{\partial z}\left\{h^3\frac{\partial p}{\partial z}\right\}=12\mu\omega C\varepsilon\sin\theta+12\mu C\dot{\varepsilon}\cos\theta \tag{7-14}$$

应用相同的边界条件，将方程(7-14)积分，可得

$$p(\theta, z)=-\frac{6\mu\omega C\varepsilon\sin\theta}{h^3}\left(\frac{L^2}{4}-z^2\right)-\frac{6\mu C\dot{\varepsilon}\cos\theta}{h^3}\left(\frac{L^2}{4}-z^2\right) \tag{7-15}$$

将方程(7-15)的径向分量在($-L/2\leqslant z\leqslant L/2$，$\pi\leqslant\theta\leqslant 2\pi$)区间上积分，整理后可以得到瞬态响应半油膜径向油膜力及径向刚度计算公式：

$$F_r=-\frac{\mu RL^3}{C^2}\left[\frac{2\omega\varepsilon^2}{(1-\varepsilon^2)^2}+\frac{\pi\dot{\varepsilon}(1+2\varepsilon^2)}{2(1-\varepsilon^2)^{\frac{5}{2}}}\right] \tag{7-16}$$

$$k=-\frac{F_r}{e}=\frac{\mu RL^3}{C^3}\left[\frac{2\omega\varepsilon}{(1-\varepsilon^2)^2}+\frac{\pi\dot{\varepsilon}(1+2\varepsilon^2)}{2\varepsilon(1-\varepsilon^2)^{\frac{5}{2}}}\right] \tag{7-17}$$

将方程(7-15)的周向分量在($-L/2\leqslant z\leqslant L/2$，$\pi\leqslant\theta\leqslant 2\pi$)区间上积分，整理后可以得到瞬态响应半油膜周向油膜力及阻尼系数计算公式：

$$F_t=-\frac{\mu RL^3}{C^2}\left[\frac{\pi\omega\varepsilon}{2(1-\varepsilon^2)^{\frac{3}{2}}}+\frac{2\varepsilon\dot{\varepsilon}}{(1-\varepsilon^2)^2}\right] \tag{7-18}$$

$$c=-\frac{F_t}{\omega e}=\frac{\mu RL^3}{C^3}\left[\frac{\pi}{2(1-\varepsilon^2)^{\frac{3}{2}}}+\frac{2\dot{\varepsilon}}{\omega(1-\varepsilon^2)^2}\right] \tag{7-19}$$

2. 长轴承近似理论

如果假设阻尼器长度 L 为无限长，则可认为阻尼器长度方向上油膜压力不变。无限长的阻尼器自然是没有的，但这样的分析可以用于长径比(L/D)比较大的场合，或者阻尼器油膜轴颈上两端有油封的情况(见图 7-1 或图 7-2)。此时，油膜压力沿周向的变化远大于沿轴向的变化，因此可略去方程(7-6)或方程(7-5)中的$\partial p/\partial z$ 项，这就是长轴承近似理论。按此理论，方程(7-6)可简化为

$$\frac{1}{R^2}\frac{\partial}{\partial\theta}\left(h^3\frac{\partial p}{\partial\theta}\right)=-12\mu\omega\frac{\partial h}{\partial\theta} \tag{7-20}$$

如果阻尼器的供油压力为环境压力，则其边界条件是：当 $\theta=0$ 时，$p=0$。应用该边界条件，采用与短轴承近似理论相似的方法，可以求得挤压油膜阻尼器稳态响应半油膜的径向油膜力及径向刚度系数计算公式：

$$F_r = -\frac{24\mu\omega LR^3}{C^2}\left[\frac{\varepsilon^2}{(1-\varepsilon^2)(2+\varepsilon^2)}\right] \tag{7-21}$$

$$k = \frac{24\mu\omega LR^3}{C^3}\left[\frac{\varepsilon}{(1-\varepsilon^2)(2+\varepsilon^2)}\right] \tag{7-22}$$

同理，挤压油膜阻尼器稳态响应半油膜的周向油膜力及阻尼系数计算公式为

$$F_t = -\frac{12\mu\omega LR^3}{C^2}\left[\frac{\pi\varepsilon}{(1-\varepsilon^2)^{\frac{1}{2}}(2+\varepsilon^2)}\right] \tag{7-23}$$

$$c = \frac{12\mu LR^3}{C^3}\left[\frac{\pi}{(1-\varepsilon^2)^{\frac{1}{2}}(2+\varepsilon^2)}\right] \tag{7-24}$$

瞬态响应半油膜径向油膜力及径向刚度系数计算公式为

$$F_r = -\frac{6\mu LR^3}{C^2}\left[\frac{4\omega\varepsilon^2}{(2+\varepsilon^2)(1-\varepsilon^2)} + \frac{\pi\dot{\varepsilon}}{(1-\varepsilon^2)^{\frac{3}{2}}}\right] \tag{7-25}$$

$$k = \frac{6\mu LR^3}{C^3}\left[\frac{4\omega\varepsilon}{(2+\varepsilon^2)(1-\varepsilon^2)} + \frac{\pi\dot{\varepsilon}}{\varepsilon(1-\varepsilon^2)^{\frac{3}{2}}}\right] \tag{7-26}$$

瞬态响应半油膜周向油膜力及阻尼系数计算公式为

$$F_t = -\frac{12\mu LR^3}{C^2}\left[\frac{\pi\omega\varepsilon}{(2+\varepsilon^2)(1-\varepsilon^2)^{\frac{1}{2}}} + \frac{2\dot{\varepsilon}}{(1+\varepsilon)(1-\varepsilon^2)}\right] \tag{7-27}$$

$$c = \frac{12\mu LR^3}{C^3}\left[\frac{\pi}{(2+\varepsilon^2)(1-\varepsilon^2)^{\frac{1}{2}}} + \frac{2\dot{\varepsilon}}{\omega\varepsilon(1+\varepsilon)(1-\varepsilon^2)}\right] \tag{7-28}$$

3. 有限长轴承近似理论

所谓有限长轴承，即认为轴承既不是无限长，也不是非常短，而是具有一定的长度。在分析时要将雷诺方程中$\partial p/\partial z$ 与$\partial p/\partial \theta$ 项都保留，而采用其他的近似假设，以求得油膜压力的近似解析解。

假设沿油膜轴颈中线一周的油膜压力为 $p_c(\theta)$，$f(z)$为沿轴长的压力分布函数，且有

$$p(\theta, z) = f(z) \cdot p_c(\theta) \tag{7-29}$$

由式(7-29)可知，只要能确定 f 和 p_c 值，便可以求得挤压油膜阻尼器的压力分布函数 p。

将方程(7-29)及 $h=C(1+\varepsilon\cos\theta)$，$\partial h/\partial\theta = -C\varepsilon\sin\theta$ 代入稳态半油膜挤压油膜阻尼器的雷诺方程(7-6)中，可得到

$$\frac{12C\varepsilon\omega\mu\sin\theta}{p_c h^3} - \frac{f}{h^3R^2p_c}\frac{\partial}{\partial\theta}\left(h^3\frac{\partial p_c}{\partial\theta}\right) - \frac{\partial}{\partial z}\left(\frac{\partial f}{\partial z}\right) = 0 \tag{7-30}$$

令

$$\frac{12C\varepsilon\omega\mu\sin\theta}{p_{c}h^{3}}=b,\ -\frac{1}{h^{3}p_{c}}\frac{\partial}{\partial\theta}\left(h^{3}\frac{\partial p_{c}}{\partial\theta}\right)=G^{2}$$

则方程(7－30)可以简写为

$$b+\left(\frac{G}{R}\right)^{2}f-\frac{d^{2}f}{dz}=0 \tag{7-31}$$

假设阻尼器中的油液在轴线方向一端可以自由流出，另一端有油封(其他边界条件，读者可以自己推导)，则其边界条件可表示为

$$\begin{cases}z=0, & f=0\\ z=L, & \dfrac{df}{dz}=0\end{cases} \tag{7-32}$$

考虑上述边界条件，求解方程(7－31)可得

$$f=\frac{12\omega C\mu\varepsilon\sin\theta}{p_{c}h^{3}}\left[\frac{e^{-\frac{Gz}{R}}\left[e^{\frac{GL}{R}}\right]^{2}+e^{\frac{Gz}{R}}}{\left[e^{\frac{GL}{R}}\right]^{2}+1}-1\right]\left(\frac{R}{G}\right)^{2} \tag{7-33}$$

将方程(7－33)代入方程(7－29)，可得到

$$p=\frac{12\omega C\mu\varepsilon\sin\theta}{h^{3}}\left(\frac{R}{G}\right)^{2}\left[\frac{e^{-\frac{Gz}{R}}\left[e^{\frac{GL}{R}}\right]^{2}+e^{\frac{Gz}{R}}}{\left[e^{\frac{GL}{R}}\right]^{2}+1}-1\right] \tag{7-34}$$

当$\frac{L}{D}\to\infty$时，$\frac{df}{dz}\to 0$，$f\to 1$，可以求出 G 值，并令

$$G^{2}=g^{2}=\frac{2+\varepsilon^{2}}{(2+\varepsilon\cos\theta)(1+\varepsilon\cos\theta)} \tag{7-35}$$

由于修正系数 g 是 ε 和 θ 两者的函数，将 g 代入方程(7－34)，并对 θ 和 z 进行积分后，求油膜力仍旧十分困难。近似的办法是采用 g 的权平均值，把 g 分解为径向和周向两个矢量：

$$\begin{cases}\boldsymbol{g}_{r}=g\cos\theta\\ \boldsymbol{g}_{t}=g\sin\theta\end{cases} \tag{7-36}$$

通过对油膜径向反力等参数进行对比计算，在取权函数等于 π 后，按半油膜情况得到权平均值：

$$\boldsymbol{g}_{r}^{2}=\frac{1}{\pi}\int_{\pi}^{2\pi}\pi(g\cos\theta)^{2}d\theta \tag{7-37}$$

积分后，求得

$$\boldsymbol{g}_{r}^{2}=\frac{\pi(2+\varepsilon^{2})}{\varepsilon^{2}}\left[1+\frac{1}{(1-\varepsilon^{2})^{\frac{1}{2}}}-\frac{4}{(4-\varepsilon^{2})^{\frac{1}{2}}}\right] \tag{7-38}$$

同理，可以求得

$$\boldsymbol{g}_{\mathrm{t}}^{2}=\frac{\pi(2+\varepsilon^{2})}{\varepsilon^{2}}\left[(4-\varepsilon^{2})^{\frac{1}{2}}-(1-\varepsilon^{2})^{\frac{1}{2}}-1\right] \tag{7-39}$$

由于 $\boldsymbol{g}_{\mathrm{r}}$ 与 $\boldsymbol{g}_{\mathrm{t}}$ 都只是 ε 的函数，因而在求油膜反力，对 θ 和 z 进行积分时，可以看成常数。先求径向油膜力：

$$F_{\mathrm{r}}=\int_{0}^{L}\int_{\pi}^{2\pi}pR\cos\theta\mathrm{d}\theta\mathrm{d}z \tag{7-40}$$

将方程(7-34)代入方程(7-40)中，用 $\boldsymbol{g}_{\mathrm{r}}$ 替代 g 后积分，就可以得到径向油膜力：

$$F_{\mathrm{r}}=-\frac{3\mu LD^{3}\varepsilon^{2}\omega}{C^{2}g_{\mathrm{r}}^{2}(1-\varepsilon^{2})^{2}}\left[1-\frac{R}{g_{\mathrm{r}}L}\cdot\mathrm{th}\left(\frac{g_{\mathrm{r}}L}{R}\right)\right] \tag{7-41}$$

同理，可以求得周向油膜力为

$$F_{\mathrm{t}}=-\frac{3\pi\mu LD^{3}\varepsilon\omega}{4C^{2}g_{\mathrm{t}}^{2}(1-\varepsilon^{2})^{\frac{3}{2}}}\left[1-\frac{R}{g_{\mathrm{t}}L}\cdot\mathrm{th}\left(\frac{g_{\mathrm{t}}L}{R}\right)\right] \tag{7-42}$$

通过方程(7-41)和方程(7-42)，可以方便地求出基于有限长轴承理论的阻尼器的刚度系数与阻尼系数计算公式：

$$k_{1}=-\frac{F_{\mathrm{r}}}{e}=-\frac{F_{\mathrm{r}}}{C\varepsilon}=\frac{3\mu LD^{3}\varepsilon\omega}{C^{3}g_{\mathrm{r}}^{2}(1-\varepsilon^{2})^{2}}\left[1-\frac{R}{g_{\mathrm{r}}L}\cdot\mathrm{th}\left(\frac{g_{\mathrm{r}}L}{R}\right)\right] \tag{7-43}$$

$$c_{1}=-\frac{F_{\mathrm{t}}}{\omega e}=-\frac{F_{\mathrm{t}}}{\omega C\varepsilon}=\frac{3\pi\mu LD^{3}}{4C^{2}g_{\mathrm{t}}^{2}(1-\varepsilon^{2})^{\frac{3}{2}}}\left[1-\frac{R}{g_{\mathrm{t}}L}\cdot\mathrm{th}\left(\frac{g_{\mathrm{t}}L}{R}\right)\right] \tag{7-44}$$

在工程实践中发现，当阻尼器的长径比 $L/D=0.5$ 时，分别使用短轴承理论、有限长轴承理论以及有限元法进行计算，结果表明，使用有限长轴承理论与有限元法的计算结果相比，没有显著的差别，而采用短轴承理论进行计算的结果，误差约接近 30%。

4. 有限元法

为了得到更为准确的数值解，在计算挤压油膜阻尼器油膜刚度系数与油膜阻尼系数时，常采用有限元法进行计算。

正如前文所说，油膜刚度系数与阻尼系数可通过求解如下的稳态雷诺方程得到：

$$\frac{\partial}{\partial\theta}\left(h^{3}\frac{\partial p}{\partial\theta}\right)+\frac{\partial}{\partial\bar{z}}\left(h^{3}\frac{\partial p}{\partial\bar{z}}\right)=f \tag{7-45}$$

式中：$\bar{z}=\dfrac{z}{R}$；油膜厚度 $h=C(1+\varepsilon\cos\theta)$；$f=-12C\varepsilon\mu\omega R^{2}\sin\theta$。

但由于雷诺方程是一个 2 阶变系数偏微分方程，不可能得到明确的解析解，只能得到数值解。

有限元法就是用近似算法来求方程(7-45)在边界条件下的解。它的理论基础包括以下两个方面：

(1) 变分原理：将求解雷诺方程(7-45)在边界条件下的解的问题，转化为求解该方程的泛函方程在相同边界条件下的极小值问题，其泛函方程如下：

$$I(p)=\iint_G\left\{h^3\left[\left(\frac{\partial p}{\partial\theta}\right)^2+\left(\frac{\partial p}{\partial\bar{z}}\right)^2\right]-2fp\right\}\mathrm{d}\theta\mathrm{d}\bar{z} \tag{7-46}$$

(2) 剖分插值：把问题离散化，把无穷多自由度的问题简化为有限多个自由度问题，换句话说，就是把微分方程变为一组代数方程，然后进行求解运算。

下面仍以挤压油膜阻尼器正压力区仅在 $\pi\sim2\pi$ 区域的半油膜为例进行分析，并设其油膜长度为 L、油膜半径为 R，则方程(7-46)的 G 域可表示为 $\{\pi\leqslant\theta\leqslant2\pi,\ 0\leqslant\bar{z}\leqslant L/R\}$。将 G 域油膜层展开成平面，并将它们划分为 n 个三角形单元，将每个三角形单元节点按逆时针编号，如图 7-4 所示。

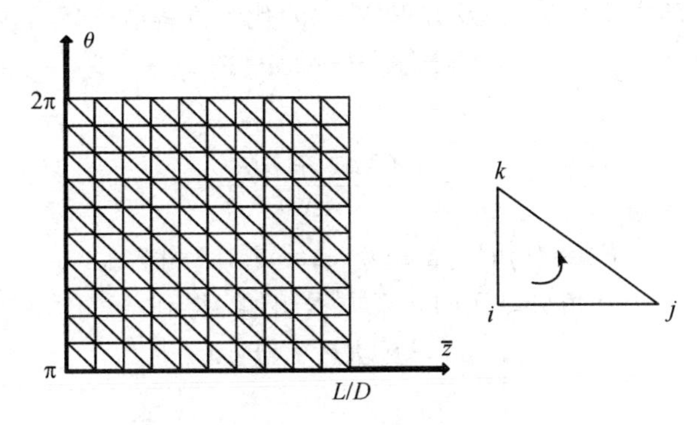

图 7-4　油膜层的单元划分

则单元内的折合压力函数 p^{e} 可用节点折合压力 p_q^{e} 和形函数 λ_q 表示：

$$p^{\mathrm{e}}(\bar{z},\theta)=\sum_{q=1}^{3}p_q^{\mathrm{e}}\lambda_q(\bar{z},\theta)\quad q=1,2,3 \tag{7-47}$$

其中，形函数是坐标 $\bar{z}$、θ 的函数，可以表示为

$$\lambda_i(\bar{z},\theta)=\frac{\eta_i\bar{z}-\xi_i\theta+\omega_i}{2\Delta} \tag{7-48}$$

式中：$\xi_i=\bar{z}_j-\bar{z}_k$；$\eta_i=\theta_j-\theta_k$；$\omega_i=\bar{z}_j\theta_k-\bar{z}_k\theta_j$

令

$$\begin{cases}\boldsymbol{\lambda}=[\lambda_i,\lambda_j,\lambda_k]^{\mathrm{T}}\\ \boldsymbol{P}_{\mathrm{e}}=[p_i^{\mathrm{e}},p_j^{\mathrm{e}},p_k^{\mathrm{e}}]^{\mathrm{T}}\\ \boldsymbol{A}=[\xi_i,\xi_j,\xi_k]^{\mathrm{T}},\\ \boldsymbol{B}=[\eta_i,\eta_j,\eta_k]^{\mathrm{T}}\end{cases} \tag{7-49}$$

则有

$$\begin{cases} \boldsymbol{\lambda}_{\theta}=\dfrac{\partial \lambda}{\partial \theta}=-\dfrac{\boldsymbol{A}}{2\Delta} \\ \boldsymbol{\lambda}_{\bar{z}}=\dfrac{\partial \lambda}{\partial \bar{z}}=\dfrac{\boldsymbol{B}}{2\Delta} \\ \boldsymbol{p}^{\mathrm{e}}=\boldsymbol{\lambda}^{\mathrm{T}}\boldsymbol{P}_{\mathrm{e}} \\ \dfrac{\partial \boldsymbol{P}_{\mathrm{e}}}{\partial \theta}=\boldsymbol{\lambda}_{\theta}^{\mathrm{T}}\boldsymbol{P}^{\mathrm{e}} \\ \dfrac{\partial \boldsymbol{P}_{\mathrm{e}}}{\partial \bar{z}}=\boldsymbol{\lambda}_{\bar{z}}^{\mathrm{T}}\boldsymbol{P}_{\mathrm{e}} \end{cases} \tag{7-50}$$

在方程组(7－50)中，Δ 为三角形单元的面积(注意是在图 7－4 中坐标系($\bar{z}$，θ)下的面积，而非真实面积)。将方程(7－48)及方程(7－49)代入方程(7－47)，可得到

$$\boldsymbol{I}^{\mathrm{e}}=\boldsymbol{P}_{\mathrm{e}}^{\mathrm{T}}\boldsymbol{K}^{\mathrm{e}}\boldsymbol{P}_{\mathrm{e}}-2\boldsymbol{P}_{\mathrm{e}}^{\mathrm{T}}\boldsymbol{F}^{\mathrm{e}} \tag{7-51}$$

其中：

$$\boldsymbol{K}^{\mathrm{e}}=\frac{h^{3}(\boldsymbol{A}\boldsymbol{A}^{\mathrm{T}}+\boldsymbol{B}\boldsymbol{B}^{\mathrm{T}})}{4\Delta}$$

$$\boldsymbol{F}^{\mathrm{e}}=4\omega\mu R^{2}[\Delta\sin\theta_{i},\ \Delta\sin\theta_{j},\ \Delta\sin\theta_{k}]^{\mathrm{T}}$$

把 G 域中包含的 n 个三角形单元的 n 个方程相加，得到

$$\boldsymbol{I}(p)=\boldsymbol{P}^{\mathrm{T}}\boldsymbol{K}\boldsymbol{P}-2\boldsymbol{P}^{\mathrm{T}}\boldsymbol{F} \tag{7-52}$$

其中：

$$\boldsymbol{K}=\sum_{d=1}^{n}\frac{h^{3}(\boldsymbol{A}\boldsymbol{A}^{\mathrm{T}}+\boldsymbol{B}\boldsymbol{B}^{\mathrm{T}})}{4\Delta}$$

$$\boldsymbol{F}=4\omega\mu R^{2}\boldsymbol{T}$$

$$\boldsymbol{T}=\sum_{d=1}^{n}[\Delta\sin\theta_{i},\ \Delta\sin\theta_{j},\ \Delta\sin\theta_{k}]^{\mathrm{T}}$$

$$\boldsymbol{P}=[p_{1},\ p_{2},\ \cdots,\ p_{N_{0}}]^{\mathrm{T}}$$

式中：N_0 为网格的节点总数。

由数学知识可知，方程(7－52)有最小值解的充分必要条件是：

$$\boldsymbol{K}\boldsymbol{P}=\boldsymbol{F} \tag{7-53}$$

方程(7－53)中的 $\boldsymbol{K}$ 和 $\boldsymbol{F}$ 还需要根据阻尼器的轴向、周向边界条件进行适当修改，才能得到正确的解，具体步骤如下：

(1) 当单元节点 i 位于图 7－4 所示的边界，即当 $\theta=\pi$，$\theta=2\pi$，或 $\bar{z}=0$ 时，令矩阵 $\boldsymbol{F}$ 中元素 $F(i)=0$；

(2) 当单元节点 i 或 j 位于图 7－4 所示的边界，且满足 $i\neq j$ 时，令矩阵 $\boldsymbol{K}$ 中元素 $K(i, j)=0$；

(3) 当单元节点 i 或 j 位于图 7 - 4 所示的边界，且满足 $i=j$ 时，令矩阵 $\boldsymbol{K}$ 中元素 $K(i,j)=1$。

使用修改之后的 $\boldsymbol{K}$ 和 $\boldsymbol{F}$ 矩阵求解方程(7 - 53)，便可得到半油膜挤压油膜阻尼器在稳态时的油膜刚度系数与阻尼系数：

$$\begin{cases} k=-\dfrac{F_r}{C\varepsilon}=-\sum\limits_{d=1}^{n}(p_i^e+p_j^e+p_k^e)\dfrac{\Delta R\cos\theta_m}{3C\varepsilon} \\ c=-\dfrac{F_t}{C\varepsilon\omega}=-\sum\limits_{d=1}^{n}(p_i^e+p_j^e+p_k^e)\dfrac{\Delta R\sin\theta_m}{3C\varepsilon\omega} \end{cases} \tag{7-54}$$

式中：θ_m 为三角形单元形心的角标。

虽然有限元法计算耗时，且没有明确的解析解，但有限元法的计算精度要高于有限长轴承和长、短轴承近似理论算法。

7.2　动压螺旋槽轴承

螺旋槽轴承是一种流体动力轴承，通过在轴或轴承表面刻上一些满足一定条件的浅槽，当轴承运转时，这些浅槽就形成一个高效的泵，它使轴承间隙内流体压力升高，形成一层很完整的高压润滑膜，使两个摩擦表面完全脱离接触，从而构成一个“全浮”式轴承。当螺旋槽轴承用作轴向推力轴承时，可获得很大的轴向承载力；当它用作径向轴承时，可使系统的稳定性得到较大的改善。它可以是自密封的，不需要外加的连续供油或供气设备，便可获得完全的流体润滑膜。

对螺旋槽轴承的研究始于 20 世纪 60 年代，很多理论与实验研究集中在 20 世纪 70—80 年代。从这些实验研究报告可知，螺旋槽轴承的突出优点包括结构简单、轴向承载能力大、功耗小、无噪声、寿命长和运转稳定等。

这里先介绍最简单的同心运转平行槽轴承。所谓同心运转，就是轴和轴承中心线重合，因而各处的油膜厚度相等，即 $\mathrm{d}h/\mathrm{d}x=0$。对于同心运转平行槽轴承，有 $\mathrm{d}h_g/\mathrm{d}x=\mathrm{d}h_r/\mathrm{d}x=0$。如图 7 - 5 所示。

设有两块 x 方向为无限大的平行平板，在板上刻有均匀的斜槽，位于上部的板以匀速 V_x 作平移运动。取一平行四边形单元 $ABCD$，正好包含一槽一台，则该四边形基本单元的性能如下：

$$\frac{\Delta p h_r^3}{6\mu V_x l_z}=g_1(\alpha,H,\beta_r)-\bar{S}^*\frac{H^2(1+\cot^2\alpha)(\beta_r+H^3)}{(1+\beta_r H^3)(\beta_r+H^3)+H^3\cot^2\alpha(1+\beta_r)^2} \tag{7-55}$$

$$\frac{|F|h_r}{\mu V_x l_z b_g}=g_2^*(\alpha,H,\beta_r)-\bar{S}^*\frac{3\beta_r H\cot\alpha(1-H)(1-H^3)}{(1+\beta_r H^3)(\beta_r+H^3)+H^3\cot^2\alpha(1+\beta_r)^2} \tag{7-56}$$

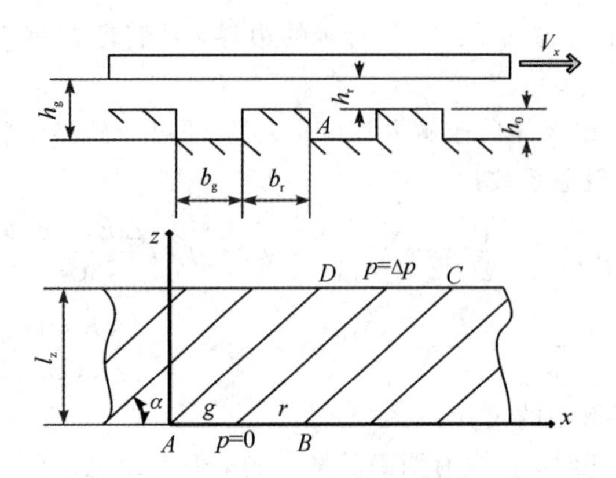

图 7-5　同心运转平行槽轴承结构示意图

式中：

$$g_1(\alpha, H, \beta_r)=\frac{\beta_r H^2\cot\alpha(1-H)(1-H^3)}{(1+\beta_r H^3)(\beta_r+H^3)+H^3\cot^2\alpha(1+\beta_r)^2}$$

$$g_2^*(\alpha, H, \beta_r)=(\beta_r+H)+\frac{3\beta_r H(1-H)^2(1+\beta_r H^3)}{(1+\beta_r H^3)(\beta_r+H^3)+H^3\cot^2\alpha(1+\beta_r)^2}$$

$$\bar{S}^*=\frac{2S^*}{p_a b_g h_g V_x},\quad H=\frac{h_r}{h_g},\quad \beta_r=\frac{b_r}{b_g}$$

g、r 分别表示槽区与凸台区；h_g 表示槽区油膜厚度；h_r 表示凸台区油膜厚度；S^* 为 $z=0$ 处流过宽度 b_g+b_r 截面上的质量流量；p_a 为环境压力；Δp 是流体经过 l_z 之后，压力增加量。

7.2.1　平面螺旋槽轴承

1. 平行槽轴承的性能分析

从平行槽轴承模型的流体动力学性能公式(7-55)及公式(7-56)出发，可以推导出螺旋槽轴承的一些基本概念和基本公式。然而平行槽模型本身并不能直接作为轴承来使用，需要把槽刻在油膜轴颈上。目前最常使用的槽形状是对数螺旋线，它可以用下面的公式来描述：

$$r=r_1 e^{\theta\tan\alpha} \tag{7-57}$$

对数螺旋线可以保证各点切线斜度 α 不变，如图 7-6 所示。对于一个刻有对数螺旋槽的平面圆盘轴承，在半径为 r 的地方取一个宽度为 dr 的圆环，当 dr 无限小且槽数足够多时，可以近似看作一个平行槽轴承，如图 7-7 所示。再从这个宽度为 dr 的环内取一个槽和一个凸台作为一个基本单元，其对应参数如下：

$$l_z = \mathrm{d}r, \quad b_g = \frac{2\pi r}{n(1+\beta_r)}$$

$$V_x = r\omega, \quad \Delta p = \mathrm{d}p(r)$$

$$\beta_r = \frac{b_r}{b_g}, \quad \bar{S}^* = 0$$

式中：n 为对数螺旋槽的头数。

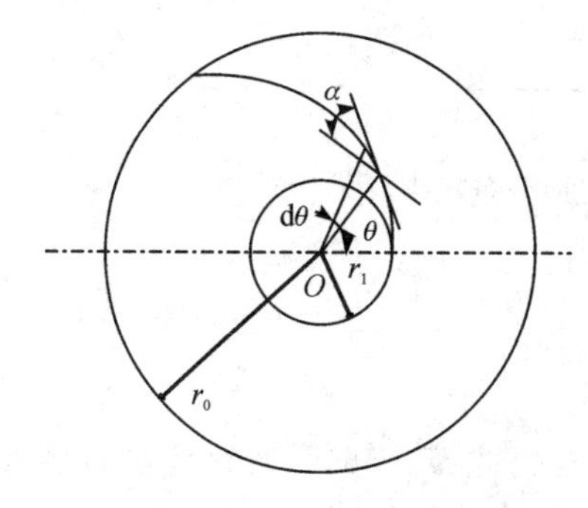

图 7-6　对数螺旋线

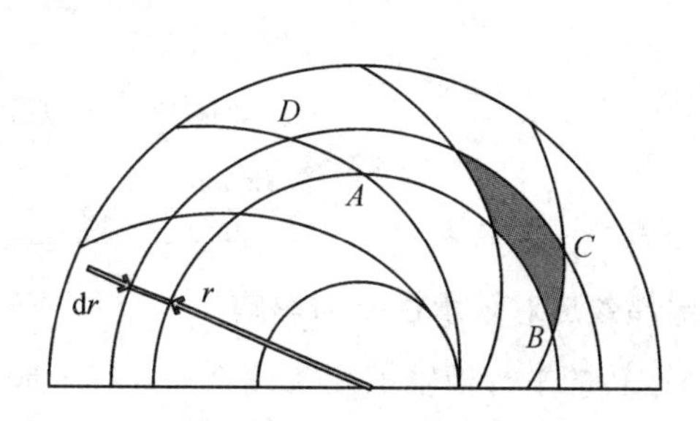

图 7-7　平面螺旋槽轴承

对基本单元应用平行槽轴承的性能公式，即将上述参数代入方程(7-55)，整理可得

$$-\mathrm{d}p(r) = \frac{6\mu r\omega}{h_r^2} g_1(\alpha, H, \beta_r)\mathrm{d}r$$

上式的负号表示 r 越大，压力越小。积分后，可得到

$$p(r) - p(r_0) = \frac{3\mu\omega}{h_r^2} g_1(\alpha, H, \beta_r)(r_0^2 - r^2)$$

如设 $p(r_0)=0$，则有

$$p(r) = \frac{3\mu\omega}{h_r^2} g_1(\alpha, H, \beta_r)(r_0^2 - r^2) \tag{7-58}$$

$$p(r_1) = \frac{3\mu\omega}{h_r^2} g_1(\alpha, H, \beta_r)(1 - \bar{R}_1^2) \tag{7-59}$$

式中：$\bar{R}_1 = \frac{r_1}{r_0}$。

由方程(7-58)可知，沿圆盘半径的压力分布为一抛物线，如图 7-8 所示，则轴承的轴向承载能力可以表示为

$$\overline{W} = \pi r_1^2 p(r_1) + \int_{r_1}^{r_0} p(r) 2\pi r \mathrm{d}r \tag{7-60}$$

积分后可得

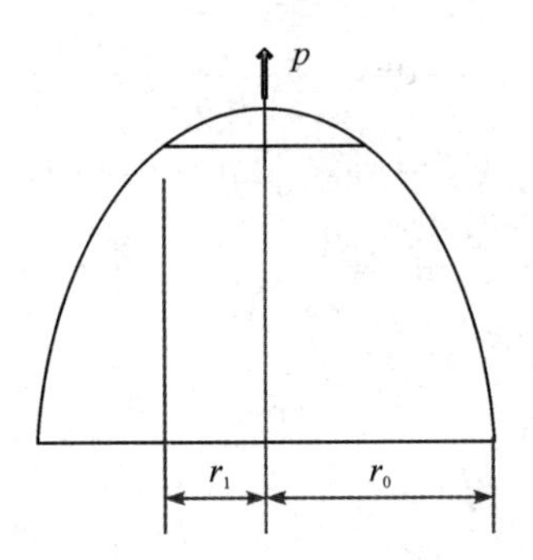

图 7-8 油膜压力沿径向分布规律

$$\overline{W}=\frac{3\pi\mu\omega r_0^4}{2h_r^2}g_1(\alpha, H, \beta_r)[1-\overline{R}_1^4] \tag{7-61}$$

2. 端部效应对轴承性能的影响

同心运转的平行槽轴承性能计算公式(7-55)与公式(7-56)，虽然是在满足雷诺方程的基础上推导出来的，但却无法满足下面两个边界条件：

$$当\ z=0\ 时，p_{g,r}=0$$

$$当\ z=l_z\ 时，p_{g,r}=\Delta p$$

式中：$p_{g,r}$ 为槽区或凸台区油膜压力；Δp 为油膜经过宽度 l_z 后的压力增加值。

产生上述现象的原因是在槽的入口与出口端的一个小范围内，油膜压力将维持环境压力，而不能按理论计算的假设——以线性分布规律起增压作用。这相当于平行槽的有效宽度 l_z 要略微减小，或者说槽两端的压力增加值 Δp 需要减小到其有效值 Δp_{eff}。因此，必须对已经求得的方程进行修正。

为此，构造一个压力解 Δp_{cor}，使其在满足雷诺方程的同时，在 $z=0$ 及 $z=l_z$ 处与 Δp 的方向相反，通过这种方式对端部效应进行修正，修正公式如下：

$$\Delta p_{eff}=\Delta p+\Delta p_{cor} \tag{7-62}$$

设在 $z=0$ 处，流过宽度 b_g+b_r 截面上的质量流量 $S^*=0$，经过端部效应的修正，圆盘螺旋槽轴承的有效内、外半径计算公式如下：

$$\begin{cases} r_{0eff}=r_0 e^{-\frac{\pi}{2n}\left(1-\frac{\alpha}{90}\right)\left(\tan\alpha\right)\left(\frac{2}{1+\beta_r}\right)\left(\frac{1-H^3}{1+H^3}\right)\left(\frac{1+\beta_r H^3}{1-H^3}\right)} \\ r_{1eff}=r_0 e^{\frac{\pi}{2n}\left(1-\frac{\alpha}{90}\right)\left(\tan\alpha\right)\left(\frac{2}{1+\beta_r}\right)\left(\frac{1-H^3}{1+H^3}\right)\left(\frac{1+\beta_r H^3}{1-H^3}\right)} \end{cases} \tag{7-63}$$

如图 7-9 所示为考虑了端部效应后，油膜压力沿径向的分布规律，端部效应使得轴承的有效外半径减小，有效内半径增加，也就是说，增加作用不是从 r_0 开始，而是从 r_{0eff} 开始；增加作用也不是在 r_1 处结束，而是提前在 r_{1eff} 处结束。

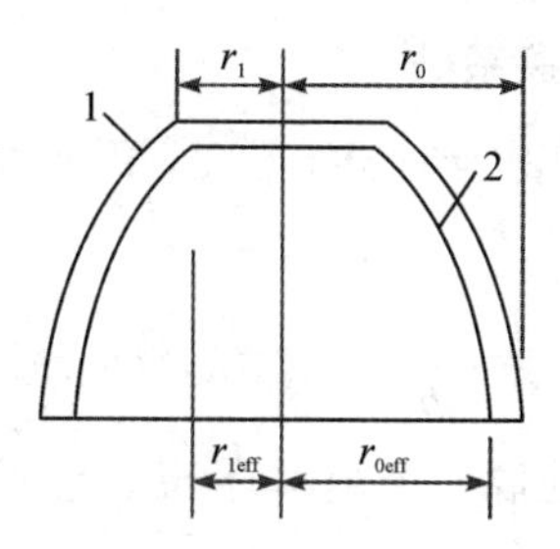

图 7-9　考虑端部效应后油膜压力沿径向分布规律

如图 7-10 所示为圆盘螺旋槽轴承结构及参数，如考虑端部效应，可得到一组新的性能公式：

$$p(r_{1\mathrm{eff}})=\frac{3\mu\omega r_0^2}{h_r^2}(1-\bar{R}_1^2)\,g_1(\alpha,H,\beta_r)C_1(\alpha,H,\beta_r,\bar{R}_1,n) \tag{7-64}$$

式中：

$$C_1(\alpha,H,\beta_r,\bar{R}_1,n)=\frac{\mathrm{e}^{-E}-\bar{R}_1^2\mathrm{e}^{E}}{1-\bar{R}_1^2}$$

$$E=\frac{\pi}{n}\left(1-\frac{\alpha}{90}\right)(\tan\alpha)\frac{2}{1+\beta_r}\left(\frac{1+\beta_r H^3}{1+H^3}\right)$$

圆盘螺旋槽轴承的承载能力为

$$\bar{W}=\frac{3\mu\pi\omega r_0^4}{2h_r^2}(1-\bar{R}_1^4)\,g_1(\alpha,H,\beta_r)C_2(\alpha,H,\beta_r,\bar{R}_1,n) \tag{7-65}$$

式中：

$$C_2(\alpha,H,\beta_r,\bar{R}_1,n)=\frac{\mathrm{e}^{-2E}-\bar{R}_1^4\mathrm{e}^{2E}}{1-\bar{R}_1^4}$$

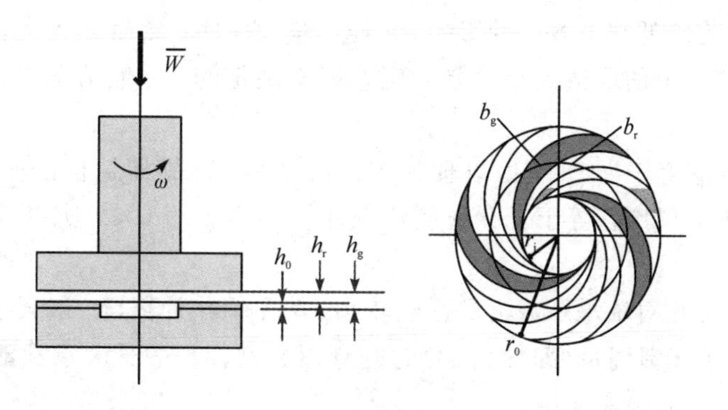

图 7-10　圆盘螺旋槽轴承结构及参数

3. 轴承的摩擦力矩和当量摩擦系数

当泄漏量 $S^*=0$ 时，根据方程(7－56)可知，平行槽的一个基本四边形单元所受的力为

$$\frac{|F|h_r}{\mu V_x l_z b_g}=g_2^*(\alpha, H, \beta_r)$$

对于圆盘螺旋槽轴承，在 r 处取一个微圆环 $\mathrm{d}r$，它所受到的摩擦力矩为

$$\mathrm{d}M=\frac{2\pi r^2}{b_g+b_r}|F|$$

将上式在 r_1 与 r_0 区间上积分，即可得到轴承刻槽部分总的摩擦力矩为

$$M=\frac{\mu\pi\omega r_0^4}{2h_r}(1-\bar{R}_1^4)g_2(\alpha, H, \beta_r) \tag{7-66}$$

式中：

$$g_2(\alpha, H, \beta_r)=\frac{g_2^*(\alpha, H, \beta_r)}{1+\beta_r}$$

如果把分布的摩擦力看作一个假想的作用在 r_0 处的集总力 F_t，则有

$$M=F_t r_0$$

$$F_t=f\bar{W}$$

由上述两个方程可以求出轴承的当量摩擦系数的计算公式为

$$f=\frac{M}{r_0\bar{W}}=\frac{h_r}{3r_0}\frac{g_2(\alpha, H, \beta_r)}{g_1(\alpha, H, \beta_r)C_2(\alpha, H, \beta_r, \bar{R}_1, n)} \tag{7-67}$$

4. 轴承参数的选择

一般来说，总希望所设计的轴承能得到尽可能大的承载力，那么选择什么样的参数才能使方程(7－65)获得最大的数值呢？可从以下几个因素考虑：

(1) 槽数 n：为降低端部效应的影响，n 应尽量大一些。然而 n 太大，会给制造带来很大难度。因此 n 实际上的取值大小总是由工艺因素决定的。一般情况下，n 的取值范围为5～50。

(2) $\bar{R}_1$：因为它等于 r_1/r_0，所以理论上该值越小，螺旋槽越长，轴承承载能力越大。但是当它等于0时，仅比它等于0.5时的承载能力提高了约6%，所以其常用取值范围为0.4～0.7。

(3) β_r：它的变化对轴承承载力的影响较小，为了简化计算，一般其值取1。

表7－1给出了无泄漏量(即 $S^*=0$)时圆盘螺旋槽轴承的最大承载能力及相应的最佳参数值，供结构设计时参考使用。

表 7-1　圆盘螺旋槽轴承最佳承载能力及最佳参数表

n	$\overline{R}_1$	$\alpha/(^\circ)$	$H_\delta=\dfrac{h_r}{h_0}$	β_r	$\dfrac{\overline{W}h_r^2}{\mu\omega r_0^4}$	$g_1(\alpha, H, \beta_r)$	$C_2(\alpha, H, \beta_r, \overline{R}_1, n)$
15	0.4	12.4	0.32	1.16	0.3829	0.0902	0.9250
	0.5	12.2	0.31	1.17	0.3661	0.0900	0.9207
	0.6	11.7	0.31	1.19	0.3356	0.0897	0.9126
	0.7	10.9	0.29	1.24	0.2859	0.0889	0.8982
30	0.4	13.8	0.34	1.08	0.3992	0.0909	0.9568
	0.5	13.8	0.34	1.09	0.3827	0.0908	0.9537
	0.6	13.5	0.33	1.11	0.3528	0.0907	0.9481
	0.7	13.0	0.33	1.13	0.3037	0.0905	0.9373

例 7-1　已知空气润滑的圆盘螺旋槽轴承的设计参数如下：

$$\overline{W}=100\ \text{N},\ r_0=0.15\ \text{m},\ r_1=0.75\ \text{m},\ n=15$$

$$\mu=1.81\times10^{-5}\ \text{N}\cdot\text{s}\cdot\text{m}^{-2},\ h_r=1.125\times10^{-5}\ \text{m}$$

试计算：(1) 轴承浮起的角速度 $\omega_{g,r}$，即形成完全流体动力润滑膜的最低角速度；

(2) 相应的摩擦功耗；

(3) 当量摩擦系数；

(4) 当 $\omega=2\omega_{g,r}$ 时，油膜的厚度。

解　(1) 轴承浮起角速度 $\omega_{g,r}$。

由表 7-1 可知，对于 $n=15$，$r_1/r_0=0.5$ 的平面螺旋槽轴承，其最佳参数为

$$\alpha=12.2^\circ,\ H_\delta=0.31,\ \beta_r=1.17$$

由此可以得到

$$h_0=h_r/H_\delta=3.6\times10^{-5}\ \text{m}$$

把上述参数代入方程(7-65)，得到

$$\frac{\overline{W}h_r^2}{\mu\omega_{g,r}r_0^4}=0.366$$

进而求得

$$\omega_{g,r}=3.77\ \text{rad/s}$$

(2) 摩擦力矩。

将参数代入式(7-66)，即可求得轴承摩擦力矩为

$$M=\frac{\mu\pi\omega r_0^4}{2h_r}(1-\overline{R}_1^4)\,g_2(\alpha, H, \beta_r)$$

$$=\frac{\pi\times1.81\times10^{-5}\times3.77\times0.15^{4}}{2\times1.125\times10^{-5}}(1-0.5^{4})\times\frac{1.6004}{1+1.17}$$

$$=3.335\times10^{-3}\ \mathrm{N\cdot m}$$

则当转速为 $\omega_{g,r}$ 时的摩擦功率 N_f 可以表示为

$$N_f=M\omega_{g,r}=3.3335\times10^{-3}\times3.77=0.012\ 57\ \mathrm{W}$$

(3) 当量摩擦系数。

将参数代入式(7-67)，即可求出轴承当量摩擦系数为

$$f=\frac{M}{r_0\overline{W}}=\frac{3.335\times10^{-3}}{0.15\times100}=0.2223\times10^{-3}$$

(4) 转速为 $2\omega_{g,r}$ 时的油膜厚度。

将参数代入式(7-65)，可得

$$h_r^2=\frac{0.3661\times1.81\times10^{-5}\times3.77\times2\times0.15^{4}}{100}=2.529\times10^{-10}\ \mathrm{m^2}$$

$$h_r=1.59\times10^{-5}\ \mathrm{m}$$

7.2.2　球面动压螺旋槽轴承

1. 不考虑端部效应

仍假设轴承泄漏量 $S^*=0$，如图 7-11 所示，在球面上取一个宽度为 $R_0\mathrm{d}\psi$ 的圆环，并应用平行槽计算公式(7-55)，可以得到如下方程：

$$\begin{cases}\dfrac{\Delta p h_r^3}{6\mu V_x l_z}=g_1(\alpha,\ H,\ \beta_r)\\[2ex]\dfrac{|F|h_r}{\mu V_x l_z b_g}=g_2^*(\alpha,\ H,\ \beta_r)\end{cases}\tag{7-68}$$

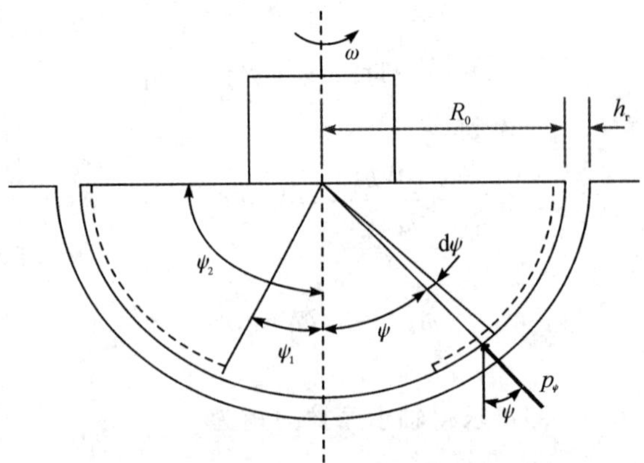

图 7-11　球面动压螺旋槽轴承结构及参数

由图7-11可知，球面螺旋槽轴承结构参数有如下性质：

$$V_x = \omega \sin\psi R_0$$

$$l_z = R_0 \mathrm{d}\psi$$

$$h_r = C$$

将上述参数代入方程(7-68)并积分后得到

$$p_\psi = \frac{6\mu R_0^2 \omega}{C^2} g_1(\alpha, H, \beta_r)(\cos\psi - \cos\psi_2) \tag{7-69}$$

则有螺旋槽部分的承载力可表示为

$$\begin{aligned} W_1 &= \int_{\psi_1}^{\psi_2} p_\psi \cos\psi 2\pi R_0 \sin\psi R_0 \mathrm{d}\psi \\ &= \frac{2\pi R_0^4 \omega\mu g_1(\alpha, H, \beta_r)}{C^2}[\cos^2\psi_2 + 2\cos^3\psi_1 - 3\cos^2\psi_1\cos\psi_2] \end{aligned}$$

无槽部分的承载能力可表示为

$$\begin{aligned} W_2 &= \int_0^{\psi_1} p_\psi \cos\psi 2\pi R_0 \sin\psi R_0 \mathrm{d}\psi \\ &= \frac{6\pi R_0^4 \omega\mu g_1(\alpha, H, \beta_r)}{C^2}[\cos\psi_1 - \cos\psi_2 - \cos^3\psi_1 + \cos^2\psi_1\cos\psi_2] \end{aligned}$$

轴承总的承载能力可表示为

$$\overline{W} = W_1 + W_2$$

有槽部分的摩擦力矩可表示为

$$M = \sum_{\psi=\psi_1}^{\psi_2} \frac{2\pi |F| R_0^2 \sin^2\psi}{b_g(1+\beta_r)}$$

整理后可得轴承无量纲承载能力为

$$\frac{\overline{W} h_r^2}{\mu\omega R_0^4} = 2\pi[\cos^3\psi_2 - \cos^3\psi_1 + 3(\cos\psi_1 - \cos\psi_2)] g_1(\alpha, H, \beta_r) \tag{7-70}$$

无量纲摩擦力矩(有槽部分)为

$$\frac{M h_0}{\mu\omega R_0^4} = \frac{2\pi h_0}{3 h_r}[\cos^3\psi_2 - \cos^3\psi_1 + 3(\cos\psi_1 - \cos\psi_2)] g_2(\alpha, H, \beta_r) \tag{7-71}$$

轴承的当量摩擦系数为

$$f = \frac{M}{\overline{W} R_0} = \frac{h_r}{3R_0} \frac{g_2(\alpha, H, \beta_r)}{g_1(\alpha, H, \beta_r)} \tag{7-72}$$

2. 考虑端部效应

此处只讨论一个特殊的情况，即轴承泄漏量为0，且 $\psi_1 = 0$，$\psi_2 = \pi/2$。在 $\psi_2 = \pi/2$ 附近区域，球面接近于圆柱面，此时端面效应会引起球面螺旋槽工作表面轴向缩短一段距离

$\Delta\gamma_a$，其大小可表示为

$$\Delta\gamma_a=\frac{\pi R_0}{n(1+\beta_r)}\left(1-\frac{\alpha}{90}\right)\frac{1+\beta_r H^3}{1+H^3}\tan\alpha$$

该值在理论上应满足如下方程：

$$R_0\left(\varepsilon_s\cdot\frac{\pi}{2}\right)=\Delta\gamma_a$$

式中：

$$\varepsilon_s=\frac{2}{n(1+\beta_r)}\left(1-\frac{\alpha}{90}\right)\frac{1+\beta_r H^3}{1+H^3}\tan\alpha$$

则当 $\psi_1=0$，$\psi_2=\pi/2-\pi\varepsilon_s/2$ 时，球面螺旋槽轴承的承载能力就可表示为

$$\frac{\overline{W}h_r^2}{\mu\omega R_0^4}=4\pi g_1(\alpha, H, \beta_r)\left[1-\frac{3}{2}\sin\left(\varepsilon_s\cdot\frac{\pi}{2}\right)+\frac{1}{2}\sin^3\left(\varepsilon_s\cdot\frac{\pi}{2}\right)\right] \tag{7-73}$$

当量摩擦系数为

$$f=\frac{M}{\overline{W}R_0}=\frac{h_r}{3R_0}\frac{g_2(\alpha, H, \beta_r)}{g_1(\alpha, H, \beta_r)}\frac{1}{\left[1-\frac{3}{2}\sin\left(\varepsilon_s\cdot\frac{\pi}{2}\right)+\frac{1}{2}\sin^3\left(\varepsilon_s\cdot\frac{\pi}{2}\right)\right]} \tag{7-74}$$

如何选择轴承参数才能得到最大承载能力，表 7-2 给出了一些数值计算结果。

表 7-2 球面螺旋槽轴承的最佳承载力及相应参数

$\psi_1=0$，$\psi_2=\pi/2$，$S^*=0$						
n	α	H_δ	β_r	$\frac{\overline{W}h_r^2}{\mu\omega R_0^4}$	$\frac{Mh_r}{\mu\omega R_0^4}$	$\frac{fR_0}{h_r}$
5	12.0	0.31	1.18	1.0392	3.087	2.971
10	13.7	0.34	1.09	1.0881	3.100	2.849
15	14.3	0.35	1.06	1.1063	3.103	2.805
20	14.6	0.35	1.05	1.1157	3.108	2.784
30	15.0	0.36	1.03	1.1255	3.109	2.761

通过对比球面与圆盘螺旋槽轴承的公式及表格 7-1 与 7-2 中的数值，可以看出：

(1) 球面螺旋槽轴承端部效应的影响比圆盘螺旋槽轴承端部效应的影响要小 2～3 倍。因为当球面在最大球面直径附近，即接近于圆柱表面部分时，端部效应虽然会减小有效螺旋槽长度，但承载能力下降不大，主要原因是这部分工作表面的减小对轴向承载的有效面积影响不大。

(2) 对于球面轴承，当 $\psi_1=0$，$\psi_2=\pi/2$，n 等于无穷大时，轴承的承载能力可表示为

$$\frac{\overline{W}h_r^2}{\mu\omega R_0^4}=4\pi g_1(\alpha, H, \beta_r)$$

对于圆盘螺旋槽轴承，当 $r_1=0$，n 等于无穷大时，其承载能力可表示为

$$\frac{\overline{W}h_r^2}{\mu\omega R_0^4}=\frac{3}{2}\pi g_1(\alpha, H, \beta_r)$$

如果两种轴承的参数 α、H、β_r 相同，则 $g_1(\alpha, H, \beta_r)$ 也相同。如再令轴承半径 R 及油膜厚度 h_r 也相同，此时，比较两种轴承的承载能力就会发现，球面螺旋槽轴承的轴向承载能力是圆盘轴承的 8/3 倍。

(3) 对于球面轴承，当 $\psi_1=0$，$\psi_2=\pi/2$ 时，其摩擦力矩为

$$M=\frac{4\pi\mu\omega R_0^4}{3h_r}g_2(\alpha, H, \beta_r)$$

对于圆盘轴承，当 $r_1=0$ 时，其摩擦力矩为

$$M=\frac{\pi\mu\omega R_0^4}{2h_r}g_2(\alpha, H, \beta_r)$$

比较两个轴承的摩擦力矩值，可发现球面轴承的摩擦力矩是同样半径、同样槽形的圆盘螺旋槽轴承的摩擦力矩的 8/3 倍。

例 7-2　设计一个球面螺旋槽轴承，已知：推力为 100 N；转速为 8000 r/min；油膜厚度为 10 μm；所使用的黏性介质为油脂，当温度为 35 ℃时，其动力黏度系数为 $0.2\ \mathrm{N\cdot s/m^{-2}}$，设轴承没有泄漏量，求球的直径、摩擦功率及当量摩擦系数。

解　选择 $n=5$，$\psi_1=0$，$\psi_2=\pi/2$，由表 7-2 可知最佳参数为

$$\alpha=12°,\ H_\delta=0.31$$

$$\beta_r=1.18,\ \frac{\overline{W}h_r^2}{\mu\omega R_0^4}=1.039$$

$$\frac{Mh_r}{\mu\omega R_0^4}=3.087,\ \frac{fR_0}{h_r}=2.971$$

再由已知条件：

$$\overline{W}=100\ \mathrm{N},\ h_r=10^{-5}\ \mathrm{m}$$

$$\mu=0.2\ \mathrm{N\cdot s\cdot m^{-2}},\ \omega=837\ \mathrm{rad/s}$$

于是可以求得

$$R_0^4=\frac{\overline{W}h_r^2}{1.039\mu\omega}=\frac{100\times10^{-10}}{1.039\times0.2\times837}=57.5\times10^{-12}\ \mathrm{m}^4$$

$$R_0=2.8\times10^{-3}\ \mathrm{m}$$

故可选用直径为 6 mm 的钢球来加工螺旋槽轴承。

其摩擦力矩为

$$M=\frac{3.087\mu\omega R_0^4}{h_r}=\frac{3.078\times 0.2\times 837\times (3\times 10^{-3})^4}{10^{-5}}=4.2\times 10^{-3}\ \mathrm{N\cdot m}$$

摩擦功率为

$$N=M\omega=4.2\times 10^{-3}\times 837=3.52\ \mathrm{W}$$

当量摩擦系数为

$$f=\frac{2.971\times 10^{-5}}{3\times 10^{-3}}=0.01$$

7.2.3 锥面动压螺旋槽轴承

如图 7-12 所示为锥面动压螺旋槽轴承的结构及参数，仍从平行槽轴承模型的基本公式出发，在锥面上取一个宽度为 dx 的圆环，则有

$$V_x=r\omega,\ r=R_0-\tan\alpha_t$$

$$h_r=h_i\sin\alpha_t,\ l_z=\frac{\mathrm{d}x}{\cos\alpha_t}$$

$$b_g=\frac{2\pi r}{n(1+\beta_r)},\ \overline{S}^*=0$$

代入平行槽公式(7-55)，可得

$$\frac{\Delta p h_r^3}{6\mu V_x l_z}=g_1(\alpha,H,\beta_r)$$

$$\frac{|F|h_r}{\mu V_x l_z b_g}=g_2^*(\alpha,H,\beta_r)$$

对上面两个方程进行积分，可得

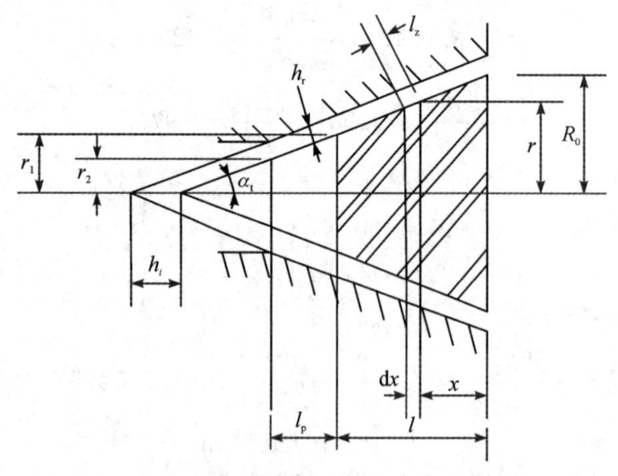

图 7-12 锥面动压螺旋槽轴承结构及参数

$$p(x)=\frac{6\mu\omega}{h_i^2\sin^2\alpha_t\cos\alpha_t}g_1(\alpha, H, \beta_r)\left(R_0x-\frac{1}{2}x^2\tan\alpha_t\right) \quad x\leqslant l \tag{7-75}$$

$$\frac{\overline{W}h_i^2\sin^2\alpha_t}{\mu\omega R_0^4}=\frac{6\pi g_1(\alpha, H, \beta_r)}{\sin\alpha_t}\left[l^*-\frac{3}{2}(l^*)^2+(l^*)^3-\frac{1}{4}(l^*)^4\right] \tag{7-76}$$

式中：

$$\begin{cases} l^*=\dfrac{l}{R_0}\tan\alpha_t \\ \dfrac{Mh_i\sin\alpha_t}{\mu\omega R_0^4}=\dfrac{2\pi g_2(\alpha, H, \beta_r)}{\sin\alpha_t}\left[l^*-\dfrac{3}{2}(l^*)^2+(l^*)^3-\dfrac{1}{4}(l^*)^4\right] \end{cases} \tag{7-77}$$

考虑端部效应的影响，对公式(7-75)与公式(7-76)进行修正后，可得到的相应公式如下：

$$p(x)=\frac{6\mu\omega}{h_i^2\sin^2\alpha_t\cos\alpha_t}g_1(\alpha, H, \beta_r)\left(R_0x-\frac{1}{2}x^2\tan\alpha_t\right)C_1(\alpha, H, \beta_r, \overline{R}_1, n) \quad x\leqslant l \tag{7-78}$$

式中：

$$C_1(\alpha, H, \beta_r, \overline{R}_1, n)=\frac{e^{-E}-\overline{R}_1^2e^E}{1-\overline{R}_1^2}$$

$$E=\frac{\pi}{n}\left(1-\frac{\alpha}{90}\right)(\tan\alpha)\frac{2}{1+\beta_r}\left(\frac{1+\beta_rH^3}{1+H^3}\right)$$

$$\frac{\overline{W}h_i^2\sin^2\alpha_t}{\mu\omega R_0^4}=\frac{6\pi g_1(\alpha, H, \beta_r)}{\sin\alpha_t}\left[l^*-\frac{3}{2}(l^*)^2+(l^*)^3-\frac{1}{4}(l^*)^4\right]C_2(\alpha, H, \beta_r, \overline{R}_1, n) \tag{7-79}$$

式中：

$$C_2(\alpha, H, \beta_r, \overline{R}_1, n)=\frac{e^{-2E}-\overline{R}_1^4e^{2E}}{1-\overline{R}_1^4}$$

例7-3　一个锥面螺旋槽轴承的结构参数为

$R_0=5\times10^{-3}$ m，$h_r=10^{-5}$ m，$\alpha=30°$，$r_1=2.5\times10^{-3}$ m，$r_2=1.5\times10^{-3}$ m，$n=8$，$r_1/r_0=0.5$，$\alpha_t=30°$，$\beta_r=1$，$\omega=3768$ rad/s，设机械油在70 ℃时的动力黏度$\mu=1.835\times10^{-2}$ N·s·m^{-2}；起动时，油温小于50 ℃，此时动力黏度$\mu=8\times10^{-2}$ N·s·m^{-2}。试计算：

(1) 当承载力达到8.5 kgf时，轴承起动达到$h_r=10$ μm的最低转速；

(2) 当转动角速度达到3768 rad/s且$h_r=10$ μm时，轴承的轴向承载能力；

(3) 当承载力为8.5 kgf且转动角速度为3768 rad/s时的油膜厚度；

(4) 当承载力为8.5 kgf且转动角速度为3768 rad/s时的摩擦功率。

解

(1) 当承载力达到 8.5 kgf 时，轴承起动达到 $h_r=10\ \mu m$ 的最低转速：

由于起动时油温较低，故动力黏度取 $\mu=8\times10^{-2}\ N\cdot s\cdot m^{-2}$，另由轴承已知参数，通过计算可以间接得到的参数为

$$l^*=0.5,\quad l^*-1.5(l^*)^2+(l^*)^3-0.25(l^*)^4=0.2344$$

$$g_1=0.0826,\quad C_2=0.698$$

把它们代入方程(7-79)，整理后可得

$$\omega=\frac{\overline{W}h_r^2\sin\alpha_t}{6\pi\mu R_0^4\left[l^*-\frac{3}{2}(l^*)^2+(l^*)^3-\frac{1}{4}(l^*)^4\right]g_1C_2}=333.6\ \text{rad/s}$$

(2) 当转动角速度达到 3768 rad/s 且 $h_r=10\ \mu m$ 时，轴承的轴向承载能力：

已知：

$$\mu=1.835\times10^{-2}\ N\cdot s\cdot m^{-2},\ \omega=3768\ \text{rad/s}$$

$$g_1=0.0826,\ C_2=0.698$$

把它们代入方程(7-79)，整理后可得

$$\overline{W}\approx22\ \text{kgf}$$

(3) 当承载力为 8.5 kgf 且转动角速度为 3768 rad/s 时的油膜厚度：

先以 $h_r=10\ \mu m$ 试算如下参数：

$$l^*-1.5(l^*)^2+(l^*)^3-0.25(l^*)^4=0.2344,\quad g_1=0.0826$$

$$C_2=0.698,\quad H_\delta=\frac{5}{8}$$

将以上参数代入方程(7-79)，可计算 h_r 值为

$$h_r=16.11\times10^{-6}\ m$$

对比两个 h_r，发现两者相差较大，再以计算出的 $h_r=16.11\ \mu m$ 为初值，试算轴承参数，并代入方程(7-79)，重新计算 h_r 值；对比两个值，如果两者相差不大，满足精度要求，则停止迭代，否则继续迭代计算 h_r 值，直至满足精度要求。本题经过四次迭代得到最终计算结果：

$$h_r=15\times10^{-6}\ m$$

(4) 当承载力为 8.5 kgf 且转动角速度为 3768 rad/s 时的摩擦功率：

使用已有参数计算可得到

$$l^*-1.5(l^*)^2+(l^*)^3-0.25(l^*)^4=0.2344,\quad g_2=0.824\ 76,$$

$$H_\delta=0.9375,\quad h_r=15\times10^{-6}\ m$$

将以上参数代入方程(7-79)，可计算有槽表面的摩擦力矩为

$$M_1=7\times10^{-3}\ N\cdot m$$

对于无槽表面：

$$H=\frac{h_r}{h_g}\rightarrow 1,\ \beta_r=\frac{b_r}{b_g}\rightarrow\infty$$

$$\lim_{\substack{H\to 1\\ \beta_r\to 1}}\lim g_2^* = 1+\beta_r$$

$$\lim_{\substack{H\to 1\\ \beta_r\to 1}}\lim g_2 = \frac{g_2^*}{1+\beta_r}=1$$

$$l^*=0.4$$

$$l^*-1.5(l^*)^2+(l^*)^3-0.25(l^*)^4=0.2176$$

将以上参数代入方程(7-79)，可计算无槽表面的摩擦力矩为

$$M_2=4.9\times10^{-4}\ \mathrm{N\cdot m}$$

则整个轴承的摩擦功率为

$$N=(M_1+M_2)\times3768=28.3\ \mathrm{W}$$

7.3 永磁轴承

近年来，随着由含有稀土元素的原料加工而成的新型永磁体材料——钕铁硼的发现，其突出的优点(质量轻、体积小、磁性好、价格成本低、材料储备资源充足)使人们对新型永磁体的应用研究再次成为热点。永磁轴承就是其应用的一个重要方向，它是利用磁铁异性相吸、同性相斥的原理实现的无接触作用的一类低损耗轴承。

7.3.1 永磁轴承的结构

永磁轴承中的永磁体一般采用若干个永磁环按一定的极性成对布置而成。永磁轴承最基本的结构是两个永磁环，根据提供支承的方向不同，可把永磁轴承分为径向永磁轴承和轴向永磁轴承两类。

如图7-13所示为径向永磁轴承的10种基本结构形式，图中箭头表示永磁环的充磁方向，永磁环的充磁方向一般只有径向与轴向两个方向。通过改变径向永磁轴承基本结构中一个永磁环的充磁方向，即可相应地得到轴向永磁轴承的10种基本结构形式，如图7-14所示。

图7-13与图7-14中列出的永磁轴承，有些是靠永磁环之间产生的斥力工作的，有些则是靠相互之间产生的吸力工作的，还有一些却很难分辨清楚。在实际结构设计中，为了实现不同的功能，永磁轴承的结构形式往往比较复杂，有时还要引入软磁材料，但所有复杂的结构形式都是由这20种基本结构通过不同的组合演化而来的。

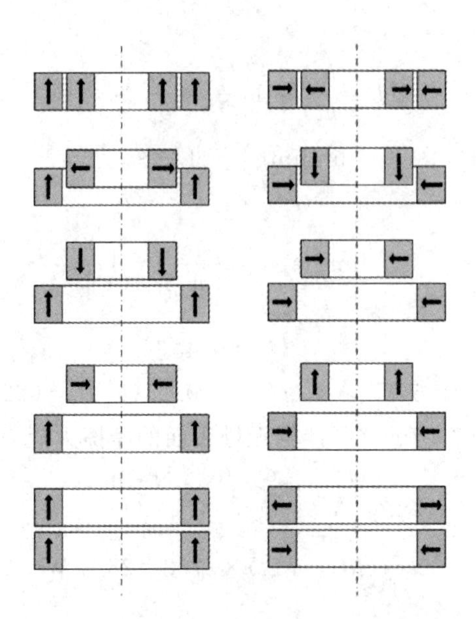

图 7 - 13　径向永磁轴承的 10 种基本结构形式

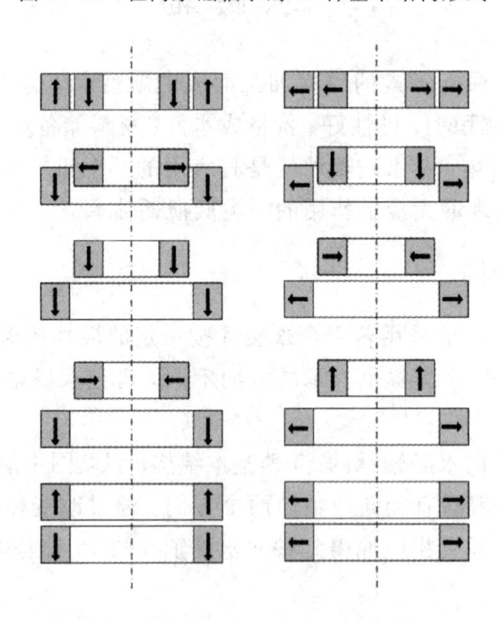

图 7 - 14　轴向永磁轴承的 10 种基本结构形式

如图 7 - 15(a)所示为铠装式永磁轴承，它是由一对吸力型径向永磁轴承安装在一个软磁体内(图中打剖面线部分)形成的；如图 7 - 15(b)所示为组合式永磁轴承，它是由两对吸力型径向永磁环分别安装在上、下两个软磁环片上形成的。近年来，国内外学者在对永磁轴承结构性能的研究中发现，通过将径向与轴向磁化的磁环的有序叠加而组合成的新的轴承结构，其径向刚度可大大提高。

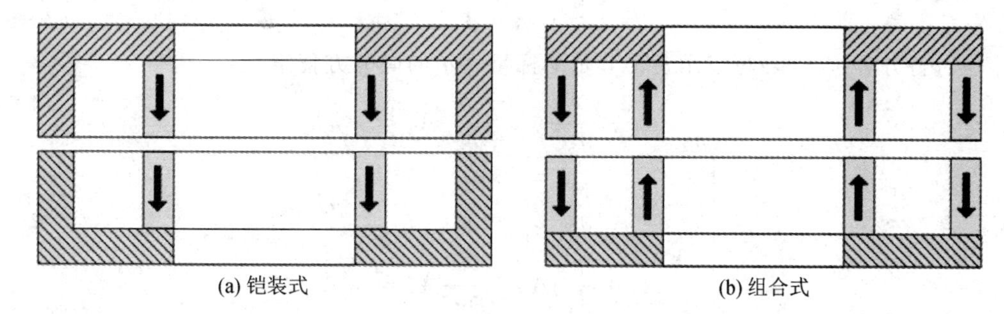

图 7-15　其他形式的永磁轴承

7.3.2　采用有限元法求解轴承动力特性

永磁轴承的动力特性包括轴承的承载能力与刚度，这也是永磁轴承最重要的性能指标。用于永磁轴承动力特性分析的建模方法主要有等效磁荷法、分子电流法、磁导法、有限元法等。近年来，随着计算机技术的进步，采用有限元法计算永磁轴承的动力特性的研究也得到了突飞猛进的发展，目前有限元法在电磁场计算中已经处于主导地位。

采用有限元法计算永磁轴承的磁场的步骤是：通过引入矢量磁位，导出永磁场的泊松方程；再通过变分原理将非线性边值问题转化为非线性代数方程组后，解得各个节点的矢量磁位；最后得到各个节点的磁感应强度。

1. 磁场的矢量磁位与微分方程

根据电磁场理论，当磁场是静态磁场时，电磁场对时间的导数为零；再根据安培环路定律，磁场强度 $\boldsymbol{H}$ 的旋度等于电流的面密度，即

$$\nabla \times \boldsymbol{H} = \boldsymbol{J} \tag{7-80}$$

式中：$\boldsymbol{H}$ 为磁场强度；$\boldsymbol{J}$ 为电流的面密度。

根据磁通连续性定理，在磁场中磁感应强度的散度等于零，可知

$$\nabla \cdot \boldsymbol{B} = 0 \tag{7-81}$$

式中：$\boldsymbol{B}$ 为磁场的磁感应强度。

如果磁场介质为各向同性，则有

$$\boldsymbol{B} = \mu \boldsymbol{H} \tag{7-82}$$

式中：μ 为磁导率。

引入连续矢量函数的矢量磁位 $\boldsymbol{A}$，根据矢量函数的性质，可知

$$\begin{cases}\nabla\cdot\nabla\times\mathbf{A}=0\\ \nabla\cdot\mathbf{A}=0\end{cases}\tag{7-83}$$

综合方程(7-81)～方程(7-83)，可以推出

$$\nabla^2\mathbf{A}=\boldsymbol{J}\tag{7-84}$$

也可将方程(7-84)写成用三个分量的标量表示的微分方程组：

$$\begin{cases}\dfrac{\partial^2}{\partial x^2}A_x+\dfrac{\partial^2}{\partial y^2}A_x+\dfrac{\partial^2}{\partial z^2}A_x=-\mu J_x\\ \dfrac{\partial^2}{\partial x^2}A_y+\dfrac{\partial^2}{\partial y^2}A_y+\dfrac{\partial^2}{\partial z^2}A_y=-\mu J_y\\ \dfrac{\partial^2}{\partial x^2}A_z+\dfrac{\partial^2}{\partial y^2}A_z+\dfrac{\partial^2}{\partial z^2}A_z=-\mu J_z\end{cases}\tag{7-85}$$

在平面磁场状态下，只需要对电流面密度矢量和矢量磁位在 z 轴的分量进行计算即可：

$$\frac{\partial^2}{\partial x^2}A_z+\frac{\partial^2}{\partial y^2}A_z+\frac{\partial^2}{\partial z^2}A_z=-\mu J_z\tag{7-86}$$

2. 有限元法的数学模型

如图 7-16 所示为一典型轴对称永磁轴承结构，上、下永磁环均采用轴向充磁。因为是轴对称结构，可建立一个 $z-r$ 平面坐标系来描述该轴承：z 代表轴向，r 代表径向，选择矢量磁位 $\mathbf{A}$ 作为求解函数，由方程(7-85)可以推出：

$$\begin{cases}\Omega:\dfrac{\partial}{\partial r}\left(\dfrac{1}{\mu r}\dfrac{\partial(rA)}{\partial r}\right)+\dfrac{\partial}{\partial z}\left(\dfrac{1}{\mu r}\dfrac{\partial(rA)}{\partial z}\right)=-J_r\\ S_1:rA\big|_{S_1}=\text{const}\\ S_2:\dfrac{1}{\mu r}\dfrac{\partial(rA)}{\partial n}\Big|_{S_2}=q\end{cases}\tag{7-87}$$

式中：Ω 为求解场域；S_1、S_2 为表示第一类边界、第二类边界；n 为边界的外法向分量。

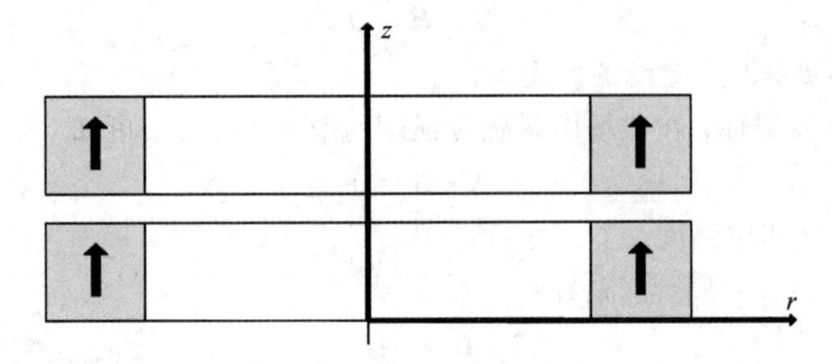

图 7-16　轴对称永磁轴承结构

注　第一类边界是与某条磁力线重合的边界，第二类边界是指所有通过的磁力线均与边界垂直。

根据变分原理，方程(7-87)的非线性边值求解问题可以等价为求下面方程的最小值：

$$W(A)=\iint_{\Omega}\left(\int_{0}^{B}\frac{1}{\mu}B\mathrm{d}B\right)r\mathrm{d}r\mathrm{d}z-\iint_{\Omega}J_{r}Ar\mathrm{d}r\mathrm{d}z=\min \tag{7-88}$$

式中：$W(A)$为能量泛函。

经离散化处理后，总能量泛函 $W(A)$可以认为是离散点上矢量磁位函数 A 的函数，即

$$W(A)\approx W(A_1,\ A_2,\ \cdots,\ A_n)$$

式中：n 为节点数。

求方程(7-87)的解等同于求下面方程的解：

$$W(A)\approx W(A_1,\ A_2,\ \cdots,\ A_n)=\min \tag{7-89}$$

7.3.3　永磁轴承的有限元分析

ANSYS 以 MAXWELL 方程组作为电磁场分析的出发点，其程序计算的未知量是磁位或电位，其他未知量如磁通密度、磁感应强度、磁力、磁力线和磁力矩等可由这些未知量导出。采用 ANSYS 进行永磁轴承磁场的分析步骤如下：

(1) 选择分析类型，选取“Electromagnetic”栏中的“Magnetic-Nodal”；

(2) 定义单元类型，分析二维永磁场采用的实体单元类型是 PLANE13 或 PLANE53，分析三维永磁场采用的实体单元类型是 SOLID96 或 SOLID98；

(3) 创建几何模型并加载；

(4) 选择求解器(RSP)求解；

(5) 后处理，查看分析结果。

例 7-4　以图 7-16 所示轴对称永磁轴承为计算对象，已知两个轴向充磁的上、下永磁环外形尺寸完全相同，即外径为 42×10^{-3} m，内径为 30×10^{-3} m，高度为 6×10^{-3} m，上、下磁环间气隙为 6×10^{-3} m。磁环的材料为新型永磁材料钕铁硼，导磁率 $B=1.062$ T，矫顽力 $H=907\ 000$ A/m。试分析该轴承轴向吸附力及磁力线与磁通密度分布情况。

解　考虑到模型为轴对称结构，因此采用二维电磁场进行分析。建模时按图 7-17 所示建立轴承的参数化模型：1、2 所指面积分别代表下、上磁环的截面；为了考虑漏磁现象，在上、下磁环外层建立空气模型，图中 6 所指面积代表空气；上、下磁环与空气均选取具有对称特性的 PLANE 53 实体单元类型进行模拟；为使求解结果更加精确，还建立了具有对称特性的无限远场单元 INFIN110，并以图中 5 所指面积表示。

对永磁轴承二维计算模型进行网格划分，定义上磁环单元组件，设定虚功位移和 MAXELL 面标记，并给最外层边界加上 INFIN110 无限远边界单元标记，如图 7-18 所示。

图 7 - 17　永磁轴承二维计算模型

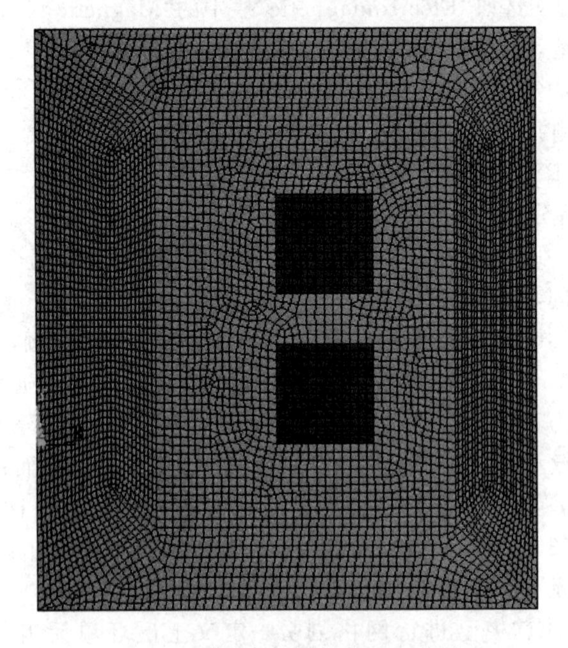

图 7 - 18　模型网格划分及加载图

选择求解器进行求解。查看磁力线分布情况，如图 7-19 所示，从图 7-19 中可知，虽然大部分磁力线都会穿过轴承气隙，但漏磁现象依然比较明显。从图 7-20 所示的轴承磁通密度分布情况来看，可以得到与磁力线分布相似的结论。采用 MAXELL 应力法可获得轴承轴向吸附力为 24.94 N。

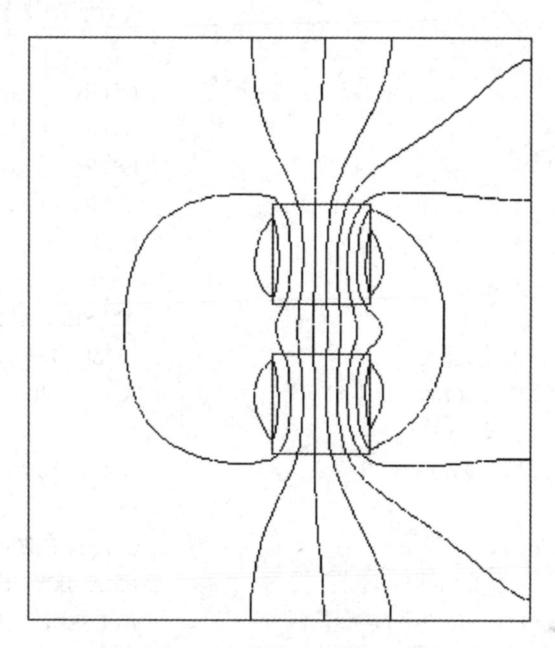

图 7-19　永磁轴承磁力线分布情况

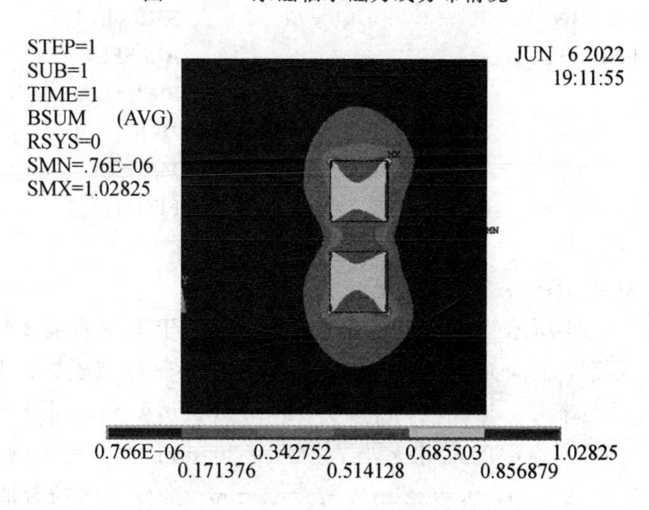

图 7-20　轴承磁通密度分布

该算例的具体 ANSYS 操作步骤，可参见下面的操作命令流：

```
*SET, r1, 30e-3
*SET, r2, 42e-3
*SET, h, 12e-3
*SET, l, 6e-3
/PREP7
ET, 1, PLANE53
ET, 2, INFIN110
KEYOPT, 1, 3, 1
KEYOPT, 2, 3, 1
MPTEMP, 1, 0
MPDATA , MURX, 1, , 1
MPTEMP, 1, 0
MPDATA , MURX, 2, , 1.062
MPDATA , MGYY, 2, , 907000
MPDATA , MURX, 3, , 1.062
MPDATA , MGYY, 3, , 907000

RECTNG, r1, r2, 0, h,
RECTNG, r1, r2, h+l, h+h+l,
RECTNG, r1/2, r2+10e-3, -10e-3, h+h+l+
  10e-3,
RECTNG, 0, r2+10e-3+10e-3, -0.01-10e-
  3, h+h+l+10e-3+10e-3,
AOVLAP, all

ASEL, , , ,    6
AATT ,    1, ,   1,    0,
ASEL, , , ,    2
AATT ,    2, ,   1,    0,
ASEL, , , ,    1
AATT ,    3, ,   1,    0,
ASEL, , , ,    5
AATT ,    1, ,   2,    0,

LSTR,    12,    16
LSTR,    11,    15
LSTR,    10,    14
LSTR,    9,     13
LSEL, , , , 17, 20
ASBL,    5, all
ALLSEL, ALL
ESIZE, 1e-3, 0,
Amesh, all

ASEL, S, , ,    1
ESLA, S
CM, r, ELEM
FMAGBC, 'R'
ALLSEL, ALL
LSEL, , , , 13, 16
SFL, all, INF
ALLSEL, ALL
FINISH
/SOL
MAGSOLV, 0, 3, 0.001, , 25,
FINISH
```

例 7-5　如图 7-21 所示为组合式永磁轴承结构，位于上端的项 2 与下端的项 5 均为软磁铁，材料为 45 号钢，轴向充磁的项 1 内磁环与项 4 外磁环充磁方向相反，材料均为钕铁硼，牌号是 N40(导磁率 $B=1.25$ T，矫顽力 $H=929\ 000$ A/m)，项 3 定位环为硬铝绝磁材料，牌号为 2A13。图中标注的尺寸大小为：$d_1=30$ mm，$d_2=56$ mm，$d_3=64$ mm，$d_4=84$ mm，$h_1=h_2=12$ mm，$h_3=22$ mm，$l_g=2$ mm。试分析该轴承轴向吸附力。

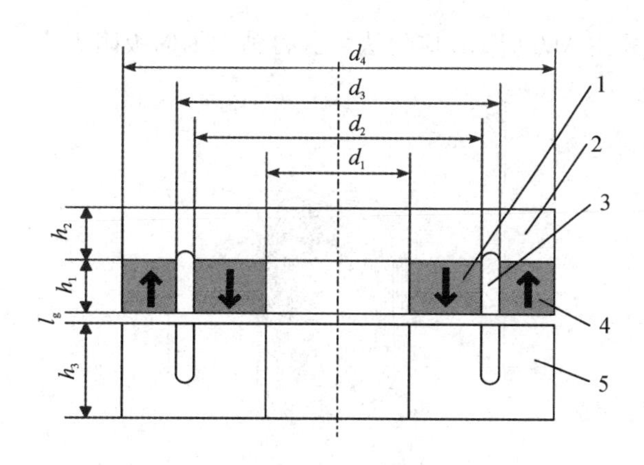

图 7 - 21　组合式永磁轴承结构

解　由于模型为轴对称结构，仍采用二维电磁场进行分析。图 7 - 22 为永磁轴承的二维参数化模型，选取 PLANE53 实体单元类型来模拟永磁环、绝磁铝环、软磁铁以及空气。为使求解结果更加精确，还在空气外部建立了具有对称特性的无限远场单元 INFIN110。

选择一级精度对模型进行网格划分。定义下磁环单元组件，设定虚功位移和 MAXELL 面标记，给最外层边界加上 INFIN110 无限远边界单元标记，如图 7 - 23 所示。

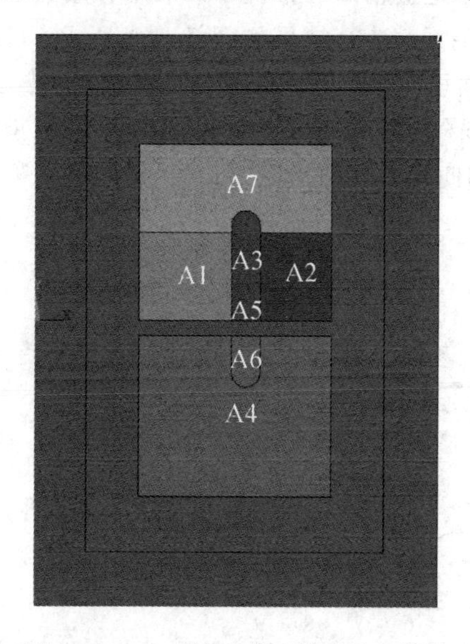

图 7 - 22　永磁轴承的二维参数化模型

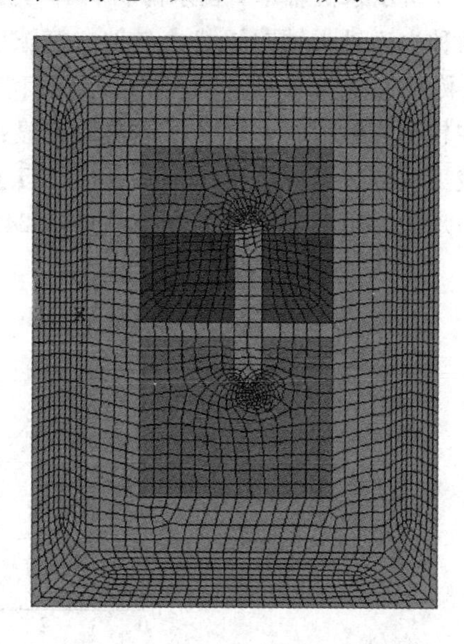

图 7 - 23　模型网格划分与加载图

选择求解器进行求解。如图 7 - 24 所示为永磁轴承磁力线分布情况，可以看出，组合式永磁轴承磁漏少，避免了传统的自由空间永磁体磁力线发散现象，说明该轴承结构紧凑，永磁材料利用充分。采用 MAXELL 应力法可获得轴承轴向吸附力为 1619 N。

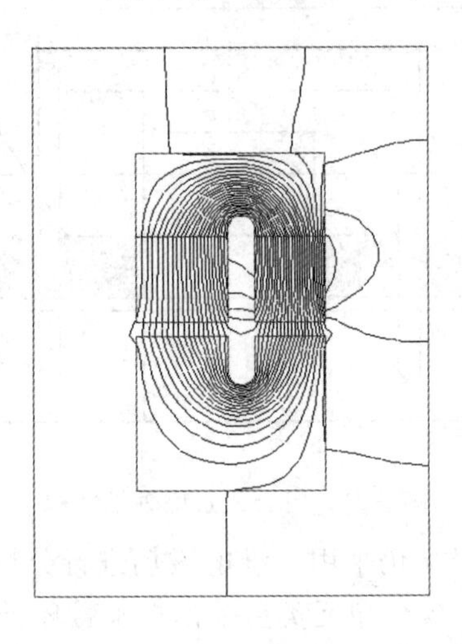

图 7-24　永磁轴承磁力线分布情况

为验证组合式永磁轴承在承载能力方面的优越性，下面进行一个对比分析计算：对比图 7-16 所示永磁轴承，在永磁材料牌号及其用量完全相同的情况下，采用有限元法分别计算两种永磁轴承轴向承载力与轴向气隙变化的关系，计算结果如图 7-25 所示。可以看出，与传统永磁轴承相比，组合式(新结构)永磁轴承的轴向承载能力得到大幅度提高，特别是在较小气隙值时，作用效果尤为明显：当轴向气隙为 1 mm 时，组合式永磁轴承的轴向承载力比传统永磁轴承结构要高出 215.6%；即便轴向气隙达到 8 mm，组合式永磁轴承的轴向承载力也要高出传统轴承结构约 24.9%。

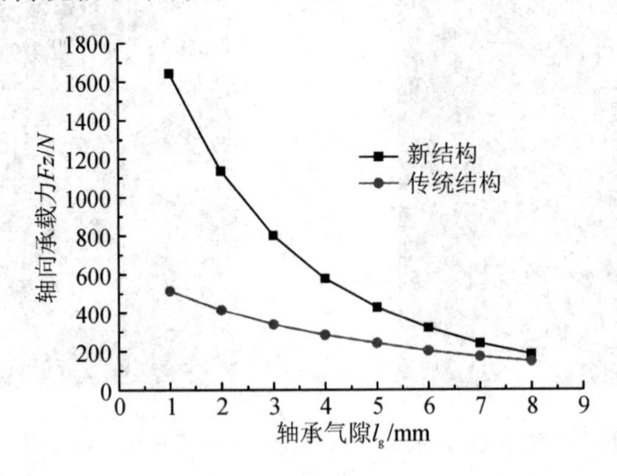

图 7-25　两种轴承轴向承载力的比较

该算例的具体 ANSYS 操作步骤，可参见下面的操作命令流：

```
! /COM,  Magnetic-Nodal
/PREP7
ET, 1, PLANE53
ET, 2, INFIN110
KEYOPT, 1, 3, 1
KEYOPT, 2, 3, 1
*SET, r1, 15e-3
*SET, r2, 28e-3
*SET, r3, 32e-3
*SET, r4, 42e-3
*SET, h1, 12e-3
*SET, h2, 12e-3
*SET, h3, 22e-3
*SET, h4, 14e-3
*SET, h5, 5e-3
*SET, l, 1e-3
*SET, a, 0e-3

MPTEMP, 1, 0
MPDATA , MURX, 1, , 1
MPTEMP, 1, 0
MPDATA , MURX, 2, , 1.1
MPTEMP, 1, 0
MPDATA , MGYY, 2, , 929000
MPTEMP, 1, 0
MPDATA , MURX, 3, , 1.1
MPTEMP, 1, 0
MPDATA , MGYY, 3, , -929000
TB, BH, 4, 1, 10,
TBTEMP, 0
TBPT, , 500, 0.08
TBPT, , 800, 0.175
TBPT, , 1200, 0.45
TBPT, , 2000, 1.3
TBPT, , 2800, 1.5
TBPT, , 4000, 1.65
TBPT, , 6000, 1.763
TBPT, , 8000, 1.85
TBPT, , 12000, 1.925
TBPT, , 16000, 1.95
/PREP7
RECTNG, r1, r2, 0, h1,
RECTNG, r2, r3, 0, h4,
RECTNG, r3, r4, 0, h1,
RECTNG, r1, r4, h1, h1+h2,
RECTNG, r1+a, r4+a, -h3-l, -l,
RECTNG, r2+a, r3+a, -h5-l, -l,
RECTNG, r1/2, r4+r1/2, -h3-r1/1.5, h1+
  h2+r1/1.5,
RECTNG, 0, r4+r1, -h3-r1, h1+h2+r1,

AOVLAP, all
ASEL, , , ,     1
AATT,     2, ,   1,     0,
ASEL, , , ,     11
AATT,     3, ,   1,     0,
ASEL, , , , 12, 13
AATT,     4, ,   1,     0,
ASEL, , , , 15
ASEL, a , , , 6
ASEL, a , , , 9
ASEL, a , , , 10
AATT,     1, ,   1,     0,
ASEL, , , ,     14
AATT,     1, ,   2,     0,

LSTR,     32,     28
LSTR,     27,     31
LSTR,     26,     30
LSTR,     25,     29
ALLSEL, ALL
LSEL, , , , 5, 6
```

```
LSEL, a, , , 8, 9
ASBL,     14, all
ALLSEL, ALL
ESIZE, 1e-3, 0,
Amesh, all
ASEL, S, , , 13
ESLA, S
CM, r, ELEM
FMAGBC, 'R'
ALLSEL, ALL
LSEL, , , , 29, 32
SFL, all, INF
ALLSEL, ALL
FINISH /SOL
MAGSOLV, 1, 3, 0.001, , 25,
FINISH
```

习　题

7－1　某垂直放置转子系统的下端打算使用球面动压螺旋槽轴承进行支承，具体设计要求：螺旋槽的直径 $R_0=6\times10^{-3}$ m，油膜的动力黏度 $\mu=0.1$ Pa·s，轴向承载力为 110 N；要求在转子转速达到 800 r/min 前，形成动压油膜，试设计该球面动压螺旋槽轴承。

7－2　具体设计要求不变，如将题 7－1 中球面动压螺旋槽轴承改为锥面动压螺旋槽轴承，试设计该轴承的参数。

7－3　题 7－3 图所示为两个永磁轴承，图中打剖面线的零件材料为 45 号钢，图中箭头表示磁环的轴向充磁方向，其性能参数为：导磁率 $B=1.25$ T，矫顽力 $H=929\ 000$ A/m，试分析两个轴承气隙 $l_g=1\sim8$ mm 时，它们的轴向承载能力的变化规律。

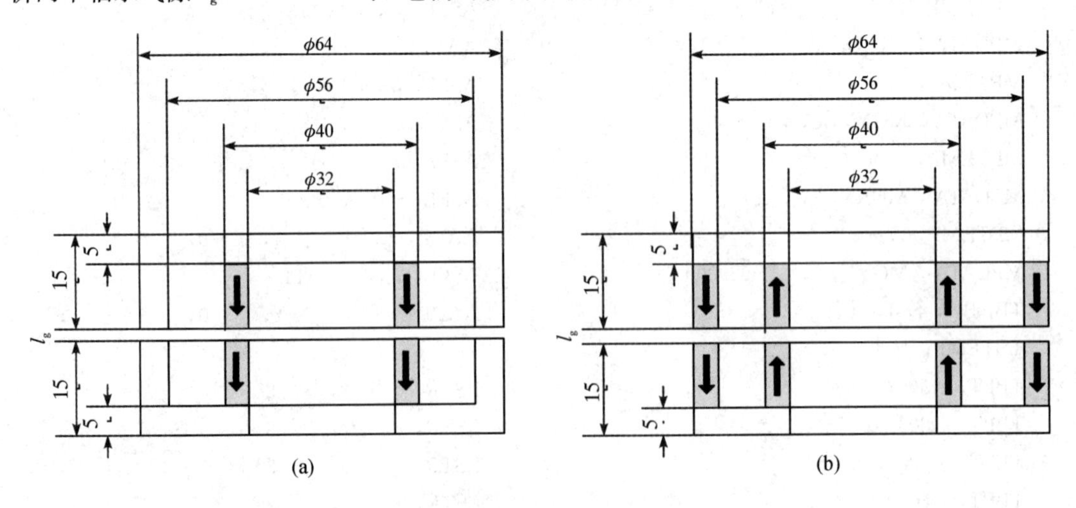

题 7－3 图

附录　部分习题参考答案

第 1 章

1-3　(1) 周期振动，周期 $T=2\pi$；(2) 周期振动，周期 $T=\pi$；(3) 非周期振动

1-6　$5+2i=\sqrt{29}e^{0.3805i}$；$-4+4i=4\sqrt{2}e^{2.3562i}$

1-7　$A=5$，$\varphi=-0.008$；$A_1=5$，$A_2=0.04$

1-8　$x(t)=0.8323A\cos(5t+0.8584)$；$x(t)=\mathrm{Re}(0.8323Ae^{5t+0.8584})$

1-9　最大振幅为 4，最小振幅为 0，拍频为 0.1

第 2 章

2-7　(a) $k_{eq}=\dfrac{(k_1+k_2)k_4}{k_1+k_2+k_4}+k_3$

2-7　(b) $k_{eq}=\dfrac{k_{l1}k_{l2}}{k_{l1}+k_{l2}}+k_{l3}$ 其中：$k_{l1}=\dfrac{\pi d_1^4 G}{32l_1}$，$k_{l2}=\dfrac{\pi d_2^4 G}{32l_2}$，$k_{l3}=\dfrac{\pi d_3^4 G}{32l_3}$，式中，$G$ 为剪切模量

2-8　$J_{eq}=\dfrac{Z_1^2}{Z_2^2}J_2+J_1$

2-9　$k_{eq}=k_2\dfrac{l_2^2}{l_1^2}+k_1$，$m_{eq}=m_2+\dfrac{J_1}{l_1^2}+\dfrac{7}{5}m_1\dfrac{l_2^2}{l_1^2}$

2-10　$\ddot{\theta}+\dfrac{g}{l}\theta=0$，$\ddot{x}+\dfrac{g}{l}x=0$，$\omega_n=\sqrt{\dfrac{g}{l}}$

2-11　(a) 以 x_2 为系统广义坐标时：

$$m_{eq}=m_2+m_1\left(\frac{r_2}{r_1}\right)^2+J_p\left(\frac{1}{r_1}\right)^2,\ k_{eq}=k_2+k_1\left(\frac{r_2}{r_1}\right)^2,\ c_{eq}=c\left(\frac{r_2}{r_1}\right)^2$$

$$\omega_n=\sqrt{\frac{k_{eq}}{m_{eq}}}=\sqrt{\frac{k_2+k_1\left(\frac{r_2}{r_1}\right)^2}{m_2+m_1\left(\frac{r_2}{r_1}\right)^2+J_P\left(\frac{1}{r_1}\right)^2}}$$

(b) 以 θ 为系统广义坐标时：

$$J_{eq}=J_p+m_1r_2^2+m_2r_1^2,\ k_{eq}=k_2r_1^2+k_1r_2^2,\ c_{eq}=cr_2^2$$

$$\omega_n=\sqrt{\frac{J_{eq}}{m_{eq}}}=\sqrt{\frac{k_2r_1^2+k_1r_2^2}{m_2r_1^2+m_1r_2^2+J_p}}$$

2-12 $k_{eq}=k_2+k_1\left(\frac{R}{r_1}\right)^2$，$m_{eq}=J_1\left(\frac{1}{r_1}\right)^2+J_2\left(\frac{1}{r_2}\right)^2+m_0+m_2$

$$\omega_n=\sqrt{\frac{k_{eq}}{m_{eq}}}$$

2-13 $\frac{1}{3}ml^2\ddot{\theta}+cl^2\dot{\theta}+ka^2\theta=0$，$\omega_n=\sqrt{\frac{3ka^2}{ml^2}}$，$c_{cr}=\frac{2}{3}ml^2\omega_n$

2-14 $k=3$ mm

2-15 $c_{cr}=447.2$，92 s

2-16 设备通过弹簧传给地基的力(0～3000 N)，设备的振幅(0～2.4 mm)

2-17 $\omega_n=\left(\frac{(k_1+k_2)(r+s)^2}{J_p}\right)^{\frac{1}{2}}$

2-18 $\ddot{\theta}+\frac{(g+a)}{l}\theta=0$，$\omega_n=\sqrt{\frac{g+a}{l}}$

第 3 章

3-1 $\begin{bmatrix} m & 0 \\ 0 & m \end{bmatrix}\begin{bmatrix} \ddot{x}_1 \\ \ddot{x}_2 \end{bmatrix}+\begin{bmatrix} 2k & -k \\ -k & 2k \end{bmatrix}\begin{bmatrix} x_1 \\ x_2 \end{bmatrix}=\begin{bmatrix} 0 \\ 0 \end{bmatrix}$

$$\omega_{n1}=\sqrt{\frac{k}{m}},\ \omega_{n2}=\sqrt{\frac{3k}{m}},\ u^{(1)}=\begin{bmatrix} 1 \\ 1 \end{bmatrix},\ u^{(2)}=\begin{bmatrix} -1 \\ 1 \end{bmatrix}$$

3-2 $\omega_{n1}=\sqrt{\frac{k(3-\sqrt{5})}{2J}}$，$\omega_{n2}=\sqrt{\frac{k(3+\sqrt{5})}{2J}}$，$u^{(1)}=\begin{bmatrix} 1 \\ 1.618 \end{bmatrix}$，$u^{(2)}=\begin{bmatrix} -1 \\ 0.618 \end{bmatrix}$

3-3 $\begin{bmatrix} ml & 0 \\ 0 & ml \end{bmatrix}\begin{bmatrix} \ddot{\theta}_1 \\ \ddot{\theta}_2 \end{bmatrix}+\begin{bmatrix} 2mg & -mg \\ -mg & 2mg \end{bmatrix}\begin{bmatrix} \theta_1 \\ \theta_2 \end{bmatrix}=\begin{bmatrix} 0 \\ 0 \end{bmatrix}$

$$\omega_{n1}=\sqrt{\frac{g}{l}(2-\sqrt{2})},\ \omega_{n2}=\sqrt{\frac{g}{l}(2+\sqrt{2})}$$

3-4 $\begin{bmatrix} J & 0 \\ 0 & m \end{bmatrix}\begin{bmatrix} \ddot{\theta} \\ \ddot{x} \end{bmatrix}+\begin{bmatrix} 3kr^2 & -kr \\ -kr & k \end{bmatrix}\begin{bmatrix} \theta \\ x \end{bmatrix}=\begin{bmatrix} 0 \\ 0 \end{bmatrix}$

3-5 θ 逆时针为正，x 向上为正

$$\begin{bmatrix} m & 0 \\ 0 & 2ml^2 \end{bmatrix}\begin{bmatrix} \ddot{x} \\ \ddot{\theta} \end{bmatrix}+\begin{bmatrix} 3k & -2kl \\ -2kl & 3kl^2 \end{bmatrix}\begin{bmatrix} x \\ \theta \end{bmatrix}=\begin{bmatrix} 0 \\ 0 \end{bmatrix},\ \omega_{n1,2}^2=\frac{9\pm\sqrt{41}}{4m}k$$

3-6 $\frac{l^3}{486EI}\begin{bmatrix}8 & 7\\7 & 8\end{bmatrix}\begin{bmatrix}2m & 0\\0 & m\end{bmatrix}\begin{bmatrix}\ddot{x}_1\\\ddot{x}_2\end{bmatrix}+\begin{bmatrix}x_1\\x_2\end{bmatrix}=\begin{bmatrix}0\\0\end{bmatrix}$

$\omega_{n1}=4.6\sqrt{\frac{EI}{ml^3}}$，$\omega_{n2}=19.2\sqrt{\frac{EI}{ml^3}}$，$u^{(1)}=\begin{bmatrix}1\\1\end{bmatrix}$，$u^{(2)}=\begin{bmatrix}-1\\1\end{bmatrix}$

3-7 $\begin{cases}(m_1+m_2)\ddot{x}+m_2l\ddot{\varphi}+2kx=F_0\cos\omega t\\\ddot{x}+l\ddot{\varphi}+g\varphi=0\end{cases}$

M 不动的条件为：激励力的角频率等于$\sqrt{\frac{g}{l}}$。

3-8 $l=33.7$ cm

3-9 动力减振装置：$k=2.5\times10^5$ N/m，$m_2=100$ kg

3-10 $\begin{bmatrix}1500 & 0\\0 & 400\end{bmatrix}\begin{bmatrix}\ddot{x}\\\ddot{\theta}\end{bmatrix}+\begin{bmatrix}75000 & 5000\\5000 & 19000\end{bmatrix}\begin{bmatrix}x\\\theta\end{bmatrix}=\begin{bmatrix}0\\0\end{bmatrix}$

$\omega_{n1}=6.5$，$\omega_{n2}=7.4$，$u^{(1)}=\begin{bmatrix}1\\-2.36\end{bmatrix}$，$u^{(2)}=\begin{bmatrix}1\\1.60\end{bmatrix}$

3-11 $\omega_{n1}=0.6818\sqrt{\frac{k}{m}}$，$\omega_{n2}=1.6937\sqrt{\frac{k}{m}}$，$u^{(1)}=\begin{bmatrix}1\\1.3\end{bmatrix}$，$u^{(2)}=\begin{bmatrix}1\\-2.3\end{bmatrix}$

第 4 章

4-1 $\boldsymbol{M}=\begin{bmatrix}2m & 0 & 0\\0 & m & 0\\0 & 0 & m\end{bmatrix}$，$\boldsymbol{K}=\begin{bmatrix}k_1+k_2 & -k_2 & 0\\-k_2 & k_2+k_3 & -k_3\\0 & -k_3 & k_3\end{bmatrix}$

4-2 $\boldsymbol{K}=\frac{EI}{l^3}\begin{bmatrix}\frac{3}{2} & 0 & \frac{3}{2}l\\0 & 24 & -12l\\\frac{3}{2}l & -12l & 10l^2\end{bmatrix}$

4-3 $\boldsymbol{A}=\frac{l^3}{768EI}\begin{bmatrix}9 & 11 & 7\\11 & 16 & 11\\7 & 11 & 9\end{bmatrix}$

4-4 $\begin{bmatrix}J_p & 0 & 0\\0 & J_p & 0\\0 & 0 & J_p\end{bmatrix}\begin{bmatrix}\ddot{\theta}_1\\\ddot{\theta}_2\\\ddot{\theta}_3\end{bmatrix}+\frac{GI}{l}\begin{bmatrix}2 & -1 & 0\\-1 & 2 & -1\\0 & -1 & 1\end{bmatrix}\begin{bmatrix}\theta_1\\\theta_2\\\theta_3\end{bmatrix}=\begin{bmatrix}0\\0\\0\end{bmatrix}$

4-5 $\boldsymbol{U}=\begin{bmatrix} 0.5 & 0.5 & 0 \\ -0.5 & 0.5 & \frac{1}{\sqrt{6}} \\ 0.5 & 0.5 & \frac{2}{\sqrt{6}} \end{bmatrix}$

4-6 $ml\begin{bmatrix} 1 & 0 & 0 \\ 0 & 1 & 0 \\ 0 & 0 & 1 \end{bmatrix}\begin{bmatrix} \ddot{\theta}_1 \\ \ddot{\theta}_2 \\ \ddot{\theta}_3 \end{bmatrix}+mg\begin{bmatrix} 3 & -2 & 0 \\ -3 & 4 & -1 \\ 0 & -2 & 2 \end{bmatrix}\begin{bmatrix} \theta_1 \\ \theta_2 \\ \theta_3 \end{bmatrix}=\begin{bmatrix} 0 \\ 0 \\ 0 \end{bmatrix}$

4-7 $\boldsymbol{K}=\begin{bmatrix} k_1+k_2 & -k_2 & 0 \\ -k_2 & k_2+k_3 & -k_3 \\ 0 & -k_3 & k_3 \end{bmatrix}$, $\boldsymbol{A}=\begin{bmatrix} \frac{1}{k_1} & \frac{1}{k_1} & \frac{1}{k_1} \\ \frac{1}{k_1} & \frac{1}{k_1}+\frac{1}{k_2} & \frac{1}{k_1}+\frac{1}{k_2} \\ \frac{1}{k_1} & \frac{1}{k_1}+\frac{1}{k_2} & \frac{1}{k_1}+\frac{1}{k_2}+\frac{1}{k_3} \end{bmatrix}$

4-8 $\omega_{n1}=\sqrt{(2-\sqrt{2})\frac{k}{m}}$， $\omega_{n2}=\sqrt{\frac{2k}{m}}$， $\omega_{n3}=\sqrt{(2+\sqrt{2})\frac{k}{m}}$

$u^{(1)}=\begin{bmatrix} 1 \\ \sqrt{2} \\ 1 \end{bmatrix}$， $u^{(2)}=\begin{bmatrix} 1 \\ 0 \\ -1 \end{bmatrix}$， $u^{(3)}=\begin{bmatrix} 1 \\ -\sqrt{2} \\ 1 \end{bmatrix}$

4-9 $\omega_1^2=0.3515\frac{k}{m}$, $u^{(1)}=[1 \quad 2.1485 \quad 3.3129]^{\mathrm{T}}$

$\omega_2^2=1.6066\frac{k}{m}$, $u^{(2)}=[1 \quad 0.8934 \quad -1.4728]^{\mathrm{T}}$

$\omega_3^2=3.5419\frac{k}{m}$, $u^{(3)}=[1 \quad -1.0419 \quad 0.4099]^{\mathrm{T}}$

第 6 章

6-3 前3阶临界转速分别为：6246.2 r/min，20 137.6 r/min，43 777.8 r/min。

参 考 文 献

[1] 闻邦椿，顾家柳，夏松波，等. 高等转子动力学：理论、技术与应用[M]. 北京：机械工业出版社，1999.

[2] 顾家柳，丁奎元，刘启洲，等. 转子动力学[M]. 北京：国防工业出版社，1985.

[3] 刘延柱，陈文良，陈立群. 振动力学[M]. 北京：高等教育出版社，1998.

[4] GENTA G. Dynamics of rotating systems[M]. New York：Springer-Verlag，2004.

[5] 晏砺堂，朱梓根，宋兆泓，等. 结构系统动力特性分析[M]. 北京：北京航空航天大学出版社，1989.

[6] 王洪昌，蒋书运，梁玉飞. 基于分子电流法轴向永磁轴承轴向刚度的分析[J]. 机械工程学报，2009，45(5)：102－107.

[7] 晏砺堂. 航空燃气轮机振动与减振[M]. 北京：国防工业出版社，1991.

[8] 崔玉鑫. 机械系统动力学[M]. 北京：科学出版社，2017.

[9] SINGIRESU S RAO. 机械振动[M]. 北京：清华大学出版社，2009.

[10] DAI XINGJIA，SHEN ZUPEI，WEI HAIGANG. On the vibration of rotor-bearing system with squeeze film damper in an energy storage flywheel [J]. International Journal of Mechanical Sciences，2001，43：2525－2540.

[11] 李琳，王宝峰. 双挤压油膜阻尼器的减振机制与效果分析[J]. 北京航空航天大学学报，2002，28(6)：711－714.

[12] 顾家柳，任兴民. 航空发动机转子-支承系统的瞬态响应[J]. 航空学报，1991，12(7)：373－380.

[13] 黄庆丰，王全凤，胡云昌. Wilson-θ 法直接积分的运动约束和计算扰动[J]. 计算力学学报，2005，22(4)：477－481.

[14] 梁玉飞. 储能飞轮用永磁轴承力学特性的分析与试验研究[D]. 南京：东南大学，2009.

[15] 王洪昌. 储能飞轮转子动力学特性分析与试验研究[D]. 南京：东南大学，2012.

[16] 刘正士，高荣慧，陈恩伟. 机械动力学基础[M]. 北京：高等教育出版社，2011.

[17] 闻邦椿，刘树英，张纯宇. 机械振动学[M]. 北京：冶金工业出版社，2011.

[18] WANG HONGCHANG，JIANG SHUYUN，SHEN ZUPEI. The dynamic analysis of an energy storage flywheel system with hybrid bearing support [J]. Journal of

Vibration and Acoustics, ASME, 2009, 131: 051006 - 1 - 9.

[19] GENTA G, DELPRETE C. Acceleration through critical speeds ofanisotropic, non-linear, torsionally stiff rotor with many degrees of freedom [J]. Journal of Sound and Vibration, 1995, 180(3): 369 - 386.

[20] WANG HONGCHANG, SHAN WENTAO, YU CHENGTAO. Study on the added mass effect in squeeze-film dampers [J] Journal of Mechanical Science and Technology, 2018, 32(6): 2889 - 2895.

[21] WANG HONGCHANG, DU ZHOUMING. Dynamic analysis for the energy storage flywheel system [J]. Journal of Mechanical Science and Technology, 2016, 30(11): 4825 - 4831.

[22] JIANG SHUYUN, WANG HONGCHANG, WEN SHAOBO. Flywheel energy storage system with a permanent magnet bearing and a pair of hybrid ceramic ball bearings[J]. Journal of Mechanical Science and Technology, 2014, 28(12): 5043 - 5053.